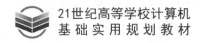

21世纪高等学校计算机
基础实用规划教材

Office 2010
办公软件高级应用

◎ 朱莉娟 刘艳君 主编

清华大学出版社

北京

内 容 简 介

本书全面介绍了 Windows 7 操作系统的基本操作和 Office 2010 办公软件的使用。

全书共分为 12 章,第 1 章介绍 Windows 7 的基本操作,第 2～5 章介绍 Word 2010 文字处理软件的使用,第 6～8 章介绍 Excel 2010 电子表格软件的使用,第 9～11 章介绍 PowerPoint 2010 演示文稿制作软件的使用,第 12 章介绍三个办公软件的协同操作。

本书结构清晰,内容翔实,图文并茂,案例丰富,既包含各个软件的基础操作,也包含各个软件的高级功能,最后一章还介绍了三个办公软件的协同操作。书中的案例不仅让读者按照步骤来操作,还帮助读者思考并进行举一反三的练习。本书可让读者从任何基础开始学习,学会得心应手地处理日常工作中的各种办公文档,提高办公软件的使用水平和办公效率,最终成为办公软件的使用高手。

本书适合作为高等院校及各类培训学校的教材,也可供职场人士学习参考。

图书在版编目(CIP)数据

Office 2010 办公软件高级应用/朱莉娟,刘艳君主编.—北京:清华大学出版社,2018(2022.8重印)
 (21 世纪高等学校计算机基础实用规划教材)
 ISBN 978-7-302-49620-5

Ⅰ. ①O… Ⅱ. ①朱… ②刘… Ⅲ. ①办公自动化－应用软件 Ⅳ. ①TP317.1

中国版本图书馆 CIP 数据核字(2018)第 028324 号

责任编辑:黄 芝 薛 阳
封面设计:刘 键
责任校对:徐俊伟
责任印制:杨 艳

出版发行:清华大学出版社
 网　　址:http://www.tup.com.cn,http://www.wqbook.com
 地　　址:北京清华大学学研大厦 A 座　　　　　邮　编:100084
 社 总 机:010-83470000　　　　　　　　　　邮　购:010-62786544
 投稿与读者服务:010-62776969,c-service@tup.tsinghua.edu.cn
 质量反馈:010-62772015,zhiliang@tup.tsinghua.edu.cn
 课件下载:http://www.tup.com.cn,010-83470236
印 刷 者:北京富博印刷有限公司
装 订 者:北京市密云县京文制本装订厂
经　　销:全国新华书店
开　　本:185mm×260mm　　印　张:19.75　　　　字　数:490 千字
版　　次:2018 年 3 月第 1 版　　　　　　　　　印　次:2022 年 8 月第 10 次印刷
印　　数:15001～16500
定　　价:49.50 元

产品编号:075920-01

出 版 说 明

随着我国改革开放的进一步深化,高等教育也得到了快速发展,各地高校紧密结合地方经济建设发展需要,科学运用市场调节机制,加大了使用信息科学等现代科学技术提升、改造传统学科专业的投入力度,通过教育改革合理调整和配置了教育资源,优化了传统学科专业,积极为地方经济建设输送人才,为我国经济社会的快速、健康和可持续发展以及高等教育自身的改革发展做出了巨大贡献。但是,高等教育质量还需要进一步提高以适应经济社会发展的需要,不少高校的专业设置和结构不尽合理,教师队伍整体素质亟待提高,人才培养模式、教学内容和方法需要进一步转变,学生的实践能力和创新精神亟待加强。

教育部一直十分重视高等教育质量工作。2007年1月,教育部下发了《关于实施高等学校本科教学质量与教学改革工程的意见》,计划实施"高等学校本科教学质量与教学改革工程(简称'质量工程')",通过专业结构调整、课程教材建设、实践教学改革、教学团队建设等多项内容,进一步深化高等学校教学改革,提高人才培养的能力和水平,更好地满足经济社会发展对高素质人才的需要。在贯彻和落实教育部"质量工程"的过程中,各地高校发挥师资力量强、办学经验丰富、教学资源充裕等优势,对其特色专业及特色课程(群)加以规划、整理和总结,更新教学内容、改革课程体系,建设了一大批内容新、体系新、方法新、手段新的特色课程。在此基础上,经教育部相关教学指导委员会专家的指导和建议,清华大学出版社在多个领域精选各高校的特色课程,分别规划出版系列教材,以配合"质量工程"的实施,满足各高校教学质量和教学改革的需要。

本系列教材立足于计算机公共课程领域,以公共基础课为主、专业基础课为辅,横向满足高校多层次教学的需要。在规划过程中体现了如下一些基本原则和特点。

(1)面向多层次、多学科专业,强调计算机在各专业中的应用。教材内容坚持基本理论适度,反映各层次对基本理论和原理的需求,同时加强实践和应用环节。

(2)反映教学需要,促进教学发展。教材要适应多样化的教学需要,正确把握教学内容和课程体系的改革方向,在选择教材内容和编写体系时注意体现素质教育、创新能力与实践能力的培养,为学生的知识、能力、素质协调发展创造条件。

(3)实施精品战略,突出重点,保证质量。规划教材把重点放在公共基础课和专业基础课的教材建设上;特别注意选择并安排一部分原来基础比较好的优秀教材或讲义修订再版,逐步形成精品教材;提倡并鼓励编写体现教学质量和教学改革成果的教材。

(4)主张一纲多本,合理配套。基础课和专业基础课教材配套,同一门课程可以有针对不同层次、面向不同专业的多本具有各自内容特点的教材。处理好教材统一性与多样化,基本教材与辅助教材、教学参考书,文字教材与软件教材的关系,实现教材系列资源配套。

（5）依靠专家，择优选用。在制定教材规划时依靠各课程专家在调查研究本课程教材建设现状的基础上提出规划选题。在落实主编人选时，要引入竞争机制，通过申报、评审确定主题。书稿完成后要认真实行审稿程序，确保出书质量。

繁荣教材出版事业，提高教材质量的关键是教师。建立一支高水平教材编写梯队才能保证教材的编写质量和建设力度，希望有志于教材建设的教师能够加入到我们的编写队伍中来。

21 世纪高等学校计算机基础实用规划教材

联系人：魏江江 weijj@tup.tsinghua.edu.cn

前 言

　　本书是根据教育部高等学校教学指导委员会"大学计算机基础"课程的要求,结合教育部考试中心制定的《全国计算机等级考试二级 MS Office 高级应用考试大纲》,以编者多年在教学一线从事大学计算机基础教学的讲稿为基础,精心编写而成。

　　全书共分为 12 章,详细介绍了 Windows 7 操作系统的常用操作,以及 Office 2010 办公软件的使用。其中,第 1 章介绍了 Windows 7 的基本操作,第 2～5 章介绍了 Word 2010 文字处理软件的基本操作、表格制作、图文混排和高级排版,第 6～8 章介绍了 Excel 2010 电子表格软件的基本操作、公式和函数的使用以及数据的分析和管理,第 9～11 章介绍了 PowerPoint 2010 演示文稿制作软件的基本操作、切换和动画效果的使用以及演示文稿的放映和输出,第 12 章介绍了三个办公软件的协同操作。

　　全书各部分内容由浅入深,循序渐进,不仅介绍了各个软件的基础知识和基本操作,也介绍了各个软件的高级应用,还介绍了软件的一些操作技巧和实用功能。力争使读者能够轻松掌握 Windows 7 操作系统和 Office 2010 办公软件的使用,独立处理日常工作中遇到的计算机操作问题和各类办公文档,并随着计算机技术的迅猛发展和软件的不断更新,具备持续学习的能力。

　　书中内容实践性非常强,因此在每一章中都以"任务"的形式设置了丰富的案例,让读者通过上机操作完成具体任务,掌握软件的相应功能。但在教学时编者也注意到,很多学生按照教材上的操作步骤能够很好地完成操作,但遇到实际问题时往往还是无从下手;还有部分学生基础较好,不满足于按照案例步骤机械地完成一些操作。因此,在教材的案例中,还设置了一些让学生思考或者让学生按个人需求动手完成的操作,用"手形(✍)"符号进行了标注,或者是用类似"请读者练习"的文字进行了表述。在每一章的最后一节,还设置了"综合练习",这些练习很多是开放性的题目,目的是充分激发学生的学习兴趣,发挥学生的主观能动性,提高学生解决实际问题的能力。

　　在教学中建议"精讲多练",教师也可以根据学生的基础,合理安排"任务"和"综合练习",并且以学生提交的"综合练习"作品作为平时成绩或者平时考核。

　　本书适合任何基础的读者学习。通过知识点的学习和案例的操作,读者能够得心应手地处理日常工作中的各种办公文档,提高办公软件的使用水平和办公效率,最终成为办公软件的使用高手。

　　本书由朱莉娟、刘艳君主编,朱莉娟编写了第 1、2、3、4、5、9、10、11 章,刘艳君编写了第

6、7、8、12 章。特别感谢哈尔滨工业大学 2016 级环境工程专业本科生刘桢迪，对书中的案例进行了验证和整理。

由于编者水平有限，书中难免有疏漏和不妥之处，敬请广大读者批评指正。

编　者

2017 年 6 月

目 录

第1章　　Windows 7 基础

本章学习目标
- 了解操作系统的基本知识；
- 熟练掌握 Windows 7 的基本操作。

本章首先介绍了操作系统的基础知识，然后详细介绍了 Windows 7 操作系统的基本操作。本章是后续学习的基础，已经熟练掌握 Windows 7 操作的读者可跳过本章。

1.1　操作系统简介

1.1.1　什么是操作系统

计算机系统是由硬件系统和软件系统组成的。

硬件系统主要由中央处理器、存储器、输入-输出控制系统和各种外部设备组成。中央处理器是对信息进行高速运算处理的主要部件，存储器用于存储程序、数据和文件，各种输入输出外部设备是人机间的信息转换器，由输入-输出控制系统管理外部设备与主存储器（中央处理器）之间的信息交换。

软件系统分为系统软件和应用软件。系统软件由操作系统、编译程序等组成，操作系统实施对各种软、硬件资源的管理控制；编译程序的功能是把用户用汇编语言或某种高级语言所编写的程序，翻译成机器可执行的机器语言程序。应用软件是用户按其需要自行编写的专用程序，它借助系统软件来运行，是软件系统的最外层。计算机系统的组成如图 1-1 所示。

只有硬件的计算机被称为"裸机"，它是不能工作的。

为了使计算机系统中所有软、硬件资源协调一致，有条不紊地工作，就必须有一个软件来进行统一的管理和调度，这个软件就是操作系统。

操作系统(Operating System, OS)是管理和控制计算机硬件与软件资源的计算机程序，是直接运行在"裸机"上的最基本的系统软件，任何其他软件都必须在操作系统的支持下才能运行。

操作系统是一个大型的软件系统，对内，操作系统管理计算机系统的各种资源，扩充硬件的功能；对外，操作系统提供良好的人机界面，方便用户使用计算机。因此，操作系统在整个计算机系统中具有承上启下的地位，如图 1-2 所示。

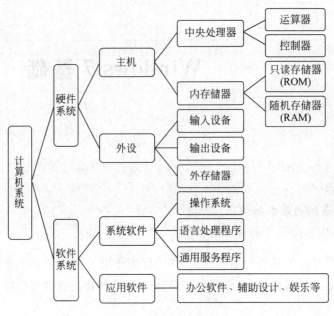

图 1-1　计算机系统组成

图 1-2　操作系统的地位

1.1.2　几种常用的操作系统

1. MS-DOS

MS-DOS 是在 IBM-PC 及其兼容机上运行的操作系统,起源于 SCP86-DOS,是 1980 年基于 8086 微处理器而设计的单用户操作系统。后来,微软(Microsoft)公司获得了该操作系统的专利权。1981 年,微软的 MS-DOS 1.0 版与 IBM 的 PC 面世。这是第一个实际应用的 16 位操作系统。

从 1981 年问世至今,DOS 经历了 7 次大的版本升级,从 1.0 版到 7.0 版,不断地改进和完善。但是,DOS 系统的单用户、单任务、字符界面和 16 位的大格局并没有变化,因此它对于内存的管理也局限在 640KB 的范围内。

2. Windows

Windows 是微软公司在 1985 年 11 月发布的第一代窗口式多任务系统,使 PC 开始进入了所谓的"图形用户界面"时代。Windows 1.x 版是一个具有多窗口及多任务功能的版本,但由于当时的硬件平台为 PC/XT,速度很慢,所以 Windows 1.x 版本并未十分流行。1987 年年底,微软公司又推出了 MS-Windows 2.x 版。它具有窗口重叠功能,窗口大小也可以调整,并可把扩展内存和扩充内存作为磁盘高速缓存,从而提高了整台计算机的性能;

此外,它还提供了众多的应用程序。

1990 年,微软公司推出了 Windows 3.0,它的功能进一步加强,具有强大的内存管理,且提供了数量相当多的 Windows 应用软件,因此成为 386、486 微机新的操作系统标准。随后,Windows 发布 3.1 版,而且推出了相应的中文版。3.1 版较之 3.0 版增加了一些新的功能,受到了用户欢迎,是当时最流行的 Windows 版本。1995 年,微软公司推出了 Windows 95。在此之前的 Windows 都是由 DOS 引导的,也就是说它们还不是一个完全独立的系统,而 Windows 95 是一个完全独立的系统,并在很多方面做了进一步的改进,还集成了网络功能和即插即用功能,是一个全新的 32 位操作系统。1998 年,微软公司推出了 Windows 95 的改进版 Windows 98。Windows 98 的一个最大特点就是把微软的 Internet 浏览器技术整合到了里面,使得访问 Internet 资源就像访问本地硬盘一样方便,从而更好地满足了人们越来越多的访问 Internet 资源的需要。

2009 年 7 月 14 日,微软公司正式开发完成 Windows 7,并于同年 10 月 22 日正式发布。10 月 23 日,微软于中国正式发布 Windows 7。微软提供了多个不同的 Windows 7 版本用于满足多种用户的不同需求:入门版、家庭普通版、家庭高级版、专业版、企业版、旗舰版等。

2015 年 1 月 13 日,微软正式终止了对 Windows 7 的主流支持,但仍然继续为 Windows 7 提供安全补丁支持,直到 2020 年 1 月 14 日正式结束对 Windows 7 的所有技术支持。

本章主要介绍 Windows 7 的基本操作。

3. Linux

Linux 是一套免费使用和自由传播的类 UNIX 操作系统,支持 32 位和 64 位硬件,是一个性能稳定的多用户网络操作系统。

Linux 操作系统诞生于 1991 年 10 月 5 日(这是第一次正式向外公布时间)。Linux 存在着许多不同的版本,但它们都使用了 Linux 内核。Linux 可安装在各种计算机硬件设备中,例如手机、平板电脑、路由器、视频游戏控制台、台式计算机、大型计算机和超级计算机。

4. Mac OS

Mac OS 是一套运行于苹果 Macintosh 系列计算机上的操作系统,是首个在商用领域成功的图形用户界面操作系统。Mac 系统基于 UNIX 内核,由苹果公司自行开发,它的许多特点和服务都体现了苹果公司的理念。

苹果公司不仅自己开发系统,也涉及硬件的开发。由于 Mac 的架构与 Windows 不同,所以很少受到病毒的袭击。

1.2   Windows 7 的启动和退出

启动与退出 Windows 7 系统是操作计算机的第一步,掌握启动与退出 Windows 7 的正确方法,可以保护计算机、延长计算机寿命。

1.2.1   Windows 7 的启动

Windows 7 可自动引导系统运行,按下计算机的电源(Power)键,系统开始自动启动。在启动过程中,Windows 7 会进行自检并初始化硬件设备,如果用户没有设置账户、密码,系统会直接进入 Windows 7 系统;如果用户设置了账户、密码,Windows 7 会进入欢迎界面,等待用户选择账户和输入密码,密码正确便可进入 Windows 7 系统,这一过程称为"登录"。

1.2.2 Windows 7 的退出

使用完计算机后,用户要采取正确的方法退出 Windows 7,也就是关机,以免造成系统文件丢失或出现其他错误,影响以后的使用。

正确的关机步骤如下:单击计算机屏幕左下角的"开始"按钮 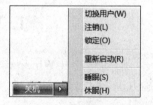,在弹出的"开始"菜单中,单击右下角的"关机"按钮,系统会自动保存相关设置后退出 Windows 7 系统,如图 1-3 所示。

图 1-3 "开始"菜单中的"关机"按钮

1.2.3 关机按钮中的其他命令

单击"关机"按钮右侧的小三角,在弹出的菜单中还有几个选项,如图 1-4 所示。

1. 切换用户

该选项指不关闭当前用户程序(注销会关闭当前用户程序),重新以其他用户账户登录。

2. 注销

该选项指向系统发出清除当前登录的用户的请求,清除后即可使用其他用户账户重新登录系统。注销不可以替代重新启动,只可以清空当前用户的缓存空间和注册表信息。

图 1-4 "关机"菜单

3. 锁定

该选项指不关闭当前用户的程序,直接锁定当前用户,使用前需要解锁。

4. 重新启动

该选项指将打开的程序全部关闭并退出 Windows 7,然后计算机立即自动启动并重新进入 Windows 7。在安装一些软件后或对系统设置进行一些更改后,计算机通常会提示用户重新启动。

5. 睡眠和休眠

进入睡眠或休眠状态时,系统会将内存中的数据全部转存到硬盘上的一个休眠文件中,使 CPU、硬盘和光驱等设备处于低能耗状态,从而达到节能省电的目的。

单击鼠标或按下键盘上的任意键,计算机就会用尽可能短的时间把系统恢复到之前的正常工作状态。

1.3　Windows 7 的桌面

Windows 7 启动后,用户看到的整个屏幕就是"桌面",类似于平时使用的办公桌。桌面是用户和计算机交流的窗口,也是用户常用的操作界面。

1.3.1　认识 Windows 7 的桌面

如图 1-5 所示,Windows 7 的桌面主要包括桌面图标、桌面背景、任务栏和"开始"菜单。"桌面图标"用于打开相应的操作窗口或应用程序;"桌面背景"可以让用户根据个人喜好对自己的桌面进行个性化设置;"任务栏"位于桌面最下方,是一个矩形区域,是桌面的一个重要组成部分;任务栏的最左端就是"开始"菜单。

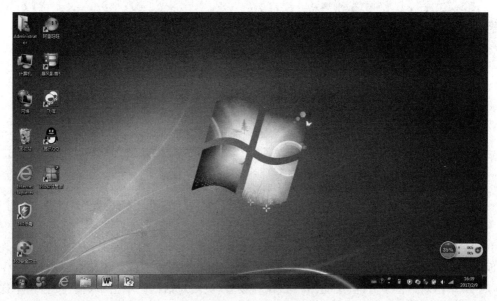

图 1-5　Windows 7 的桌面

1.3.2　桌面图标

桌面图标分为系统图标和快捷图标两大类。

系统图标包括"计算机""网络""回收站"等。双击"计算机"图标可以打开资源管理器，查看硬盘中的所有文件和文件夹；选中"计算机"图标右击，可以管理和查看计算机属性等。"回收站"用于存放用户删除的文件和文件夹，打开"回收站"，可以将误删除的文件和文件夹还原，或者将文件和文件夹从"回收站"删除，也可以"清空回收站"。

快捷图标是用户创建的应用程序的快捷启动方式，双击快捷图标可以快速启动相应的应用程序，快捷图标的特征是左下角有一个小弯箭头。

1. 设置系统图标

用户可以根据个人需要和喜好选择在桌面上放置哪些系统图标。

【任务 1-1】 设置系统图标。

（1）在桌面空白处右击，在弹出的快捷菜单中选择"个性化"命令，打开"个性化"窗口，如图 1-6 所示。

图 1-6　个性化设置

（2）在左边的导航窗格中单击"更改桌面图标"，打开"桌面图标设置"对话框，如图 1-7 所示。

（3）在"桌面图标"组中勾选复选框（复选框中出现对号），相应的系统图标就会出现在桌面上。取消勾选复选框（复选框中不出现对号），相应的系统图标就不出现在桌面上。

（4）单击对话框下方的"确定"按钮，保存设置，关闭对话框。单击"取消"按钮则不保存设置，关闭对话框。单击"应用"按钮，则保存设置，但不关闭对话框。

2. 在桌面上添加快捷图标

如果用户经常使用某个程序，可以在桌面上添加该程序的快捷启动方式。找到启动某个程序的文件，选中后右击，在弹出的快捷菜单中选择"发送到"命令，再在弹出的下级子菜单中选择"桌面快捷方式"命令，即可将相应的快捷图标添加到桌面。

图 1-7 "桌面图标设置"对话框

【任务 1-2】 在桌面上添加 Microsoft Word 2010 的快捷启动图标。

（1）单击"开始"菜单，鼠标指向"所有程序"，找到 Microsoft Office 程序组并单击。

（2）指向 Microsoft Word 2010 并右击，在弹出的快捷菜单中指向"发送到"命令，再在弹出的下级子菜单中选择"桌面快捷方式"命令，如图 1-8 所示。

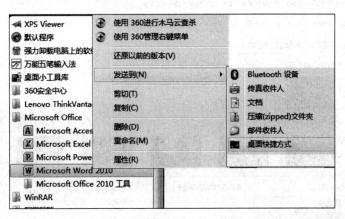

图 1-8 在桌面上添加 Word 2010 快捷启动图标

（3）可看到用户桌面上出现了一个 Microsoft Word 2010 的快捷启动图标，双击该图标即可启动 Microsoft Word 2010。

3．删除桌面图标

如果桌面上的图标过多，会使桌面看起来很乱，给用户使用带来不便，用户可以根据需要删除桌面上的一些图标，对桌面进行清理。下面这些方法都可以删除桌面图标。

【任务 1-3】 删除桌面图标。

（1）选中需要删除的桌面图标，按 Delete（删除）键，在弹出的对话框中单击"是"按钮。

（2）选中需要删除的桌面图标，右击，在弹出的快捷菜单中选择"删除"命令，在弹出的对话框中单击"是"按钮。

（3）将鼠标移动到需要删除的桌面图标上，按住鼠标左键，拖动该图标到"回收站"图标上，当出现"移动到回收站"字样时释放鼠标左键，在弹出的对话框中单击"是"按钮。

注意：删除快捷方式图标时，并不会删除或卸载相应的程序，只是删除了指向程序的快捷启动方式，用户仍然可以通过其他方式启动相应程序。

1.3.3　桌面背景

桌面背景是应用于桌面的图片或颜色，用户可以根据个人喜好，对桌面背景进行个性化的设置。

【任务 1-4】　设置桌面背景。

（1）在桌面的空白处右击，在弹出的快捷菜单中选择"个性化"；或者在"控制面板"中找到"个性化"单击。

（2）在打开的窗口的下方单击"桌面背景"，打开"选择桌面背景"窗口，在其中选择喜欢的背景图片；或者单击"图片位置"后的"浏览"按钮，在打开的对话框中寻找要设置为桌面背景的图片文件，如图 1-9 所示。

图 1-9　选择桌面背景

（3）单击"保存修改"按钮完成设置。

（4）在"计算机"窗口中找到需要设置为背景的图片后，在图片上右击，然后在弹出的快捷菜单中选择"设置为桌面背景"，也可以直接把该图片设置为桌面背景。

1.3.4 "开始"菜单

"开始"是 Windows 7 中非常重要和经常使用的按钮。它位于任务栏的最左边,也就是桌面的左下角,单击该按钮,就打开了"开始"菜单。

Windows 7 的"开始"菜单主要包括常用程序快捷方式列表、"所有程序"菜单、搜索框、当前用户图标、系统控制区和"关机"按钮等几个区域,如图 1-10 所示。

图 1-10 "开始"菜单

1. 常用程序快捷方式列表

该列表中列出了用户最近经常使用的一些应用程序,便于用户快速启动相应程序。在某个程序名上右击,在弹出的快捷菜单中选择"从列表中删除",可将其从列表中删除,注意并不是真正删除了该程序。

2. "所有程序"菜单

该菜单集合了计算机中安装的所有程序,用于用户启动某个应用程序。

【任务 1-5】 利用"开始"菜单启动 Microsoft Excel 2010。

(1) 单击"开始"按钮,打开"开始"菜单,在"常用程序快捷方式列表"中查看有无 Microsoft Excel 2010 程序名。

(2) 如果有,直接单击,即可启动 Microsoft Excel 2010。

(3) 如果没有,单击"所有程序",在列表中找到 Microsoft Office 程序组单击,在打开的该组程序列表中单击 Microsoft Excel 2010,即可启动 Microsoft Excel 2010。

(4) 请读者练习启动其他应用程序。

3. 搜索框

搜索框为用户提供快速便捷的程序和文件搜索功能,用户在搜索框中输入需要查找的程序或文件名，便能够迅速地查找到该程序或文件。

【任务1-6】 利用"搜索框"搜索并启动"计算器"程序。

（1）单击"开始"按钮，打开"开始"菜单。

（2）在"搜索程序和文件"文本框中输入"计算器"。注意：Windows 7 不是在用户输入完成后才开始搜索的，而是随着用户输入就开始搜索，大大提高了搜索速度。

（3）随着输入完成，在"开始"菜单中显示了搜索结果，如图 1-11 所示。

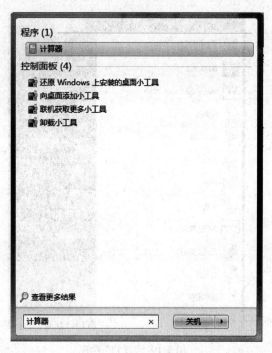

图 1-11　搜索应用程序

（4）单击搜索结果"程序"下的"计算器"，即可启动"计算器"程序。

4．当前用户图标

单击该图标，可以打开"用户账户"窗口，对用户账户和密码进行更改和管理。

5．系统控制区

"开始"菜单右侧的深色区域为用户提供了一些常用选项，如"控制面板""计算机"等，单击这些选项可以快速打开相应的窗口。

1.3.5　任务栏

任务栏是一块矩形区域，通常在桌面最下方，从左到右主要分为"开始"按钮、应用程序区、语言栏、通知区域、"显示桌面"按钮等几个部分。

（1）应用程序区：用户可以将常用的程序快捷启动方式拖动到该区域，以便快速启动相应程序。有些软件在安装时，也会询问用户是否在该区添加快速启动图标。应用程序区还用于显示正在运行的程序图标，指向或单击某个图标，用户可以预览或切换至某一个程序。

右击某个程序图标，在弹出的快捷菜单中可以查看最近访问或打开的历史记录，还可以从菜单中选择"将此程序锁定到任务栏"或"将此程序从任务栏解锁"。

（2）语言栏：用于用户选择或设置输入法。用户也可以通过 Ctrl＋空格快捷键在中文和英文两种输入方式中进行切换，通过 Ctrl＋Shift 快捷键在各个中文输入法和英文输入方式之间依次循环进行切换。

注意：用拼音输入法如微软拼音输入法时，输入中文后，文字下方会有一条下画线，按空格键确定输入，下画线消失，表示输入完毕。

（3）通知区域：也称托盘区，用于显示音量、网络状态、电源状态、日期和时间、杀毒软件等一些正在运行的应用程序的图标，用户可以根据需要显示或隐藏显示。

（4）"显示桌面"按钮：任务栏最右侧的一个小矩形块，单击该按钮，用户可以在当前打开的窗口和桌面之间进行快速切换。

【任务 1-7】 设置任务栏。

（1）在"任务栏"空白处右击，弹出如图 1-12 所示的快捷菜单。

（2）如果"锁定任务栏"被选中（前面有"√"），则单击该命令取消勾选（前面不出现"√"）；再次单击可重新勾选。

（3）取消"锁定任务栏"后，将鼠标放在"任务栏"空白处，按住鼠标左键，将任务栏拖动到屏幕最右边，看到出现一条竖线后松开，可以把"任务栏"放置在桌面右边。同样也可以把任务栏拖动到屏幕最上边和最左边。

图 1-12 "任务栏"右键菜单

（4）再次在"任务栏"空白处右击，在弹出的快捷菜单中选择"属性"命令，打开"任务栏和「开始」菜单属性"对话框，如图 1-13 所示。

图 1-13 "任务栏和「开始」菜单属性"对话框

（5）在"任务栏外观"组中勾选"自动隐藏任务栏"复选框并单击"确定"或"应用"按钮后，当鼠标离开任务栏时，任务栏会自动隐藏起来，当鼠标向下移动到屏幕边缘时，任务栏会自动出现。

（6）在"任务栏按钮"列表框中有三个选项："始终合并、隐藏标签""当任务栏被占满时合并"或者"从不合并"。"始终合并、隐藏标签"是指当用同一个程序打开多个文件时，例如用 IE 浏览器打开了多个网页，在任务栏处只显示一个 IE 浏览器的图标，从而节省任务栏的空间。

（7）在"通知区域"组中单击"自定义"按钮，可以对任务栏右侧通知区域的图标的显示方式进行设置。请读者自己练习设置。

（8）单击左下方的"如何自定义该任务栏？"链接，可以打开 Windows 帮助。

【任务 1-8】 在应用程序区建立 IE 浏览器的快捷启动图标。

（1）在"开始"菜单的"所有程序"中找到 Internet Explorer 启动程序命令，在该命令上右击，在弹出的快捷菜单中选择"锁定到任务栏"。

（2）或者先在桌面上建立快捷方式，然后拖动快捷方式图标到任务栏。

（3）在应用程序区单击"IE 浏览器"的快捷启动图标，启动 IE 浏览器。

（4）在应用程序区的"IE 浏览器"的快捷启动图标上右击，在弹出的快捷菜单中单击"将此程序从任务栏解锁"命令，可删除该快捷启动图标。以后从其他地方仍然可以启动该程序。

（5）或者在"开始"菜单的"所有程序"中找到 Internet Explorer 启动程序命令，在该命令上右击，在弹出的快捷菜单中选择"从任务栏脱离"，也可以从任务栏删除该程序的快捷启动图标。

【任务 1-9】 设置窗口排列方式及切换应用程序。

（1）通过"开始"菜单或桌面图标或任务栏上的快捷启动图标启动四五个应用程序，如 Word、Excel、画图程序、IE 浏览器、计算机窗口等。

（2）在"任务栏"中可看到启动的程序的图标，通过单击图标，可以切换应用程序，同时该应用程序窗口显示在最前面，用户可在该窗口进行操作，即当前活动窗口。

（3）将应用程序区的图标沿任务栏水平左右拖动，可改变图标在任务栏中的显示顺序。

（4）在"任务栏"空白处右击，在弹出的快捷菜单中分别单击"层叠""堆叠显示窗口"和"并排显示窗口"，观察窗口的排列。

（5）按下 Alt+Tab 快捷键，屏幕上会出现一个窗口切换面板，面板中显示的是当前所有打开窗口的缩略图，此时按住 Alt 键，再按 Tab 键或滚动鼠标滚轮，就可以在各个窗口之间进行切换。

（6）按下 Win+Tab 快捷键，可以看到 3D 立体效果的切换面板，此时按住 Win 键，再按 Tab 键或滚动鼠标滚轮，可以以 3D 立体效果在各个窗口之间进行切换。

1.4 窗口和对话框

Windows 采用的是图形化的界面方式，用户在使用 Windows 7 和各个应用程序时，经常会打开各种窗口和对话框，并在窗口和对话框中进行各种操作。

1.4.1 窗口

窗口一般由标题栏、地址栏、搜索栏、菜单栏、工具栏、窗口工作区、导航窗格、状态栏等组成,如图 1-14 所示。

图 1-14   窗口的组成

1. 标题栏

位于窗口最上方,显示窗口的名称,即应用程序名或文档名等。标题栏最右边有三个按钮,分别是“最小化”按钮、“最大化/还原”按钮和“关闭”按钮,可以将窗口最小化成任务栏上的一个按钮,将窗口最大化或还原,关闭窗口。按住鼠标左键拖动标题栏可移动窗口。

2. 地址栏

用于显示当前访问位置的完整的路径信息,有些应用程序或文档窗口没有地址栏。

3. 搜索栏

位于地址栏的右侧,用户可以在该框中输入搜索内容,系统就会在工作区窗口中显示搜索的相应内容。Windows 7 中采用“动态搜索”方式,也就是随着用户的输入同时进行搜索,而不是等待用户全部输入完毕才开始搜索。

4. 菜单栏

Windows 采用图形用户界面,用户通过选择菜单中列出的命令,即可执行相应的操作。有时候有些菜单命令显示为灰色,表示当前暂时不可使用。有些菜单命令带有向下或者向右的小三角,鼠标指向该命令或者单击小三角时,会打开一个下一级的子菜单。

5. 工具栏

在窗口的右上角通常都会有一个标志为“?”的按钮,单击该按钮可打开对应的帮助,希望读者要善于使用“帮助”,查找学习相关的操作。

很多软件(包括 Office 办公软件)在菜单栏下面都会有很多工具按钮,方便用户操作。

6. 窗口工作区

不同操作对象的窗口工作区的显示内容差异很大,如“计算机”(即“资源管理器”)的窗口工作区显示的是文件夹的内容,Word 2010 程序的窗口工作区显示的是当前文档内容。当窗口工作区中的内容过多显示不下时,在窗口右侧或窗口下方会出现垂直滚动条或水平滚动条,用户通过拖动滚动条或单击滚动条两端的箭头,可以查看未显示的内容。

7. 导航窗格

不同操作对象的窗口中的导航窗格也不尽相同,如"计算机"或"资源管理器"的导航窗格中显示的是计算机中的树形的文件组织形式,Word 2010 程序窗口的导航窗格可以搜索文档或是让用户浏览文档的标题和页面等。将鼠标放在导航窗格和窗口工作区的分隔线上,鼠标会变成"水平双向箭头"形状 ⟷ ,此时按住鼠标左键拖动,可以调整导航窗格和窗口工作区的大小。

8. 状态栏

位于窗口最下方,用于显示当前窗口中相关的一些信息。

【任务 1-10】 完成以下有关窗口的操作。

(1)双击桌面上的"计算机"图标,打开"计算机"窗口。

(2)单击"开始"菜单的"所有程序",找到并单击"附件"组中的"Windows 资源管理器",打开"Windows 资源管理器"窗口。

(3)将鼠标移动到"计算机"窗口的标题栏,按下左键拖动标题栏到屏幕最左端,拖动时可看到窗口的虚拟边框,当看到虚拟边框占据屏幕左半边时松开鼠标左键,此时可看到窗口正好占据显示器的左半屏幕。这是 Windows 7 中新增加的 Aero Snap(窗口吸附)功能。

(4)同样,拖动"资源管理器"窗口的标题栏至屏幕的最右端,让该窗口占据显示器的右半屏幕。通过对比两个窗口,可以发现"计算机"窗口和"Windows 资源管理器"窗口是一样的,都可以让用户查看计算机中的所有文件夹和文件。

(5)单击上面两个窗口中的任意一个窗口的"最小化"按钮,将窗口最小化到任务栏,再单击任务栏上该窗口的图标,打开该窗口;单击任意一个窗口的"最大化"按钮,让窗口占据整个屏幕,再单击窗口的"关闭"按钮,将刚才最大化的窗口关闭;将鼠标移动到剩下的一个窗口的标题栏,按下左键拖动标题栏到屏幕最上端,看到该窗口边框占据整个屏幕时松开鼠标左键,此时窗口也被最大化了,同时"最大化"按钮变成了"还原"按钮,单击"还原"按钮,将窗口还原为最大化前的大小。

(6)将鼠标移动到窗口的边框和边角,鼠标变成"水平双向箭头"形状 ⟷ 、"垂直双向箭头"形状 ↕ 或"斜向双向箭头"形状 ⬉ 时,拖动鼠标,可以调整窗口的大小。

1.4.2 对话框

Windows 7 中的对话框多种多样,用户通过不同对话框可以进行相应的各种设置。

对话框的标题栏的最右端没有"最小化"和"最大化"按钮,鼠标移动到对话框的边线或边角也不会改变为双向箭头形状,也就是说对话框是不能改变大小的,这是它与窗口的最大区别。

对话框中通常会有以下组成元素。

1. 选项卡

选项卡也叫"标签"。选择不同的选项卡,可以切换到不同的设置界面。如图 1-15 所示的"字体"对话框中就包含"字体"和"高级"两个选项卡,两个选项卡对应的设置界面分别如图 1-15 和图 1-16 所示。

图 1-15 "字体"对话框

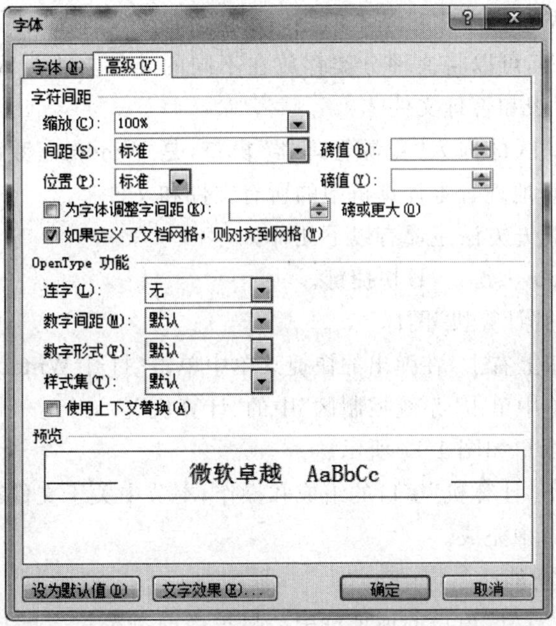

图 1-16 "字体"对话框的"高级"选项卡

2. 单选按钮

单选按钮是一组前边带圆圈的选项,用户只能选择这些选项中的一个,被选中的选项前边的圆圈中会出现一个黑点。

3. 复选框

复选框是一组前边带方框的选项,用户可以根据需要选择其中的一个或多个选项,被选中的选项前边的方框中会出现一个对号。

4. 列表框

列表框是一个矩形框,经常以下拉列表框形式显示,即列表框最右边有一个向下的小三角,单击小三角会列出多个选项供用户选择。

5. 文本框

文本框中允许用户输入信息,以便进行相应设置。

6. 数值框

数值框用于用户输入或选择一个数值,数值框右边通常会有向上和向下两个微调按钮,用来增加或减少数值。

7. 命令按钮

对话框中通常会有"确定"和"取消"两个命令按钮,用来保存或取消当前的设置。还有些命令按钮上带有"…",单击这些按钮会打开下一级对话框。

1.5 Windows 7 的文件管理

计算机中所有的程序和数据都是以文件形式存储的,文件是储存在计算机磁盘中的一系列数据的集合,是 Windows 中最基本的存储单位。每个文件都有一个文件名。为便于管理计算机中大量的文件,可以将文件分类存放在不同的文件夹中。Windows 中采用"树形结构"的文件夹形式组织和管理文件。

使用"计算机"窗口(也称为"资源管理器"窗口,是 Windows 系统提供的资源管理工具),用户能够清楚直观地查看本计算机中的所有文件和文件夹。

"计算机"窗口的打开方法主要有以下几种。

(1) 按 Win(Windows 键)+E 快捷键。

(2) 双击桌面上的"计算机"图标。

(3) 在"开始"按钮上右击,在弹出的快捷菜单中单击"打开 Windows 资源管理器"。

(4) 在"开始"菜单中单击"系统控制区"中的"计算机"。

打开的"计算机"窗口如图 1-17 所示。

下面简单介绍一下"计算机"窗口的组成和操作,本节中关于文件和文件夹的操作,大部分都要在"计算机"窗口中完成。

1. 地址栏的导航功能

Windows 7 的"计算机"窗口的地址栏中会显示当前浏览位置的详细路径信息,同时具有导航功能。路径中的每个节点同时也是一个按钮,单击某个节点按钮,可以让用户快速跳转到对应位置。每个节点按钮的右侧,还有一个向右的箭头按钮,单击后会弹出一个下拉列表,列表中显示出了该按钮对应文件夹中的所有子文件夹,单击文件夹名,可快速定位到该文件夹。

图 1-17　"计算机"窗口

2. 左窗口

左窗口主要以树形结构来显示各磁盘及磁盘内的文件夹列表,如果单击某个文件夹前的空心小三角,或者双击该文件夹名,可以展开该文件夹,其下的文件夹会向右缩进显示在下面。同时,该文件夹名前面的小三角会变成实心的。单击这个实心的小三角或者再次双击该文件夹名,会将展开的下一级文件夹折叠起来。

3. 右窗口

右窗口显示当前文件夹所包含的文件和下一级文件夹。

右窗口中文件和文件夹的显示方式可以改变:单击窗口菜单栏右方的"更改您的视图"按钮 ⊞▾ 的小三角;或者在右窗口空白处右击,在弹出的快捷菜单中指向"查看",可以选择一种视图方式。直接单击"更改视图方式",可以在几种视图方式中反复切换。系统提供的视图方式有:超大图标、大图标、中等图标、小图标、列表、详细信息、平铺或内容。

右窗口中文件和文件夹的排序方式可以改变:在右窗口空白处右击,在弹出的快捷菜单中指向"排序方式",可以按名称、按修改日期、按类型、按大小递增或递减排列。

在"详细信息"视图方式下,右窗口最上边会显示"名称""修改日期""类型"等名称。反复单击某个名称如"修改日期",会把窗口中显示的文件和文件夹按"修改日期"升序或降序排列。水平拖动某个列名,可以改变窗口中各列的顺序。如向右拖动"名称"至"类型"后,则文件和文件夹的名称将显示在类型后面,如图 1-18 所示。

4. 预览窗格

单击窗口菜单栏右方的"显示预览窗格"按钮 ▭,打开预览窗格。在右窗口中选中一个

图 1-18　更改"详细信息"的显示顺序

文件后,在预览窗格可显示该文档的内容,即不用打开文档就可以在"计算机"窗口中预览文档内容。如图 1-19 所示就是预览一个 Word 文档的效果。

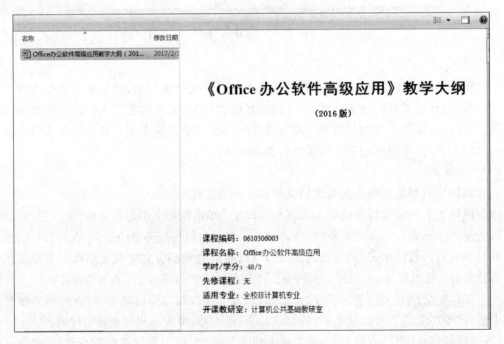

图 1-19　预览窗格示例

此时"显示预览窗格"按钮功能变为"隐藏预览窗格",单击可取消预览窗格。

5. 窗口左右分隔条

将光标放在窗口左右分隔条上,光标将变为"左右双向箭头"形状 ↔ ,拖动可改变左右窗口大小。

1.5.1 文件和文件夹的命名规则

一个完整的文件名通常由文件主名和文件扩展名两部分组成,文件名与文件扩展名之间用圆点分隔符".."分隔开,即

$$×××××××××××××.×××$$

文件主名　　　　　扩展名

根据储存的信息和保存方式的不同,将文件分为不同的类型,用不同的文件扩展名加以区分,并用不同的图标显示。用户根据扩展名,即可识别该文件是一个什么类型的文件,文件存储的是哪一类信息。例如,"mp3"是音频文件,"docx"是 Word 文档,"xlsx"是 Excel 文档,"com"是可执行文件等。表 1-1 列出了常用的文件扩展名和对应的文件类型。

表 1-1　常用的文件扩展名和对应的文件类型

文 件 类 型	扩 展 名	说 明
可执行程序	EXE、COM	可执行程序文件
源程序文件	C、CPP、BAS	程序设计语言的源程序文件
Office 文档	DOCX、XLSX、PPTX	Word、Excel、PowerPoint 创建的文档
流媒体文件	WMV、RM、QT	能通过 Internet 播放的流式媒体文件
压缩文件	ZIP、RAR	压缩文件
图像文件	BMP、JPG、GIF	不同格式的图像文件
音频文件	WAV、MP3、MID	不同格式的声音文件

文件夹名没有扩展名,一个文件夹中可以存放若干文件和文件夹。

文件名和文件夹名的命名要遵循以下规则。

(1) 文件名和文件夹名中不能出现以下字符:

　　\　/　:　*　?　"　<　>　|

(2) Windows 系统中文件名和文件夹名不区分大小写。

(3) 文件名和文件夹名中可以使用汉字。

(4) 文件名可以使用多分隔符的名字,最后一个"."后的字符串是扩展名。

(5) 查找和显示时可使用通配符"*"和"?",其中,"*"是通配任意多个字符,"?"是通配任意一个字符。如在搜索框中输入"*.docx"就是要查找所有的 Word 文档文件。

1.5.2 创建文件和文件夹

在想要创建文件夹的位置右击,在弹出的快捷菜单中选择"新建"的下级菜单中的"文件夹"选项,如图 1-20 所示,即可创建一个默认名字为"新建文件夹"的文件夹,同时文件夹名呈高亮显示,用户可直接修改文件夹名。

在弹出的"新建"下级菜单中,用户也可以选择其他选项,创建其他文件,如"Microsoft Word 文档"。

1.5.3 选择文件或文件夹

1. 选择单个文件或文件夹

在要选择的文件或文件夹名上直接单击。

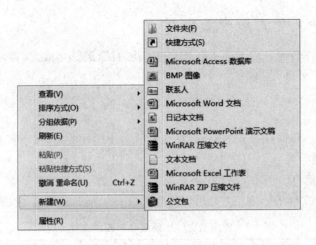

图 1-20 新建文件或文件夹

2. 选择多个连续的文件或文件夹

单击选择第一个文件或文件夹后，按住 Shift 键，再单击要选择的最后一个文件或文件夹。

或者在要选择的区域按住鼠标左键拖动，此时窗口中会出现一个蓝色的矩形框，被矩形框包含的文件和文件夹区域就会被全部选中。

3. 选择多个不连续的文件或文件夹

按住 Ctrl 键，逐一单击要选择的文件或文件夹。

4. 选择当前所有文件和文件夹

按 Ctrl＋A 快捷键（A 即 All）可选中当前窗口中所有文件和文件夹。

1.5.4 复制文件或文件夹

复制文件或文件夹的方法主要有以下几种。

（1）选中要复制的文件或文件夹，按 Ctrl＋C 快捷键（即"复制"），在目标窗口的目标位置处单击定位，按 Ctrl＋V 快捷键（即"粘贴"），即可将文件或文件夹复制到目标窗口的目标位置。

（2）选中要复制的文件或文件夹后右击，在弹出的快捷菜单中选择"复制"，在目标窗口的目标位置处右击，在弹出的快捷菜单中选择"粘贴"。

（3）选中要复制的文件或文件夹，使用"计算机"窗口"组织"菜单中的"复制"和"粘贴"命令，也可以复制文件或文件夹。

复制后，在原来的位置和新的位置各有一份。对重要的文件和文件夹，建议用户一定要进行复制，以免造成损失。

1.5.5 移动文件或文件夹

移动文件或文件夹的方法主要有以下几种。

（1）选中要移动的文件或文件夹，按 Ctrl＋X 快捷键（即"剪切"），在目标窗口的目标位置处单击定位，按 Ctrl＋V 快捷键（即"粘贴"），即可将文件或文件夹移动到目标窗口的目标位置。

（2）选中要移动的文件或文件夹后右击，在弹出的快捷菜单中选择"剪切"，在目标窗口的目标位置处右击，在弹出的快捷菜单中选择"粘贴"。

（3）选中要移动的文件或文件夹，使用"计算机"窗口"组织"菜单中的"剪切"和"粘贴"命令，也可以移动文件或文件夹。

移动后，原来位置的文件和文件夹就没有了，只在目标位置有一份。

在移动和复制时，系统都要用到"剪贴板"。"剪贴板"是一个在 Windows 程序和文件之间传递信息的临时存储区，是内存中的一块区域。用户进行"复制"或者"剪切"操作时，系统会把内容先放到"剪贴板"中，用户执行"粘贴"操作后，系统再把刚才放在"剪贴板"中的内容放到用户指定位置。

1.5.6　删除文件或文件夹

删除文件或文件夹的方法主要有以下几种。

（1）选中要删除的文件或文件夹，按 Delete 删除键。

（2）选中要删除的文件或文件夹，右击，在弹出的快捷菜单中选择"删除"命令。

（3）选中要删除的文件或文件夹，在"计算机"窗口"组织"菜单中单击"删除"命令。

（4）选中要删除的文件或文件夹，将其拖动到桌面的"回收站"中。

以上几种删除方法，都会弹出"删除文件"对话框，单击"是"按钮删除，单击"否"按钮取消删除操作。系统会将要删除的文件或文件夹先放在"回收站"中，需要时用户可进行还原操作。如果删除的是 U 盘的文件或文件夹，则不会把文件或文件夹放入"回收站"。

如果选中硬盘中要删除的文件或文件夹，按 Shift＋Delete 快捷键删除，文件或文件夹就不会先放在"回收站"中，系统会弹出如图 1-21 所示的对话框提示用户要进行的是"永久性地删除"。这种删除方式用户要谨慎使用。

图 1-21　使用 Shift＋Delete 快捷键弹出删除提示对话框

1.5.7　重命名文件或文件夹

重命名即更改文件或文件夹的名称，操作方法主要有以下几种。

（1）选中要重命名的文件或文件夹后，再次单击，文件或文件夹名会呈高亮显示，用户可以输入新名字。

（2）选中要重命名的文件或文件夹,右击,在弹出的快捷菜单中选择"重命名"。

（3）选中要重命名的文件或文件夹,在"计算机"窗口"组织"菜单中单击"重命名"命令。

在 Windows 7 中,还可以同时将多个文件或文件夹重命名为一组文件或文件夹。方法是:选中要重命名的所有文件或文件夹,按 F2 键,其中一个文件或文件夹进入重命名状态,输入新名字,确认后所有被选中的文件或文件夹将会被重命名为新的名字(名字末尾处会自动加上递增的数字以区别)。

1.5.8 创建文件或文件夹的快捷方式

创建文件或文件夹的快捷方式的方法主要有以下两种。

（1）选中文件或文件夹后,右击,在弹出的快捷菜单中选择"创建快捷方式",在本文件夹中创建快捷方式。

（2）选中文件或文件夹后,右击,在弹出的快捷菜单中选择"发送到",在下一级菜单中选择"桌面快捷方式",在桌面上创建快捷方式。

1.5.9 压缩和解压缩文件或文件夹

所谓压缩,就是将文件或文件夹按照一定的方式,在不改变内容的情况下使其占用较少的空间;而解压缩是压缩的逆操作,就是将压缩的文件或文件夹还原为原始文件。

当需要节省磁盘空间或者通过网络传送较大和较多文件时,可以将文件进行压缩。很多从网络上下载的文件都是压缩文件,使用前需要进行解压缩。

Windows 7 中自带了压缩和解压缩文件功能。压缩文件或文件夹的方法是:选择要压缩的一个或者多个文件和文件夹后,右击,在弹出的快捷菜单中选择"发送到"下级菜单的"压缩(zipped)文件夹"命令,如图 1-22 所示,即可在当前文件夹生成该文件或文件夹的压缩文件。

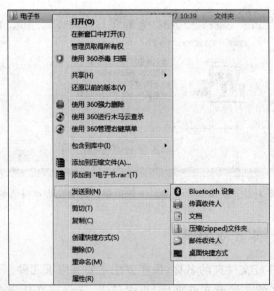

图 1-22　压缩文件

解压缩文件的方法是：选中压缩文件，右击，选择"全部提取"菜单项。这时，会弹出一个窗口，让用户选择提取文件的保存位置。选择好位置后，单击"提取"按钮即可解压全部文件。

当然用户也可以使用其他压缩软件对文件和文件夹进行压缩和解压缩。一般操作方法都是选中要压缩的文件和文件夹后，右击，在弹出的快捷菜单中选择"添加到压缩文件"，在弹出的对话框中设置好参数后单击"确定"按钮，即可进行压缩。双击压缩文件，在弹出的对话框中设置解压缩的参数后单击"确定"按钮，即可进行解压缩。

1.5.10　文件属性

每个文件，都有创建或修改的日期和时间、文件大小以及所有者信息等属性。

选中文件右击，在弹出的快捷菜单中选择"属性"，打开如图 1-23 所示的文件属性对话框。在"常规"选项卡下，可以看到文件的名字、类型、默认的打开方式、文件存放的位置、文件大小、创建和修改的时间等信息。

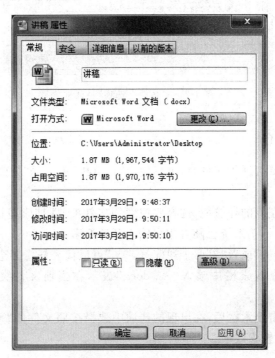

图 1-23　文件属性对话框

单击"打开方式"后面的"更改"按钮，可以更改打开该文件的默认程序。

用户也可以根据需要，在"属性"组中勾选"只读"或"隐藏"。"只读"表示该文件只能查看，不能编辑修改；而设置为"隐藏"后，在"计算机"中就看不到该文件了，从而保护一些重要的文件。

设置为"隐藏"的文件怎样能在"计算机"窗口中查看到呢？

在"计算机"窗口的"组织"菜单中选择"文件夹和搜索选项"命令，打开"文件夹选项"对话框，在"查看"选项卡的"高级设置"组的"隐藏文件和文件夹"中选择"显示隐藏的文件、文件夹和驱动器",单击"确定"按钮,如图 1-24 所示。

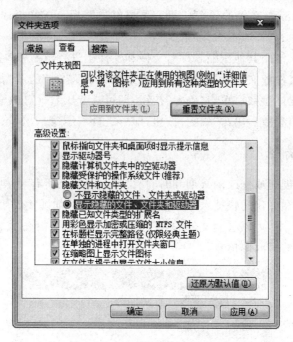

图 1-24 "文件夹选项"对话框

1.5.11 搜索文件

如果用户找不到要打开的文件时,可以使用"计算机"窗口的"搜索"功能,快速搜索所需文件。

在"计算机"窗口左侧的导航栏,选择要搜索的文件夹,即搜索范围,在搜索栏中输入要搜索的文件名,Windows 7 系统会随着用户输入开始搜索。

搜索时可以使用" * "或者"?"两个通配符," * "可以代表任意多个字符,"?"可以代表任意一个字符。例如,在搜索栏中输入" * . docx"表示在当前文件夹下搜索所有的 Word文档。

用户也可以在单击搜索栏后,在出现的选项中选择按照文件的"修改日期"或者"大小"来缩小搜索范围,提高搜索效率。

1.6 控制面板和帮助系统

1.6.1 控制面板

控制面板允许用户查看并更改计算机的设置,例如查看或更改系统和安全状态、管理用户账户、检查和设置网络状态、添加或删除打印机等硬件设备、添加或删除程序、更改桌面外观以及其他一些辅助功能等,"控制面板"窗口如图 1-25 所示。

用户可以在"控制面板"窗口右侧"查看方式"下,设置控制面板各个组件的查看方式。

☞请读者通过"开始"菜单打开"控制面板",查看了解各个组件的功能。

图 1-25　"控制面板"窗口

1.6.2　使用帮助系统

商用软件一般都会给用户提供帮助系统,帮助系统是使用该软件的说明书。利用帮助系统,用户可以快速掌握软件使用的方法,解决软件中遇到的问题。

在软件窗口的标题栏上通常会有一个"?"按钮,单击即可打开帮助系统;或者按 F1 键,也可以打开帮助系统。

打开"开始"菜单,在右侧的系统控制区单击"帮助和支持",可以打开 Windows 7 的帮助系统,如图 1-26 所示。

图 1-26　"Windows 帮助和支持"窗口

☞请读者打开 Windows 7 的帮助系统,查看或搜索使用 Windows 7 时遇到的问题。

1.7　Windows 7 的其他常用功能

1.7.1　截图工具

使用 Windows 7 中的"截图工具"，可以方便地在屏幕上任意截取一块区域，粘贴到需要的其他应用程序中。

在"开始"菜单的"所有程序"的"附件"中单击"截图工具"，打开"截图工具"窗口，同时鼠标变成"十字"形状，按住鼠标左键在需要的区域拖动，即可截取该区域为图片，放到"截图工具"窗口中。图 1-27 所示为截取的桌面背景中的 Windows 标志。

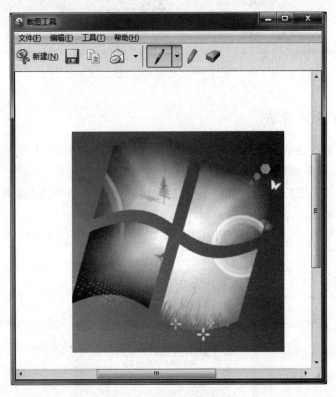

图 1-27　截图工具示例

还可以选择不同形状的截图。单击"截图工具"窗口中"新建"按钮后边的小三角，从列表中选择"任意格式截图""矩形截图""窗口截图"或"全屏幕截图"，然后选择要捕获的屏幕区域，如图 1-28 所示。

还可以在"截图工具"窗口中选用不同颜色的笔，在图片上书写即可添加注释等，并且可以选择"橡皮擦"进行擦除。

按 Print Screen 键，可以复制整个屏幕到"剪贴板"。按 Alt＋Print Screen 快捷键，可以将当前活动窗口复制到"剪贴板"。接着在其他应用程序中执行"粘贴"命令，

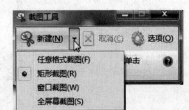

图 1-28　选择不同形状的截图

可将"剪贴板"中的整个屏幕或窗口复制到应用程序中。

1.7.2 任务管理器

经常使用计算机的用户有时会遇到有些应用程序没有响应的情况。当打开的程序过多或者启动大程序的时候，可能因为系统内部程序运行出错，导致计算机卡死，鼠标键盘什么都操作不了，程序的标题栏出现"未响应"字样，似乎进入死机状态。如果直接按电源键重启计算机，很可能会丢失未保存的数据。大多数时候，只需要启动"任务管理器"，关闭无响应的程序，计算机就可以恢复正常了。

启动"任务管理器"的常用方法有以下几种。

(1) 按 Ctrl+Shift+Esc 快捷键，直接打开"任务管理器"。

(2) 按 Ctrl+Alt+Delete 快捷键，在出现的菜单中选择"启动任务管理器"。

(3) 在任务栏空白处右击，在弹出的快捷菜单中选择"启动任务管理器"。

启动"任务管理器"后，在"应用程序"选项卡下单击状态为"未响应"的程序，然后单击下方的"结束任务"按钮，即可关闭该程序。当然也可以用这种方法关闭"正在运行"的其他程序。

Windows 7 的任务管理器还可以查看应用程序及其进程和服务、CPU 和内存的使用率以及启动服务等。

1.8 综合练习

【综合练习】 请完成以下操作。

1. 在桌面上新建一个文件夹，重命名为自己的名字。

2. 打开文件夹，新建一个 Word 文档，并重命名。

3. 打开 C:盘下某个文件夹，选中几个文件和文件夹，复制到自己的文件夹下。

4. 选中复制过来的某个文件，移动到"桌面"上。

5. 选中复制过来的几个文件和文件夹，删除。

6. 打开回收站，还原刚才删除的文件。

7. 选中几个文件进行压缩；再把压缩文件解压缩。

8. 在桌面上创建 Microsoft Word 2010 的快捷启动图标，并拖动到任务栏程序区。

9. 练习启动应用程序的几种方法，以启动 Microsoft Word 2010 为例。

(1) 双击桌面上刚才创建的快捷启动图标。

(2) 通过"开始"菜单启动。一般在"所有程序"下的 Microsoft Office 程序组。

(3) 打开"计算机"窗口，使用搜索栏搜索到一个 Word 文档后双击。

(4) 在"开始"菜单的"运行"命令中输入"word"，单击最上面显示的 Microsoft Word 2010。

(5) 单击任务栏程序区的快速启动图标。如果没有，将桌面上的快捷方式拖动到任务栏上创建。

10. 练习关闭应用程序的几种方法，以 Microsoft Word 2010 为例。

(1) 按 Alt+F4 快捷键。

（2）在应用程序的"文件"菜单上选择"关闭"或"退出"命令。

（3）单击应用程序窗口右上角的"关闭"按钮 ✕ 。

（4）双击应用程序窗口上的控制菜单按钮（如 Word 窗口左上角的 Ｗ ）关闭应用程序。

（5）单击应用程序窗口上的控制菜单按钮，在菜单中选择"关闭"。

（6）通过"任务管理器"关闭应用程序。

11. 使用截图工具截取需要的图片到 Word 文档中。

第2章 | Word 2010 基本操作

本章学习目标
- 熟练掌握 Word 2010 文档的基本操作；
- 熟练掌握文本的输入和编辑操作；
- 熟练掌握 Word 2010 文档的字符排版、段落排版和页面排版。

本章首先介绍 Word 2010 的工作界面，然后介绍文档的创建、保存、打开等操作以及文本的输入和编辑，重点介绍文档中字符、段落和页面的排版。

2.1 Word 2010 的工作界面和文档操作

Word 2010 是 Office 2010 办公软件中一个非常常用的文档编辑软件，不仅可以对中英文文本进行编辑排版，还可以在文档中使用表格、图片、各种图形、艺术字、公式等，制作图文并茂的各类文档。

2.1.1 认识 Word 2010 工作界面

请读者用第 1 章介绍的启动程序的方法，在"开始"菜单"所有程序"中找到 Microsoft Office 程序组，启动 Microsoft Word 2010。打开的窗口如图 2-1 所示。

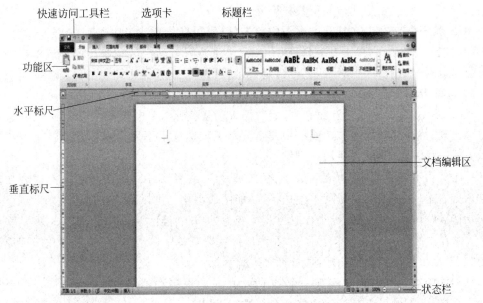

图 2-1 Word 2010 工作界面

Word 2010 的工作界面由标题栏、快速访问工具栏、选项卡（菜单）、功能区、文档编辑区、水平和垂直标尺、状态栏等组成。

1. 标题栏

Word 2010 窗口最上面是标题栏，显示当前打开的文档名字。新创建的空白文档默认文件名是"文档 1"，第 2 次创建的空白文档默认文件名是"文档 2"，以此类推。Word 2010 默认的文件扩展名是"docx"。

标题栏最左边是"控制菜单"按钮 ，单击该按钮，在弹出的菜单中可以选择对窗口进行"移动""最大化""最小化""关闭"等操作，双击该按钮可退出程序。

标题栏最右边是"最小化""最大化/还原"和"关闭"按钮，作用与 Windows 窗口一样。

2. 快速访问工具栏

快速访问工具栏是一个可自定义的包含一组命令的工具栏。默认情况下，它位于标题栏左侧。单击快速访问工具栏右侧的小三角 ，打开"自定义快速访问工具栏"菜单，如图 2-2 所示，选择"在功能区下方显示"，可以将工具栏移动到功能区下方。

向快速访问工具栏添加命令的方法有以下几种。

（1）单击快速访问工具栏右侧的小三角，选择要添加的命令。

（2）在功能区上，单击相应的选项卡以显示要添加到快速访问工具栏的命令，右击该命令，在弹出的快捷菜单中选择"添加到快速访问工具栏"。

从快速访问工具栏中删除命令的方法有以下几种。

（1）单击快速访问工具栏右侧的小三角，取消选中要添加的命令。

（2）右击要从快速访问工具栏中删除的命令，然后单击快捷菜单上的"从快速访问工具栏删除"。

图 2-2　自定义快速访问工具栏

单击"文件"选项卡，在打开的视图中单击"选项"，打开"Word 选项"对话框，单击左侧导航栏中的"快速访问工具栏"，在右边的窗口中用户根据需要也可以对"快速访问工具栏"进行自定义设置，如图 2-3 所示。

3. 选项卡和功能区

Word 2010 窗口标题栏下面有"开始""插入"等选项卡，单击选择一个选项卡，在选项卡下方会出现对应的"功能区"，功能区中按组显示了该选项卡下用户可以选择的命令。这种显示方式一目了然，非常方便用户操作。

单击选项卡区右侧的"功能区最小化"按钮 ；或者在任意一个选项卡上或者功能区的空白处右击，在弹出的快捷菜单中选择"功能区最小化"，可以隐藏功能区。

功能区隐藏后，"功能区最小化"按钮 变为"展开功能区"按钮 ，单击可取消隐藏功能区；或者在任意一个选项卡上右击，在弹出的快捷菜单中单击"功能区最小化"，即取消前面的"√"，则可以取消隐藏功能区，如图 2-4 所示。

功能区中有些组的右下角有一个 （称为"对话框启动器"），单击可以打开一个对话框，用户在对话框中可以对该组的多个命令进行设置。

图 2-3 "Word 选项"对话框中设置"快速访问工具栏"

单击"开始"选项卡"字体"组的对话框启动器，打开"字体"对话框，如图 2-5 所示。

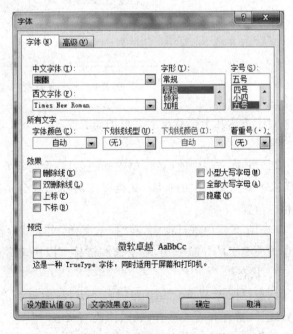

图 2-4 功能区的隐藏和取消隐藏

图 2-5 用"对话框启动器"打开的"字体"对话框

31

第 2 章

Word 2010 基本操作

4．标尺

标尺分为水平标尺和垂直标尺,单击文档编辑区垂直滚动条上方的"标尺"按钮 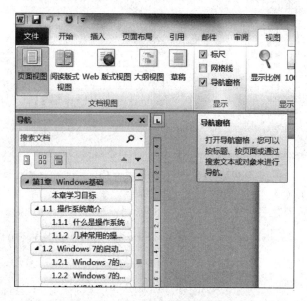,或者在"视图"选项卡"显示"组中选中或取消选中"标尺"复选框,可以显示或者隐藏标尺。

标尺上有刻度,用于对文本位置进行定位。Word 标尺可以用来设置或查看段落缩进、制表位、页面边界和栏宽等信息。

5．文档编辑区

文档编辑区是 Word 2010 中最重要的部分,所有关于文档编辑的操作都要在该区域完成。Word 2010 的文档编辑区默认是一张 A4 的白纸,闪烁的光标是文本插入点,用于定位文本的输入位置。

6．导航窗格

导航窗格位于文档编辑区左侧,在"视图"选项卡的"显示"组中勾选或取消勾选"导航窗格"复选框,可以显示或隐藏导航窗格,如图 2-6 所示。

图 2-6　显示或隐藏"导航窗格"

对于长达几十页甚至上百页的超长文档,Word 2010 文档的导航窗格为用户提供了精确的导航功能。

(1)浏览文档中的标题,单击标题名,就会自动定位到文档中的相应位置。

(2)浏览文档中的页面,文档以缩略图形式分页列出,只要单击缩略图,就会自动定位到相应位置。

(3)在文档中进行搜索,在"搜索文档"文本框中输入要搜索的关键字,导航窗格中会列出包含关键字的导航链接,单击这些链接可以快速定位到文档的相应位置。

7．状态栏

状态栏位于 Word 2010 窗口最下方,显示有当前文档的编辑状态,如当前页和总页数、字数统计、拼音和语法检查、插入或改写状态、视图方式、显示比例等。

按 Insert 键,或者在"插入(改写)"上单击,可以在插入和改写两种状态之间进行切换。

"插入"状态时,在文本插入点输入字符时,插入点后面的原有字符自动向后移动。"改写"状态时,输入的字符会替换掉插入点后面原位置上的字符。

单击"显示比例"处的"＋"或"－",或者拖动滑块,可以改变文档的显示比例。

2.1.2 创建文档

1. 新建空白文档

新建空白文档的方法主要有以下几种。

(1) 从"开始"菜单启动 Word 2010 程序时,会直接创建一个空白文档。

(2) 在 Word 2010 窗口中,按 Ctrl＋N 快捷键,可新建一个空白文档。

(3) 打开"文件"选项卡后,会打开 Microsoft Office Backstage 视图,如图 2-7 所示。在视图左侧的导航中选择"新建",在中间的"可用模板"下单击"空白文档",然后单击右侧预览文档下的"创建"按钮,即可创建一个新文档。

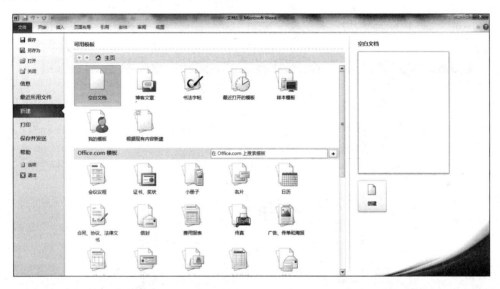

图 2-7　Microsoft Office Backstage 视图

在 Microsoft Office Backstage 视图中,用户可以管理文件及其相关数据,如文档创建、保存、检查隐藏的元数据或个人信息以及设置选项等。简而言之,可通过该视图对文件执行所有无法在文件内部完成的操作。

若要从 Backstage 视图快速返回到文档,请单击除"文件"选项卡外的其他任意选项卡,或者按键盘上的 Esc 键。

2. 基于模板创建文档

单击"文件"选项卡打开 Microsoft Office Backstage 视图,在视图左侧的导航中选择"新建",在中间的"可用模板"区选择所需的模板,其中上面列出的是本机上可用的模板,下面列出的是 Office 网站的在线模板,然后单击右侧预览文档下的"创建"或"下载"按钮,即可基于所选模板创建一个新文档。

【任务 2-1】　基于模板创建"个人简历"文档。

(1) 在 Word 2010 窗口单击"文件"选项卡中的"新建"命令。

34

（2）双击"可用模板"中本机模板的"样本模板"，在打开的样本模板中选择"基本简历"。

（3）在右侧窗口预览"基本简历"，然后选择下面的"文档"，单击"创建"按钮，如图 2-8 所示。

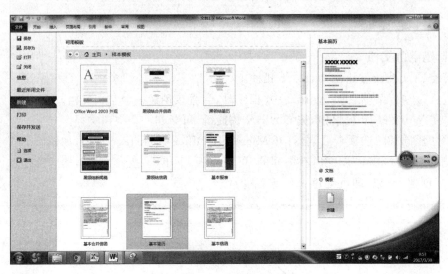

图 2-8　选择"基本简历"模板

（4）一个基本简历文档被创建，如图 2-9 所示。用户根据需要填入相应内容即可，当然用户也可以根据需要对文档中的项目进行编辑。

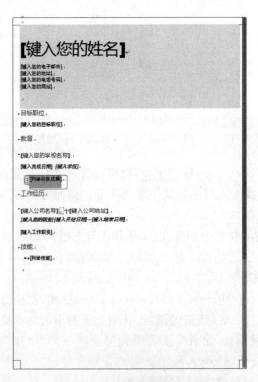

图 2-9　基于模板创建的文档

2.1.3 保存文档

用户对文档进行编辑过程中,一定要养成随时对文档进行保存的好习惯,防止突然断电或死机造成的损失。

1. 保存文档

保存文档的方法主要有以下几种。

(1) 按 Ctrl+S 快捷键。

(2) 单击"快速访问工具栏"中的"保存"按钮 。

(3) 单击"文件"选项卡中的"保存"命令。

如果文档此前没有被保存过,不管用上面哪一种方法保存时,都会弹出"另存为"对话框,如图 2-10 所示。在对话框左侧窗格中选择一个文件夹作为文档的存储位置(请一定记好,以免保存后找不到文档);在右侧窗格会显示所选文件夹中已有的 Word 文档;在下方"文件名"后输入新的文档名;"保存类型"一般选择系统默认的"Word 文档",或者单击打开下拉列表框选择用户想要保存的文档类型;最后单击"保存"按钮。

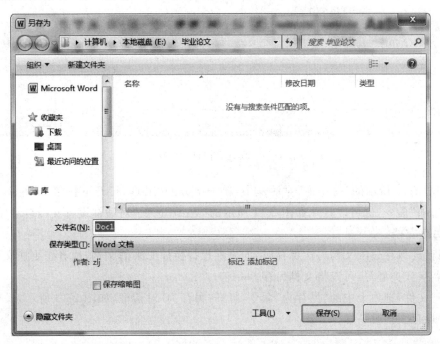

图 2-10 "另存为"对话框

如果文档已经被保存过,以后再保存时,就不会弹出"另存为"对话框了。系统会将文档按第一次保存时设置的存储位置、名字和类型进行保存,也就是替换掉原文档。

2. 设置自动保存

单击"文件"选项卡中的"选项"命令,打开"Word 选项"对话框,单击左侧导航栏中的"保存",如图 2-11 所示,用户可以在右侧窗格中自定义文档保存的方式,包括默认存储位置、文档类型等,在"保存自动恢复信息时间间隔"中,用户可对默认值"10 分钟"进行调整或直接输入数值,例如输入或调整为"3",即每隔 3 分钟对文档自动保存一次。最后单击"确定"按钮保存刚才的更改。当遇到突发事件文档非正常关闭后,能尽量避免损失。

图 2-11　设置文档自动保存

在如图 2-10 所示的"另存为"对话框中,单击下方的"工具"打开下拉菜单,在菜单中选择"保存选项"命令,也可以打开如图 2-11 所示的"Word 选项"对话框设置文档自动保存。

3. 另存文档

在对已经保存过的文档再次保存时,如果不想替换掉原来的文档,或者想更换文档的存储位置、名字或类型等,可以将文档另存。

单击"文件"选项卡中的"另存为"命令,打开"另存为"对话框,如图 2-10 所示,操作方法与第一次保存文档时一样。

2.1.4　关闭文档

关闭文档的方法主要有以下几种。

(1) 按 Alt+F4 快捷键。

(2) 单击窗口右上角的"关闭"按钮 ![x] 。

(3) 单击窗口左上角的"控制菜单"按钮 ![W] ,在打开的菜单中选择"关闭"命令。

(4) 双击窗口左上角的"控制菜单"按钮 ![W] 。

(5) 打开"文件"选项卡,选择"关闭"命令。

(6) 打开"文件"选项卡,选择"退出"命令。请读者观察"文件"选项卡"关闭"和"退出"命令的区别。

如果文档在编辑后还未保存，在关闭时会弹出如图 2-12 所示的对话框，提示用户是否要对修改进行保存。

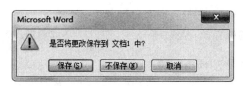

图 2-12　保存文档提示对话框

2.1.5　打开文档

打开文档的方法主要有以下几种。

（1）在"计算机"窗口中找到要打开的文档，双击。

（2）在"计算机"窗口中找到要打开的文档，右击，在弹出的快捷菜单中选择"打开"；或者在弹出的快捷菜单中选择"打开方式"，可以选择用什么应用程序打开该文件。

图 2-13　"打开"对话框

（3）打开"文件"选项卡，选择"打开"命令，出现"打开"对话框，如图 2-13 所示。在对话框中选择要打开的文件的存储位置、文件名，然后单击"打开"按钮。单击"打开"按钮后的小三角，还可以在列表中选择打开的方式，如图 2-14 所示。

（4）打开"文件"选项卡，选择"最近所用文件"命令，会列出"最近使用的文档"和"最近的位置"，用户可以快速选择并打开最近使用过的文档。

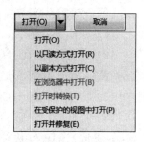

图 2-14　打开方式选项

2.1.6 保护文档

单击"文件"选项卡中的"信息"命令,如图 2-15 所示,可以对当前文档设置密码或权限进行保护,以及在文档共享前删除一些个人信息等。

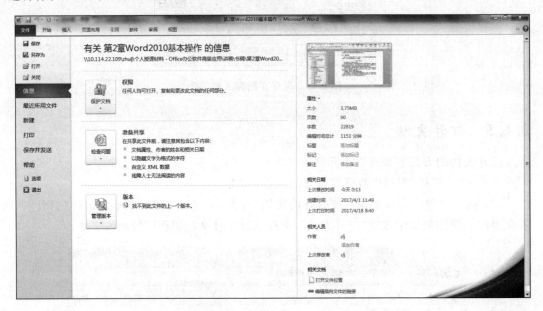

图 2-15 保护文档

单击"保护文档",在菜单中可以选择以下选项。

(1) 将文档标记为最终状态:将文档标记为最终状态后,将禁用或关闭输入、编辑命令和校对标记,并且文档将变为只读。"标记为最终状态"命令有助于让其他人了解到用户正在共享已完成的文档版本,还可以帮助用户防止审阅者或读者无意中更改文档。

(2) 用密码进行加密:选择该命令后将显示"加密文档"对话框,在"密码"框中输入密码,用户可以为文档设置密码,阻止其他人打开或修改文档。注意:Microsoft 不能取回丢失或忘记的密码,因此用户一定要牢记密码。

(3) 限制编辑:用于控制可对文档进行哪些类型的更改。

单击"检查问题",可以检查文档中是否有隐藏的属性和个人信息,以及是否有早期的 Word 版本不支持的功能。选择"检查问题"下拉菜单的"检查文档"命令,会打开"文档检查器"对话框,如图 2-16 所示。用户可以选择需要检查的内容。

【任务 2-2】 练习文档的操作。

(1) 启动 Word 2010,创建一个空白文档。

(2) 将文档保存在"C:\个人文档"文件夹下(若无此文件夹,自己创建一个),保存文档名为"我的第一个 Word 文档",保存类型为默认的"Word 文档"。

(3) 将文档关闭。

(4) 打开"计算机"窗口找到刚才的文档,双击打开。

(5) 按 Ctrl+N 快捷键,再次创建一个新文档,并将其保存在"桌面"上,文档名为"加密文档"。

图 2-16　文档检查器

（6）给"加密文档"设置密码，然后关闭。

（7）打开"加密文档"，取消密码。

（8）关闭所有打开的文档。

2.2　文本的输入和编辑

Word 2010 文档中可以有中英文字符、特殊符号、表格、图片、各种形状、公式等，本节主要介绍中英文字符即文本和特殊符号的输入和编辑，表格、图片等元素的插入和编辑排版将在后面章节中介绍。

2.2.1　输入文本和特殊符号

在输入文本时，按 Ctrl＋Shift 快捷键可以在各种中英文输入法间轮流切换，按 Ctrl＋空格快捷键可以在中文和英文两种输入状态间切换，用户也可以单击任务栏中的"语言栏"，在打开的菜单中选择输入法和输入状态。

文档中闪烁的光标称为"插入点"，用户输入的内容都会在"插入点"处出现，随着用户输入，插入点会自动向右移动，移动到行尾时会自动移动到下一行行首，用户也可以自己按 Enter(回车)键进行分段，将光标定位到下一行行首。

按下 BackSpace(退格)键，将删除插入点左侧的一个字符。

按下 Delete(删除)键，将删除插入点右侧的一个字符。

用户在输入文本时还要注意"插入"或"改写"状态，以免字符丢失。

单击"开始"选项卡"字体"组中的"更改大小写"按钮 **Aa**▾，在下拉菜单中可以选择字符的"全角"和"半角"状态,如图 2-17 所示。"全角"是一个字符占用两个标准字符(2B)的存储空间,汉字字符包括中文状态下的标点符号都是全角字符;"半角"是一个字符占用一个标准字符(1B)的存储空间,通常的英文字母、数字键、符号键等默认都是半角的。大多数中文输入法中也可以设置字符的"全角"或"半角"状态。

在"更改大小写"下拉菜单 **Aa▾** 中,还可以设置英文的大小写形式,对输入的英文进行大小写转换。

图 2-17 "更改大小写" 下拉菜单

在 Office 2010 的各类文档包括 Word 2010 中,还可以插入一些键盘无法输入的特殊符号,方法如下。

(1) 单击"插入"选项卡"符号"组中的"符号",在打开的下拉菜单中列举了用户最近使用和常用的一些符号,如图 2-18 所示,直接单击某个符号即可插入到文档插入点位置。

(2) 如果想使用其他符号,选择"其他符号"命令,打开"符号"对话框,如图 2-19 所示。在"符号"选项卡的"字体"中选择不同字体,下方会列出对应的符号,双击要插入的符号,或者单击选中要插入的符号后单击"插入"命令按钮,即可将所选符号插入到文档插入点位置。

图 2-18 插入符号

图 2-19 "符号"对话框

2.2.2 文本的选定、复制、移动和删除

1. 文本的选定

在 Word 2010 中选定文本的方法有以下几种。

(1) 在要选定的文本上拖动鼠标是最常用的一种选定文本的方法。

(2) 如果要选定不连续的文本,按住 Ctrl 键,依次在要选定的文本上拖动。

(3) 按住 Alt 键拖动鼠标,可以选定一块矩形区域。

(4) 选定某个词组:在词组中双击。

(5) 选定某行:在要选定行左侧的选中栏处单击。选中栏是页面之外左侧的空白区域,鼠标移动到选中栏会变为"空心箭头"形状 ⬦。

（6）选定某段：在要选定段左侧的选中栏处双击；或者在要选定的段落中的任意位置三击。

（7）选定整篇文档：在选中栏任意位置三击。

用户也可以使用快捷键来选定文本，常用的快捷键及其作用如表2-1所示。

表 2-1　选定文本的快捷键

快　捷　键	作　　用
Shift+→	选定光标右侧的一个文本
Shift+←	选定光标左侧的一个文本
Shift+↑	选定从光标位置到上一行相同位置之间的所有文本
Shift+↓	选定从光标位置到下一行相同位置之间的所有文本
Shift+Home	选定从光标位置到本行行首之间的所有文本
Shift+End	选定从光标位置到本行行尾之间的所有文本
Shift+Page Up	选定从光标位置到上一页之间的所有文本
Shift+Page Down	选定从光标位置到下一页之间的所有文本
Ctrl+Shift+Home	选定从光标位置到文档开始之间的所有文本
Ctrl+Shift+End	选定从光标位置到文档结尾之间的所有文本
Ctrl+A	选定整篇文档

2. 文本的复制、移动和删除

文本的复制、移动和删除操作与 Windows 中文件的复制、移动和删除操作基本相同。

☞请读者自己练习文本的复制、移动和删除。

需要注意的是，用户从网页上向文档中复制内容时，经常会出现一些带标记或链接的字符以及"软回车符"↵，如图2-20所示。软回车只换行不分段，按 Shift+Enter 快捷键可在文档中输入软回车。

Word 2010 的"开始"选项卡"剪贴板"组中的"粘贴"命令，给用户提供了"粘贴选项"菜单，如图2-21所示。单击"粘贴"命令下的小三角，在打开的"粘贴选项"菜单中选择"选择性粘贴"，在打开的对话框中选择"无格式文本"，如图2-22所示，就可以将文本不带任何格式地插入到当前文档，如图2-23所示。当然，用户也可以根据需要选择其他粘贴选项。

晶体管计算机（1957-1964）20世纪50年代中期，晶体管的出现使计算机生产技术得到了根本性的发展，由晶体管代替电子管作为计算机的基础器件，用磁芯或磁鼓作存储器，在整体性能上，比第一代计算机有了很大的提高。同时程序语言也相应的出现了，如Fortran，Cobol，Algo160等计算机高级语言。晶体管计算机被用于科学计算的同时，也开始在数据处理、过程控制方面得到应用。↵
在20世纪50年代之前第一代，计算机都采用电子管作元件。电子管元件在运行时产生的热量太多，可靠性较差，运算速度不快，价格昂贵，体积庞大，这些都使计算机发展受到限制。于是，晶体管开始被用来作计算机的元件。晶体管不仅能实现电子管的功能，又具有尺寸小、重量轻、寿命长、效率高、发热少、功耗低等优点。使用晶体管后，电子线路的结构大大改观，制造高速电子计算机就更容易实现了。↵

图 2-20　从网页上直接粘贴的内容　　　　　　　　图 2-21　"粘贴选项"菜单

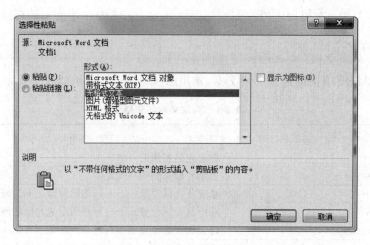

图 2-22　选择性粘贴为"无格式文本"

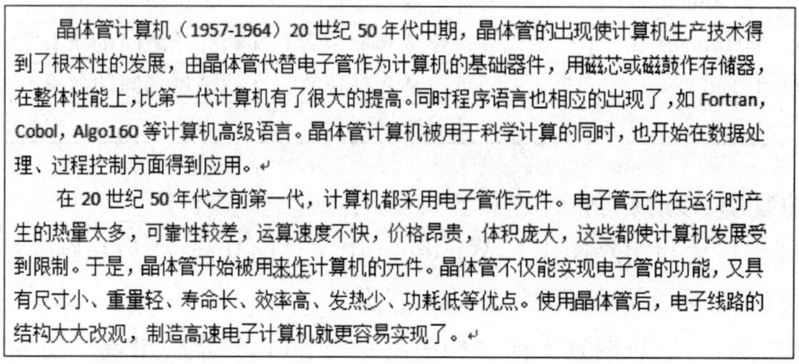

晶体管计算机（1957-1964）20 世纪 50 年代中期，晶体管的出现使计算机生产技术得到了根本性的发展，由晶体管代替电子管作为计算机的基础器件，用磁芯或磁鼓作存储器，在整体性能上，比第一代计算机有了很大的提高。同时程序语言也相应的出现了，如 Fortran，Cobol，Algo160 等计算机高级语言。晶体管计算机被用于科学计算的同时，也开始在数据处理、过程控制方面得到应用。

在 20 世纪 50 年代之前第一代，计算机都采用电子管作元件。电子管元件在运行时产生的热量太多，可靠性较差，运算速度不快，价格昂贵，体积庞大，这些都使计算机发展受到限制。于是，晶体管开始被用来作计算机的元件。晶体管不仅能实现电子管的功能，又具有尺寸小、重量轻、寿命长、效率高、发热少、功耗低等优点。使用晶体管后，电子线路的结构大大改观，制造高速电子计算机就更容易实现了。

图 2-23　"无格式文本"选择性粘贴后

2.2.3　查找与替换

使用查找与替换功能，用户可以快速地定位到文档中某个位置，或者批量修改文档中多次出现的内容。善于使用查找与替换功能，能够起到事半功倍的效果。

【任务 2-3】　查找与替换的使用。

（1）打开"第 2 章\任务 2-3\计算机发展历史"文档，单击"开始"选项卡"编辑"组中的"查找"命令。

（2）在左侧的"导航"窗格的"搜索文档"文本框中输入"计算机"，随着输入，导航窗格下方会出现匹配项，文档中匹配的内容会呈高亮显示。在导航窗格中单击浏览搜索结果按钮，导航窗格中会显示出搜索的结果，如图 2-24 所示。

（3）关闭"导航"窗格，文档中的高亮显示消失。

（4）选中文档的第 2 段和第 3 段，单击"开始"选项卡"编辑"组中的"替换"命令，打开"查找和替换"对话框，如图 2-25 所示。

（5）在"替换"选项卡的"查找内容"文本框中输入"计算机"，在"替换为"文本框中输入"电脑"，单击"全部替换"。

（6）可以看到文档中第 2 段和第 3 段中的"计算机"全部被替换成了"电脑"。

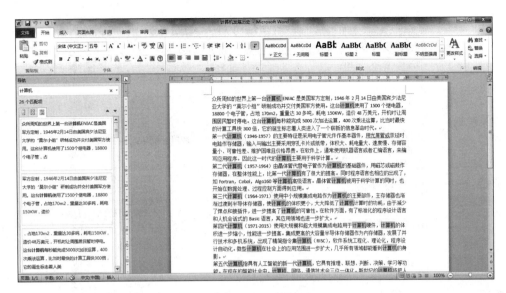

图 2-24　查找结果示例

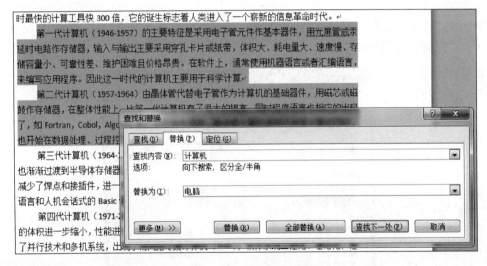

图 2-25　"查找和替换"对话框

（7）用户也可以通过"替换"和"查找下一处"两个按钮配合，手动选择部分"计算机"替换为"电脑"。请读者选中文档第 3 段，自由选择将部分"计算机"替换为"电脑"。

（8）单击"查找和替换"对话框中的"更多"按钮，打开"搜索选项"，如图 2-26 所示，用户可以在查找替换时设置一些搜索选项，如是否"区分大小写"和"区分全半角"等。单击最下方"替换"组中的"格式"，可以在替换的同时设置字符或段落格式等，"特殊格式"则可以查找替换"段落标记""制表符""分节符"等一些特殊的字符。

（9）选中第 1 段，打开"查找和替换"对话框，在"查找内容"文本框中输入"计算机"，在"替换为"文本框中输入"电脑"，将光标定位在"替换为"栏中，然后单击"更多"，打开"搜索选项"，单击"替换"组中的"格式"命令，在弹出的菜单中选择"字体"，打开"替换字体"对话框，如图 2-27 所示。在"字体"选项卡的"中文字体"中选择"黑体"，"字形"选择"倾斜"，"字号"

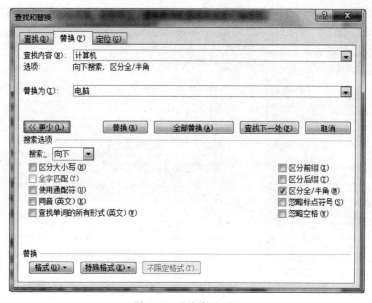

图 2-26 "搜索选项"

选择"小四","字体颜色"选择"红色"。在"预览"窗格中用户可以看到替换后的情况,然后单击"确定"按钮,关闭对话框。

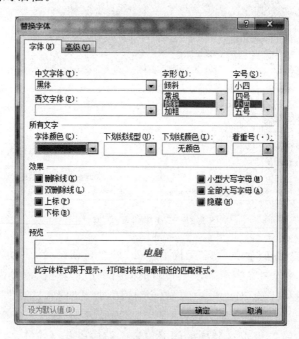

图 2-27 "替换字体"对话框

(10)在"查找和替换"对话框中的"替换为"栏下,会显示出替换后的字体格式,如图 2-28 所示。

(11)单击"全部替换"按钮,弹出如图 2-29 所示的对话框,提示用户替换了几处,并询问是否还搜索文档其余部分,单击"否"按钮。

图 2-28 "查找和替换"对话框中显示的"替换为"格式

图 2-29 替换提示对话框

（12）可以看到文档第 1 段的 3 处"计算机"全部被替换为了"黑体、倾斜、小四号、红色"的"电脑"，如图 2-30 所示。

> 众所周知的世界上第一台*电脑*ENIAC 是美国军方定制，1946 年 2 月 14 日由美国宾夕法尼亚大学的'莫尔小组'研制成功并交付美国军方使用。这台*电脑*使用了 1500 个继电器，18800 个电子管，占地 170m2，重量达 30 多吨，耗电 150KW，造价 48 万美元，开机时让周围居民暂时停电。这台*电脑*每秒能完成 5000 次加法运算，400 次乘法运算，比当时最快的计算工具快 300 倍，它的诞生标志着人类进入了一个崭新的信息革命时代。
>
> 第一代计算机（1946-1957）的主要特征是采用电子管元件作基本器件，用光屏管或汞延时电路作存储器，输入与输出主要采用穿孔卡片或纸带，体积大、耗电量大、速度慢、存储容量小、可靠性差、维护困难且价格昂贵。在软件上，通常使用机器语言或者汇编语言。

图 2-30 替换后的第 1 段

（13）选中文档最后两段，打开"查找和替换"对话框，将光标定位在"查找内容"栏中，单击搜索选项中的"特殊格式"按钮，在弹出的菜单中选择"段落标记"，"查找内容"栏中出现"^p"标记；再将光标定位在"替换为"栏中，再次单击搜索选项中的"特殊格式"按钮，在弹出的菜单中选择"段落标记"，重复一次，让"替换为"栏中出现"^p ^p"标记（即两个段落标记），如图 2-31 所示；然后单击"全部替换"按钮。

（14）可以看到最后两段原来的一个段落标记被替换为两个，如图 2-32 所示。

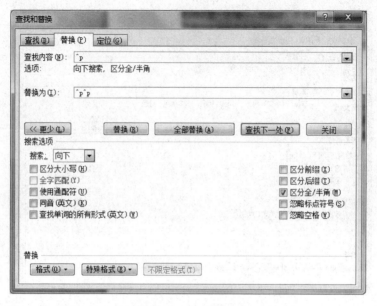

图 2-31 特殊格式替换

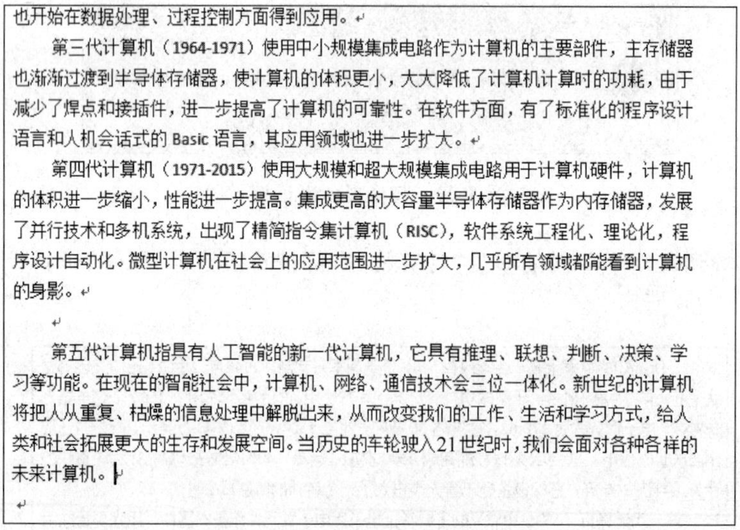

也开始在数据处理、过程控制方面得到应用。

第三代计算机（1964-1971）使用中小规模集成电路作为计算机的主要部件，主存储器也渐渐过渡到半导体存储器，使计算机的体积更小，大大降低了计算机计算时的功耗，由于减少了焊点和接插件，进一步提高了计算机的可靠性。在软件方面，有了标准化的程序设计语言和人机会话式的 Basic 语言，其应用领域也进一步扩大。

第四代计算机（1971-2015）使用大规模和超大规模集成电路用于计算机硬件，计算机的体积进一步缩小，性能进一步提高。集成更高的大容量半导体存储器作为内存储器，发展了并行技术和多机系统，出现了精简指令集计算机（RISC），软件系统工程化、理论化，程序设计自动化。微型计算机在社会上的应用范围进一步扩大，几乎所有领域都能看到计算机的身影。

第五代计算机指具有人工智能的新一代计算机，它具有推理、联想、判断、决策、学习等功能。在现在的智能社会中，计算机、网络、通信技术会三位一体化。新世纪的计算机将把人从重复、枯燥的信息处理中解脱出来，从而改变我们的工作、生活和学习方式，给人类和社会拓展更大的生存和发展空间。当历史的车轮驶入21世纪时，我们会面对各种各样的未来计算机。

图 2-32 将一个段落标记替换为两个

（15）请读者练习其他"特殊格式"的使用。

2.2.4　撤销与恢复

1. 撤销操作

Word 2010 能够自动记录用户最近执行的操作，用户在编辑文档时，如果遇到操作失误，如误删除了内容、复制移动的内容或者位置不对、字体和段落设置与预期效果不一致等，可以立即使用"撤销"操作，迅速纠正失误。

撤销操作的方法主要有以下几种。

（1）按 Ctrl＋Z 快捷键，撤销最近的一次操作。

（2）单击"快速访问工具栏"中的"撤销"按钮 ，撤销最近的一次操作。

（3）单击"快速访问工具栏"中的"撤销"按钮 右侧的小三角按钮，会显示出能够撤销的前面几次操作的列表，选中要撤销的操作即可撤销该操作。

2. 恢复操作

恢复是撤销的逆操作，用来还原撤销操作，恢复操作的方法主要有以下两种。

（1）按 Ctrl＋Y 快捷键，恢复最近的一次操作。

（2）单击"快速访问工具栏"中的"恢复"按钮 ，恢复最近的一次操作。

3. 重复操作

当用户在当前文档中未执行过撤销操作时，"快速访问工具栏"上将显示"重复"按钮 而不是恢复按钮。

单击"重复"按钮，可以重复执行用户的最后一次操作，如输入文本、插入图形、复制等。重复操作的快捷键也是 Ctrl＋Y。

2.2.5　格式刷

格式刷是 Word 2010 中非常强大的功能之一，使用格式刷功能，可以快速给需要的对象（如文字、图片等）复制同样的格式，省时省力。

使用格式刷的方法如下。

（1）选中设置好格式的对象。

（2）单击"开始"选项卡"剪贴板"组中的"格式刷" ，文档中的鼠标左侧出现一个小刷子。

（3）在要设定为同样格式的文本上拖动（若为图片则单击）。

（4）如果要多次使用格式刷，则双击"格式刷"按钮；使用完毕再单击"格式刷"按钮，取消格式刷。

【任务 2-4】　格式刷的使用。

（1）打开"第 2 章\任务 2-4\计算机发展历史"文档，选中第 1 段中任意几个字，设置字体、字号、字形、字体颜色等。

（2）再次选中设置好格式的几个字，单击"格式刷"按钮。

（3）在想要设置为同样格式的文档其他文字上拖动，观察结果。

（4）请读者自己练习双击"格式刷"按钮，多次使用格式刷。

在 Word 2010 中，段落格式设置信息被保存在每段最后的段落标记中，因此，如果只想复制字体格式，可以不选中段落标记；如果需要同时复制字体格式和段落格式，则务必选中段落标记。

另外，如果只需要复制某个段落的段落格式，无须选中该段落，只需要将光标定位在该段落中，单击"格式刷"按钮，再单击目标段落即可。

2.2.6　设置格式标记的显示

单击"文件"选项卡中的"选项"命令，在打开的"Word 选项"对话框中的"显示"选项组中，用户可以设置文档内容的显示方式，如图 2-33 所示。

图 2-33　设置在屏幕上显示的格式标记

其中,"始终在屏幕上显示这些格式标记"选项组中,用户可以选择需要显示的格式标记,建议读者特别是初学者应选上"显示所有格式标记",这样当用户在文档中插入如"分页符""分节符"等标记时,就会显示出来,方便用户编辑排版。

2.3　字　符　排　版

Word 2010 新建文档中,默认的字符格式为"宋体、常规、五号",用户可以根据需要对字符格式进行设置,使文档看起来清晰美观。

2.3.1　设置字体、字号、字形

字体是文字的外在形式特征,是文字的风格,如"宋体""黑体""楷体""隶书"等。

字号是文字的大小,Word 2010 中有"号"与"磅"两种表示文字大小的方法。号的数字越大,字体越小;而磅的数字越大,字体越大。

字形是指字符是否要设置为"加粗"或者"倾斜"等。

设置字体、字号、字形的方法主要有以下几种。

(1) 选中要设置的字符,在"开始"选项卡"字体"组中分别选择字体、字号和字形。

(2) 选中要设置的字符,单击"字体"的对话框启动器,打开"字体"对话框进行设置,如

图 2-34 所示。在对话框中可以同时对中文字符和西文字符进行设置。

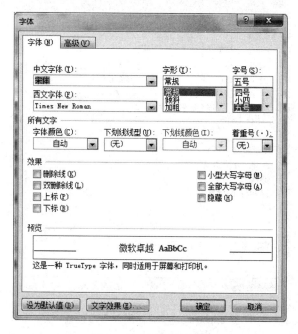

图 2-34 "字体"对话框

（3）选中要设置的字符，在出现的"浮动工具栏"中设置，如图 2-35 所示。

（4）用户也可以在输入字符前，先设置字体、字号等，这样输入的字符就会按设置显示。

（5）通过单击"字号"后的"增大字体" $\mathbf{A}^{\cdot}$ 或"缩小字体" $\mathbf{A}^{\cdot}$ 也可以增大或减小字号，而且可以将字符设置为"字号"列表中没有的大小，例如设置为"初号"后再单击"增大字体" $\mathbf{A}^{\cdot}$ 。

图 2-35 浮动工具栏

☞请读者自己练习字体、字号、字形的设置。

2.3.2 设置字符间距和字符位置

字符间距是指同一行中字符与字符之间的距离，字符位置是指字符在行中的垂直位置。设置方法如下。

（1）选中要设置的字符，打开"字体"对话框的"高级"选项卡，如图 2-36 所示。在"字符间距"组的"间距"列表框中选择"加宽"或者"紧缩"，在后面设置"磅值"，单击"确定"按钮，可以看到选中的字符的间距增大或者减小了。

（2）选中要设置的字符，打开"字体"对话框的"高级"选项卡，如图 2-36 所示。在"字符间距"组的"位置"列表框中选择"提升"或者"降低"，在后面设置"磅值"，单击"确定"按钮，可以看到选中的字符比同一行中其他字符的位置提高或者降低了。

【任务 2-5】 设置字体、字符间距和字符位置。

（1）新建一个 Word 文档，在文档插入点输入"大学计算机"。

（2）选中"大学计算机"，设置为"微软雅黑、小三"。

（3）再次选中"大学计算机"，复制粘贴 4 次。可以使用"快速访问工具栏"中的"重复"

49

第2章

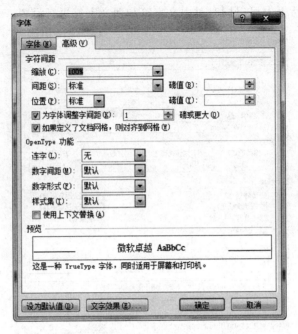

图 2-36　设置字符间距和字符位置

操作。并将后两个"大学计算机"放在一行中,中间用适当空格分隔开。

（4）选中第 2 个"大学计算机",设置字符间距为"加宽 5 磅",选中第 3 个"大学计算机",设置字符间距为"紧缩 5 磅"。

（5）选中第 5 个"大学计算机"的"大学"两个字,设置字符位置为"提升 5 磅",选中第 5 个"大学计算机"中的"算"字,设置字符位置为"降低 5 磅"。

（6）将光标定位在第 2 个（即加宽字符间距后）的"大学计算机"中的"机"字后,输入"您好",可以看到这两个字的字符间距自动加宽了。请读者思考为什么?

（7）最后的效果示例如图 2-37 所示。

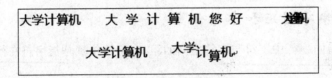

图 2-37　设置字符间距和字符位置示例

2.3.3　设置字符的特殊效果

在 Word 2010 中,使用"开始"选项卡"字体"组中的一些按钮,还可以给字符设置特殊的效果,下面介绍其中几种情况。

1. 清除格式

若要删除文字的效果,先选中要删除其效果的文字,然后在"开始"选项卡上的"字体"组中,单击"清除格式"按钮 ，即可清除所有格式,只留下纯文本。

读者在练习下面的操作时,随时可以用这个功能清除文字格式。

2．设置字体颜色

选中要设置颜色的字符，单击"字体颜色 **A ·**"后的小三角，在其中选择需要的颜色；选择"其他颜色"则打开"颜色"对话框，如图 2-38 所示，用户可以选择更多颜色或者"自定义"自己需要的颜色。

或者打开"字体"对话框，在"字体颜色"列表框中选择所需的颜色。

当然，用户也可以先设置好颜色，再输入文本，则在重新设置颜色前，文本都以设置的颜色显示。

3．突出显示文本

突出显示文本是用高亮色突出显示文本，就像用荧光笔在书本的文字上划出重点一样。选中要突出显示的文本，单击"以不同颜色突出显示文本"按钮 **❤ ·** 后的小三角，在打开的菜单中选择一种颜色；如果选择"无颜色"，则可以取消突出显示。

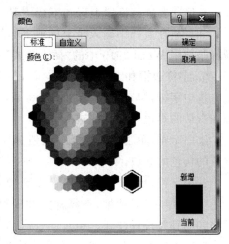

图 2-38　"颜色"对话框

☜请读者参考图 2-39 的效果示例进行练习。

> 突出显示文本是用高亮色突出显示文本，就像用荧光笔在书本的文字上划出重点一样。↵

图 2-39　突出显示文本示例

4．给字符加下画线

选中要加下画线的字符，单击"下画线"按钮 **U ·**，则自动在字符下面添加默认的黑色单实线作下画线。

单击"下画线"按钮 **U ·** 的小三角，在打开的菜单中可以选择下画线的线型以及颜色。

也可以在"字体"对话框中设置下画线的线型以及颜色。注意在"字体"对话框中还有一项"着重号"的设置，它与"下画线"是不同的两个设置，读者可以试试给选定字符既加下画线又加着重号。

☜将光标定位在文档的某个空白位置，单击"下画线"按钮 **U ·** 的小三角选择黑色单实线后，看到该按钮处于选中状态，然后连续按空格键，文档中显示出什么了呢？怎样取消下画线和这种输入状态呢？

☜请读者参考图 2-40 的效果示例进行练习。

> 为文字添加下画线　　　　　　　　　　　　↵

图 2-40　加下画线示例

5．设置上标和下标

可以用"下标" **x₂** 和"上标" **x²** 设置上标或下标，也可以在"字体"对话框的"效果"组中选择"上标"和"下标"设置上下标。如要想显示"20m²"时,先输入"20m2",然后选中"m2",单击 x^2 ,将其设置为上标。

☞请读者进行设置上标和下标练习。

如果想在文档中输入带上标或下标的较专业的公式时,最好是使用 Word 2010 中的"插入公式"功能。

6. 字符边框和字符底纹

选中字符,单击"字符边框"按钮Ａ,可在所选字符四周添加默认的黑色单实线的边框。

选中字符,单击"字符底纹"按钮 **A** ,可为所选字符添加默认的灰色的底纹。

选中字符,单击"带圈字符"按钮 ⊕ ,弹出如图 2-41 所示的"带圈字符"对话框,选择样式和圈号,可在字符外添加所选的圈号并设置样式。

☞请读者参考图 2-42 的效果示例进行练习。

图 2-41　设置带圈字符

图 2-42　字符边框、带圈字符和底纹的效果示例

7. 给文字加拼音

利用"拼音指南" 🈁 功能,可以轻松地在中文字符上标注汉语拼音。

选定一段文字,然后在"开始"选项卡中的"字体"组中单击"拼音指南"按钮。如果安装了"Microsoft 中文输入法 3.0"或后续版本,则汉语拼音就会自动标记在选定的中文字符上,如图 2-43 所示。

图 2-43　拼音指南

注意:一次最多只能选定 30 个字符并自动标记拼音。

【任务 2-6】　给古诗加拼音。

(1)新建一个文档,输入一首古诗,并进行简单排版。注意字号设置得略大一些,或者字符间距加宽一些,便于拼音显示。

(2) 选中文字,使用"拼音指南"给文字添加拼音。示例效果如图 2-44 所示。

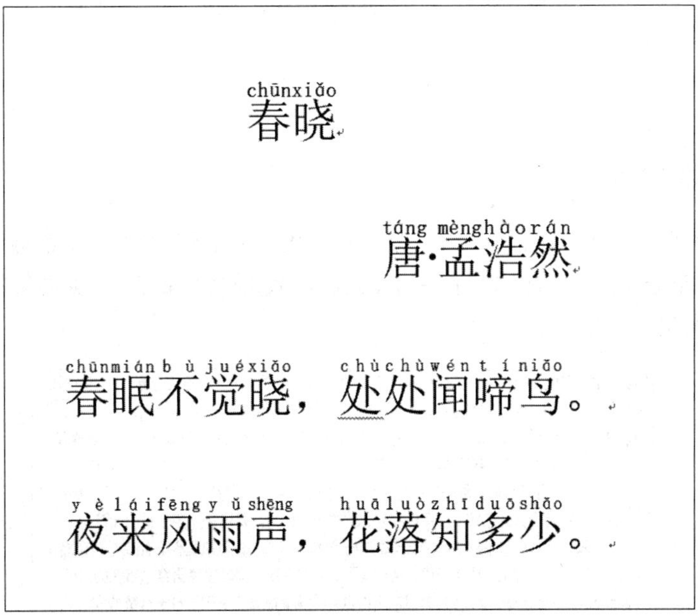

图 2-44　给古诗加拼音示例

8. 文本效果

单击"文本效果"按钮 ；或者打开"字体"对话框,单击"字体"选项卡最下面的"文字效果"按钮,打开"设置文本效果格式"对话框,如图 2-45 所示,可以给文字设置填充、发光、阴影、映像或三维(3D)旋转以及棱台之类的效果,从而更改文字的外观。

图 2-45　"设置文本效果格式"对话框

【任务 2-7】　请读者参考图 2-46 的样例,练习设置发光、映像、阴影等文本效果。提示:文档中文本使用了渐变色、发光、映像等文本效果。

Word 2010 基本操作

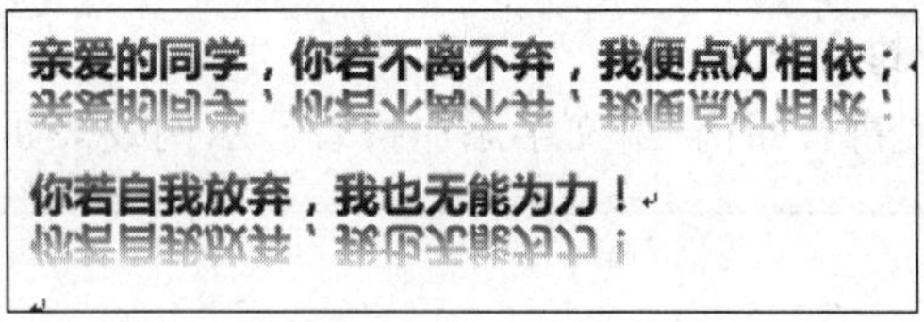

亲爱的同学，你若不离不弃，我便点灯相依；

你若自我放弃，我也无能为力！

图 2-46　文本效果示例

2.3.4　首字下沉

首字下沉以前是一种西文的使用习惯，主要用于对字数较多的文章标示章节。现在很多中文的报纸、杂志上，也经常用到首字下沉效果，使得文章的某一段的第一个字比其他的字大而且醒目突出，如图 2-47 所示。

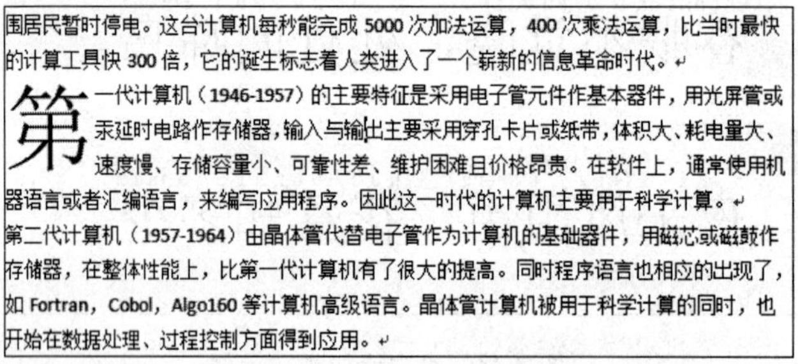

围居民暂时停电。这台计算机每秒能完成 5000 次加法运算，400 次乘法运算，比当时最快的计算工具快 300 倍，它的诞生标志着人类进入了一个崭新的信息革命时代。

第一代计算机（1946-1957）的主要特征是采用电子管元件作基本器件，用光屏管或汞延时电路作存储器，输入与输出主要采用穿孔卡片或纸带，体积大、耗电量大、速度慢、存储容量小、可靠性差、维护困难且价格昂贵。在软件上，通常使用机器语言或者汇编语言，来编写应用程序。因此这一时代的计算机主要用于科学计算。

第二代计算机（1957-1964）由晶体管代替电子管作为计算机的基础器件，用磁芯或磁鼓作存储器，在整体性能上，比第一代计算机有了很大的提高。同时程序语言也相应的出现了，如 Fortran，Cobol，Algo160 等计算机高级语言。晶体管计算机被用于科学计算的同时，也开始在数据处理、过程控制方面得到应用。

图 2-47　"首字下沉"示例

在"插入"选项卡的"文本"组中，Word 2010 为用户提供了"首字下沉"命令。

【任务 2-8】　设置"首字下沉"。

（1）打开"第 2 章\任务 2-8\计算机发展历史"文档，将光标定位到需要设置首字下沉的段落中。

（2）单击"插入"选项卡的"文本"组中的"首字下沉"按钮，弹出如图 2-48 所示的"首字下沉"菜单。

（3）在菜单中单击"下沉"或者"悬挂"选项，设置首字下沉效果。

（4）如果想进行更多的设置，单击"首字下沉选项"，打开"首字下沉"对话框，如图 2-49 所示，选中"下沉"或者"悬挂"选项，并选择字体、设置下沉行数以及与正文的距离，完成设置后单击"确定"按钮即可。

图 2-48　"首字下沉"菜单　　　　　　　图 2-49　"首字下沉"对话框

2.3.5　简体繁体转换

Word 2010 还为用户提供了简体与繁体的转换功能。选中文字,在"审阅"选项卡"中文简繁转换"组中根据需要选择"简转繁"或者"繁转简"命令。选择"中文简繁转换"组中的"简繁转换"命令,可以打开"中文简繁转换"对话框,对转换的词汇和词典进行设置。

✋请读者自己练习。

2.3.6　拼写与语法检查

默认情况下,Word 2010 在用户输入文本的同时自动进行拼写和语法检查,用红色波形下画线表示可能的拼写问题,用绿色波形下画线表示可能的语法问题。

右击标记拼写或语法错误的单词,可以查看建议的更正或者选择"忽略"。

在"Word 选项"对话框的"校对"导航中,如图 2-50 所示,可以对拼写和语法检查进行设置,例如为当前打开的文档打开或关闭自动拼写检查和自动语法检查。

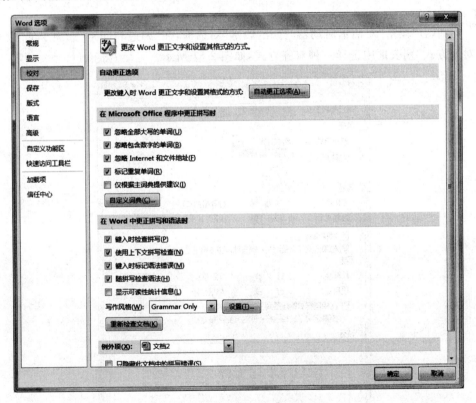

图 2-50　设置"校对"选项

2.4　段落排版

段落排版是以段落为单位进行格式设置,主要包括设置段落的对齐方式、行间距和段间距、段落的边框和底纹等。

2.4.1 设置段落对齐方式

Word 2010 中可以为段落设置 5 种对齐方式,分别如下。

(1) 左对齐:文本靠左边排列,段落的左边对齐。

(2) 右对齐:文本靠右边排列,段落的右边对齐。

(3) 居中对齐:文本由中间向两边分布,始终保持文本处在本行的中间。

(4) 两端对齐:段落中除最后一行以外的文本都均匀地排列在左右边距之间,段落左右两边都对齐。

(5) 分散对齐:将段落中的所有文本(包括最后一行)都均匀地排列在左右边距之间。

设置段落对齐时,要将光标定位在某一段落中(设置一段)或者选中要设置的段落(设置多段)。

设置段落对齐的方法主要有以下几种。

(1) "开始"选项卡"段落"组中的"段落对齐"命令按钮 ≡ ≡ ≡ ≣ ≣,根据需要单击其中一个。

(2) 单击"段落"对话框启动器,打开"段落"对话框,在"缩进和间距"选项卡的"常规"组的"对齐方式"列表框中选择一种对齐方式,如图 2-51 所示。

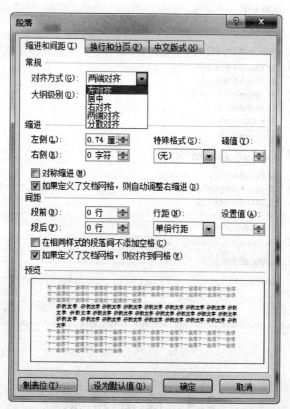

图 2-51 在"段落"对话框中设置"对齐方式"

(3) 使用快捷键设置:Ctrl+L 设置左对齐,Ctrl+R 设置右对齐,Ctrl+E 设置居中对齐,Ctrl+J 设置两端对齐,Ctrl+Shift+J 设置分散对齐。

2.4.2 设置缩进

缩进是指调整文本与页面边界之间的距离。有多种设置段落的缩进方式,但设置前也要选中段落或将插入点放到要进行缩进的段落内。

1. 使用"段落"工具栏设置缩进

在"开始"选项卡的"段落"组工具栏上有两个用于段落缩进的按钮:"减少缩进量"▇ 和"增加缩进量"▇。利用这两个按钮,可以设置段落的左边界缩进到默认或自定义的制表位位置。

2. 使用水平标尺设置缩进

在水平标尺上有 4 个段落缩进滑块:首行缩进、悬挂缩进、左缩进以及右缩进,如图 2-52 所示。

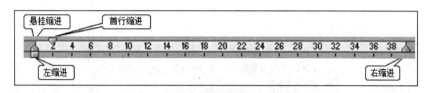

图 2-52　水平标尺上的缩进滑块

(1) 首行缩进:其形状为倒三角形。将段落的第一行向右进行缩进,其余行不缩进。中文一般习惯首行缩进两个汉字字符。

(2) 悬挂缩进:其形状为正立三角形。段落中除第一行以外的其余各行向右缩进的距离。

(3) 左缩进:其形状为矩形。段落的所有行的左边距离页面左边距的距离。

(4) 右缩进:在水平标尺的右侧,形状为正立三角形。段落的所有行的右边距离页面右边距的距离。

按住鼠标左键拖动它们即可完成相应的缩进;如果要精确缩进,可在拖动的同时按住 Alt 键,此时标尺上会出现刻度。

3. 使用"段落"对话框设置缩进

打开"段落"对话框,如图 2-51 所示。在"缩进和间距"选项卡中的"缩进"区的"左侧"和"右侧"栏中可以设置段落的"左缩进"和"右缩进",在"特殊格式"栏中可以设置"首行缩进"或"悬挂缩进"。

4. 使用"页面布局"选项卡设置缩进

在"页面布局"选项卡的"段落"组中,可以设置段落的"左缩进"和"右缩进",如图 2-53 所示。

在文章排版特别是中文排版时,通常习惯首行缩进两个汉字字符位置,建议读者不要用按空格键的方法设置,而是设置"首行缩进 2 字符",这样就不必担心因改变了字体、字号等造成格式上的混乱。

图 2-53　"页面布局"选项卡的段落缩进设置

2.4.3 设置行间距和段间距

行间距是文档中行与行之间的距离,段间距是文档中段落与段落之间的距离。

设置行间距和段间距的方法主要有以下几种。

(1) 单击"开始"选项卡中的"段落"对话框启动器,打开"段落"对话框,如图 2-54 所示。在"缩进和间距"选项卡的"间距"组中,"段前"和"段后"用来设置段间距,也就是当前光标所在的段落或者选定的段落与上一段落或下一段落的距离;"行距"用来设置当前光标所在段落或者选定的段落中行与行的距离。

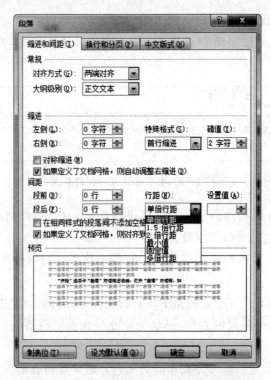

图 2-54 "段落"对话框中设置行间距和段间距

(2) 单击"开始"选项卡"段落"组中的"行和段落间距"按钮 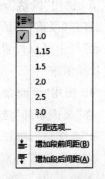,打开如图 2-55 所示的下拉菜单。分隔线上部用来设置行间距,用户可以直接选择数值,或是单击"行距选项"打开"段落"对话框进行更多设置。分隔线下部用来增加段前或段后间距,单击后再次打开下拉菜单,"增加"就变成了"删除"(即取消段前或段后间距)。

图 2-55 "行和段落间距"下拉菜单

Word 2010 的行距设置中有以下选项。

(1) 单倍行距:这是 Word 2010 默认的设置。此选项将行距设置为该行最大字体的高度加上一小段额外间距,额外间距的大小取决于所用的字体。

(2) 1.5 倍行距:此选项为单倍行距的 1.5 倍。

（3）2 倍行距：此选项为单倍行距的 2 倍。

（4）最小值：此选项设置适应行上最大字体或图形所需的最小行距。

（5）固定值：此选项设置以磅为单位的固定行距，磅值在“设置值”中设定。

（6）多倍行距：此选项设置可以用大于 1 的数字表示的行距。例如，将“设置值”设定为 1.15 会使间距增加 15%，将“设置值”设定为 3 会使间距增加 300%（3 倍行距）。

注意：如果某行包含大文本字符、图形或公式，则 Word 2010 会增加该行的间距。若要均匀分布段落中的各行，可以使用固定间距，并指定足够大的间距以适应所在行中的最大字符或图形。如果出现内容显示不完整的情况，应该增加间距量。

2.4.4 设置项目符号和编号

合理使用项目符号和编号，可以使文档的内容更有条理，层次更加清晰。一般来说，具有同一级别的内容使用项目符号，有先后关系的内容使用编号。

【任务 2-9】 为文档中所选段落添加项目符号和编号。

（1）打开“第 2 章\任务 2-9\添加项目符号和编号”文档，选中第 2～6 段。

（2）单击“开始”选项卡“段落”组中的“项目符号”按钮，系统会自动在每段前添加一个符号作项目符号，如图 2-56 所示中使用的是实心圆点。

启动应用程序的几种常用方法：

- 双击桌面上的应用程序图标。
- 通过“开始”菜单启动应用程序。
- 通过浏览驱动器和文件夹启动应用程序。
- 双击桌面上的快捷方式图标。
- 使用“开始”菜单中的“运行”命令启动应用程序。

图 2-56　直接插入项目符号

（3）将鼠标定位在第 6 段最后，按 Enter（回车）键，插入一段，可以看到下一段前自动出现了同样的项目符号。此时“项目符号”按钮呈被选中状态。

（4）单击“开始”选项卡“段落”组中的“项目符号”按钮，取消选中状态，上一步中在下一段自动出现的项目符号也随之被取消。也就是说，也可以先设置项目符号，再输入文字，按 Enter（回车）键分段时，项目符号会继续添加在下一段段首。

（5）也可以自己选择一个符号作项目符号。选中文档最后 5 段，单击“开始”选项卡“段落”组中的“项目符号”按钮后的小三角，在打开的下拉菜单中列出了最近使用过的项目符号和默认的项目符号库，如图 2-57 所示，在其中单击选中某个符号，该符号就出现在所选段落的每段段首。

（6）如果下拉菜单中列出的符号没有用户需要的，单击下拉菜单中的“定义新项目符号”命令，打开“定义新项目符号”对话框，如图 2-58 所示。其中，“符号”用于选择希望用作项目符号的符号，“图片”用于选择一个图片作项目符号，“字体”用于设置项目符号的颜色和大小，“对齐方式”用于设置项目符号的对齐位置，“预览”用于展示设置的效果。

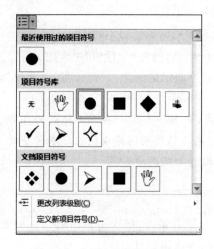

图 2-57 "项目符号"下拉菜单

图 2-58 "定义新项目符号"对话框

（7）仍然选中文档最后 5 段，单击"定义新项目符号"对话框中的"符号"按钮，打开"符号"对话框，在"字体"下拉列表框中选择 Wingdings，然后选择📖符号，如图 2-59 所示，单击"确定"按钮返回。

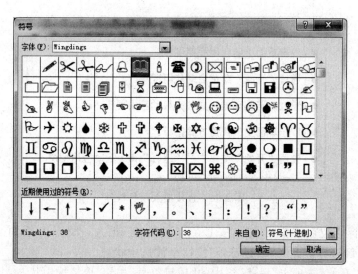

图 2-59 "符号"对话框

（8）接着在图 2-58 的"定义新项目符号"对话框中单击"字体"按钮，打开"字体"对话框，在"字体颜色"中选择"红色"，在预览窗口中看到出现了红色的📖符号，如图 2-60 所示，然后单击"确定"按钮。

（9）返回"定义新项目符号"对话框，在预览窗口可以看到设置的效果，然后单击"确定"按钮返回文档，可以看到文档中所选段落前都添加了红色的📖符号作项目符号，效果如图 2-61 所示。此方法也可以更改所选段落的项目符号。

（10）选中文档最后一段，将鼠标指向"项目符号"下拉菜单中的"更改列表级别"选项，在弹出的下一级菜单中选择"3 级"，如图 2-62 所示。

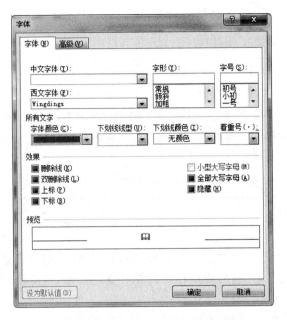

图 2-60　设置项目符号的字体颜色

退出应用程序的几种常用方法：↵

📖·在应用程序的"文件"菜单上选择"关闭"或"退出"命令。↵

📖·通过应用程序窗口上的控制菜单框关闭应用程序。↵

📖·单击应用程序窗口右上角的"关闭"按钮。↵

📖·按 Alt＋F4。↵

📖·通过任务管理器关闭应用程序。↵

图 2-61　给所选段落添加自定义的新项目符号

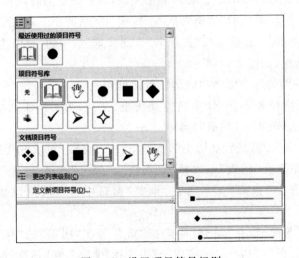

图 2-62　设置项目符号级别

(11) 此时将最后一段的项目符号设置为"3 级",该段自动向右进行了缩进,效果如图 2-63 所示。

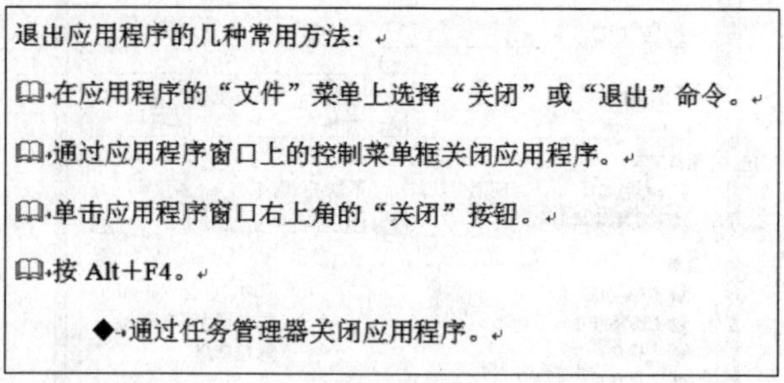

退出应用程序的几种常用方法:
- 在应用程序的"文件"菜单上选择"关闭"或"退出"命令。
- 通过应用程序窗口上的控制菜单框关闭应用程序。
- 单击应用程序窗口右上角的"关闭"按钮。
- 按 Alt+F4。
  ◆ 通过任务管理器关闭应用程序。

图 2-63 更改项目符号级别效果示例

(12) 添加编号的操作步骤和方法与添加项目符号类似,请读者选中文档中"启动应用程序的几种常用方法:"和"退出应用程序的几种常用方法:"两段,为其添加自己需要的编号。

2.4.5 设置边框和底纹

在 Word 2010 中,用户可以为所选字符、所选段落或者整个页面设置边框或底纹,边框和底纹能够突出显示选中内容,或者使文档更加美观。

选中要设置底纹的文字或段落,单击"开始"选项卡"段落"组中的"底纹"按钮 后的小三角,在打开的下拉菜单中选择一种颜色,就为所选文字或段落添加了底纹(即背景色),此时"底纹"按钮上也出现了刚才所选颜色。此后如果想为其他字符或段落设置同样颜色的底纹,只要选中字符或段落,单击"底纹"按钮即可。

如果想要取消底纹,选中想要取消底纹的字符或段落,单击"底纹"按钮后的小三角,在打开的下拉菜单中选择"无颜色"即可。

边框的设置通常在"边框和底纹"对话框中完成,该对话框同时也可以对底纹进行设置。单击"开始"选项卡"段落"组中的"边框和底纹"按钮 后的小三角,在下拉菜单中选择"边框和底纹"命令;或者单击"页面布局"选项卡"页面背景"组中的"页面边框"按钮,都可以打开"边框和底纹"对话框,如图 2-64 所示。

【任务 2-10】 分别为选中文字和段落设置边框和底纹。

(1) 打开"第 2 章\任务 2-10\计算机发展历史"文档,为文档添加标题"计算机发展历史",并设置字体为"黑体、小三、加粗",居中对齐。

(2) 选中标题文字"计算机发展历史",打开"边框和底纹"对话框并选择"边框"选项卡,在"设置"中选择"方框",在"样式"中选择"双实线","颜色"选择"红色","宽度"选择"0.75磅",在右下方"应用于"中选择"文字",在"预览"窗口中可以看到设置的效果,如图 2-65所示。

(3) 选择"底纹"选项卡,在"填充"中选择"黄色",在"图案"的"样式"中选择"浅色棚架","颜色"中选择"红色",在右下方"应用于"中选择"文字",在"预览"窗口同样可以看到设置后的效果,如图 2-66 所示。

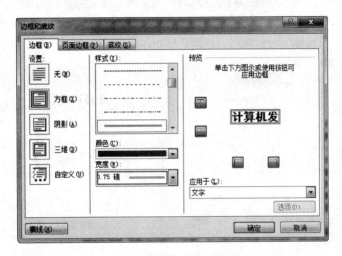

图 2-64 在"边框和底纹"对话框中设置边框

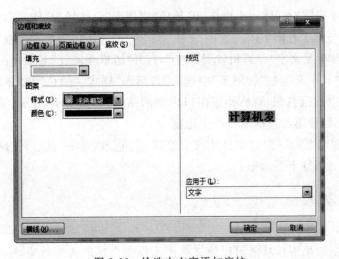

图 2-65 给选中文字添加边框

图 2-66 给选中文字添加底纹

（4）单击"确定"按钮，完成设置。可以看到文档中添加了边框和底纹的标题文字效果如图 2-67。

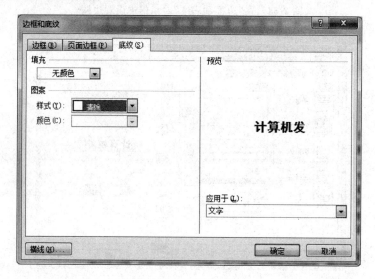

图 2-67　添加了边框和底纹的文字效果

（5）再次选中"计算机发展历史"标题文字，打开"边框和底纹"对话框，在"边框"选项卡"设置"中选择"无"，在"应用于"中选择"文字"；在"底纹"选项卡"填充"中选择"无颜色"，"图案"的"样式"中选择"清除"，在"应用于"中选择"文字"，如图 2-68 所示。最后单击"确定"按钮，即可取消设置的边框和底纹。

图 2-68　取消设置的底纹

（6）重复上面第（2）和第（3）步操作，但是将"应用于"都选择为"段落"，请读者观察并分析完成后的设置与刚才有何不同。

（7）再次选择标题文字"计算机发展历史"，打开"边框和底纹"对话框的"边框"选项卡，在"设置"中选择"自定义"，在"应用于"中选择"段落"，"样式""颜色"和"宽度"自己选择，然后单击预览窗口中的▦按钮，观察预览窗口出现的结果，如图 2-69 所示。最后单击"确定"按钮，此时文档标题段落的边框没有了上边框。

（8）请读者思考"预览"窗口中另外三个按钮▦、▦和▦在"自定义边框"中的作用，并练习给文档标题只添加上下边框。

2.4.6　中文版式

1. 纵横混排

Word 2010 的纵横混排功能可以使文本产生纵横交错的排版效果，使文档更加新颖生动。设置方法如下。

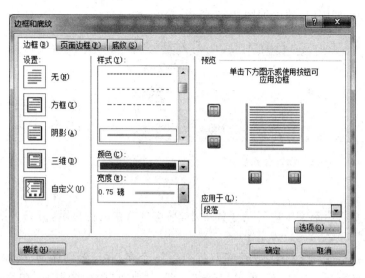

图 2-69　自定义边框

(1) 新建一个空白文档，输入"设置纵横混排"6 个字，并设置字体为"宋体、初号"。

(2) 选中"纵横"两个字，单击"开始"选项卡"段落"组中的"中文版式"按钮✕，在弹出的下拉菜单中选择"纵横混排"命令。

(3) 在弹出的"纵横混排"对话框中，勾选"适应行宽"复选框，如图 2-70 所示，可以使所选文本内容在旋转之后进行自动压缩，其高度与该行高度相同，单击"确定"按钮。

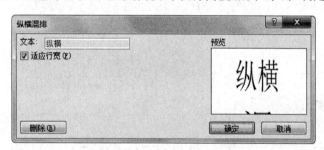

图 2-70　设置纵横混排

(4) 纵横混排效果如图 2-71 所示。

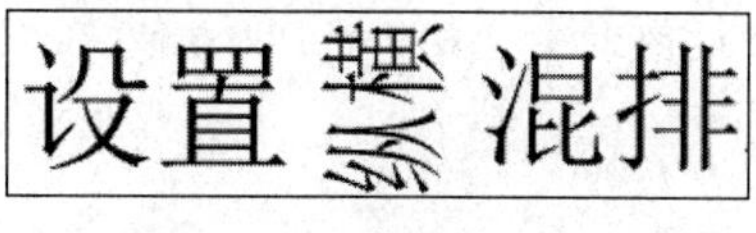

2. 合并字符

合并字符，就是将多个字符合并成一个整体，并且合并后的多个字符只占据一个字符的大小，也就是相当于一个字符了。设置方法如下。

图 2-71　纵横混排效果示例

(1) 新建一个空白文档，输入"设置合并字符"6 个字，并设置字体为"宋体、初号"。

(2) 选中"合并字"三个字，单击"开始"选项卡"段落"组中的"中文版式"按钮，在弹出的下拉菜单中选择"合并字符"命令。

(3) 在弹出的"合并字符"对话框中，可以看到合并的文字最多为 6 个，如果选中文字多于 6 个，则只合并选中的前 6 个字符，在"字体"中选择"隶书"，"字号"用默认值，如图 2-72 所示。

Word 2010 基本操作

（4）单击"确定"按钮，效果如图 2-73 所示。

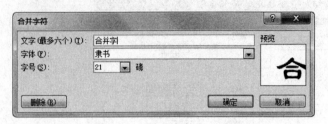

图 2-72　设置合并字符　　　　　　　　　　　　图 2-73　合并字符效果示例

3. 双行合一

双行合一，是将所选文本内容的字体缩小，平均分布在两行显示，但只占据一行的高度。设置方法如下。

（1）新建一个空白文档，输入"设置双行合一"6 个字，并设置字体为"宋体、初号"。

（2）选中"双行合一"4 个字，单击"开始"选项卡"段落"组中的"中文版式"按钮，在弹出的下拉菜单中选择"双行合一"命令。

（3）在弹出的"双行合一"对话框中，勾选"带括号"复选框，并在"括号样式"中选择大括号"{ }"，如图 2-74 所示。

（4）单击"确定"按钮，效果如图 2-75 所示。

（5）使用"双行合一"功能，还可以在输入的文本中同时设置上标和下标，如图 2-76 所示。请读者自己进行练习（提示：在输入时两个数字之间要有一个空格）。

图 2-74　"双行合一"对话框　　　图 2-75　双行合一效果示例　　图 2-76　利用"双行合一"同时
　　　　　　　　　　　　　　　　　　　　　　　　　　　　　　　　　　　　设置上标和下标

2.5　页面布局

2.5.1　视图方式

视图是屏幕上显示文档的方式。Word 2010 中为用户提供了 5 种视图方式："页面视图""阅读版式视图""Web 版式视图""大纲视图"和"草稿"。用户可以在"视图"选项卡"文档视图"组中选择需要的文档视图方式，也可以在文档窗口的右下方（即状态栏右侧区域）单击某个视图按钮选择对应的视图方式。

下面简单介绍 5 种视图方式。

(1) 页面视图：可以显示 Word 2010 文档的打印结果外观，主要包括页眉、页脚、图形对象、分栏设置、页面边距等元素，是最接近打印结果的页面视图，也是 Word 2010 中默认的视图方式。

(2) 阅读版式视图：是进行了优化的视图，以便于在计算机屏幕上阅读文档。它以图书的分栏样式显示 Word 2010 文档，“文件”按钮、功能区等窗口元素被隐藏起来。在阅读版式视图中，用户可以单击“工具”按钮选择各种阅读工具，对文档进行标记或者查找替换单词和短语；可以在“视图选项”中增大或减小文本字号、设置显示两页或打印页等；还可以对文档进行打印预览和打印。单击屏幕右上角的“关闭”按钮或按 Esc 键，可以关闭阅读版式视图。

(3) Web 版式视图：以网页的形式显示 Word 2010 文档，适用于发送电子邮件和创建网页。

(4) 大纲视图：主要用于显示和查看文档标题的层级结构，并可以方便地折叠和展开各种层级的文档，经常用于 Word 2010 长文档的快速浏览和设置中。但是在大纲视图中，图片、分栏等格式设置无法显示。

(5) 草稿视图：草稿视图取消了页面边距、分栏、页眉页脚和图片等元素，仅显示标题和正文，是最节省计算机系统硬件资源的视图方式。现在计算机的配置都相对较高，草稿视图使用相对较少了。

2.5.2 设置分栏

分栏就是将文档全部页面或选中的内容设置为多栏，从而呈现出报刊、杂志中经常使用的分栏排版效果。

【任务 2-11】 设置分栏。

(1) 打开“第 2 章\任务 2-11\计算机发展历史”文档，选中文档第 3 段和第 4 段。

(2) 单击“页面布局”选项卡“页面设置”组中的“分栏”按钮，在下拉菜单中选择“两栏”，可以看到文档中选中的两段被分成了左右均匀的两栏，效果如图 2-77 所示。

第二代计算机（1957-1964）由晶体管代替电子管作为计算机的基础器件，用磁芯或磁鼓作存储器，在整体性能上，比第一代计算机有了很大的提高。同时程序语言也相应的出现了，如 Fortran，Cobol，Algo160 等计算机高级语言。晶体管计算机被用于科学计算的同时，也开始在数据处理、过程控制方面得到应用。↵

第三代计算机（1964-1971）使用中小规模集成电路作为计算机的主要部件，主存储器也渐渐过渡到半导体存储器，使计算机的体积更小，大大降低了计算机计算时的功耗，由于减少了焊点和接插件，进一步提高了计算机的可靠性。在软件方面，有了标准化的程序设计语言和人机会话式的 Basic 语言，其应用领域也进一步扩大。↵

图 2-77　默认两栏的分栏效果示例

(3) 再次选中文档第 3 段和第 4 段，单击“页面布局”选项卡“页面设置”组中的“分栏”按钮，在下拉菜单中选择“一栏”，即可取消刚才的分栏。

(4) 再次选中文档第 3 段和第 4 段，单击“页面布局”选项卡“页面设置”组中的“分栏”按钮，在下拉菜单中选择“更多分栏”，打开“分栏”对话框。在“预设”下选择“三栏”或者在

"栏数"中输入或调整数值为3;在"宽度和间距"中调整"间距"为"1.5字符",可以看到"宽度"值会随之变化;勾选"栏宽相等"和"分隔线"复选框;在"应用于"中选择"所选文字";可以在"预览"窗口看到预设的效果,如图2-78所示。最后单击"确定"按钮,在文档中查看分栏情况。

图2-78 自定义分栏

需要提醒读者的是:在给文档最后一段分栏时,经常会出现所有的文字都在左边一栏,右边栏里没有内容的情况。解决这个问题的方法是不要选中最后一段末尾的段落标记。具体可以有以下两种操作方法。

(1)在最后一段末尾再按一下Enter键,使文档最后出现一个空段。

(2)在文档最后一段的段落标记前输入几个"空格"字符。

这样在选中最后一段时,就可以很容易地不选中最后一段末尾的段落标记了,然后再按上面的方法进行分栏。

☝请读者练习对"第2章\任务2-11\计算机发展历史"文档的最后一段分栏。

2.5.3 分页符和分节符

1. 分页符

在编辑Word文档时,当到达页面末尾时,Word会自动开始一个新页。用户也可以根据需要在文档中插入分页符,以便开始新的一页。

手动插入分页符的方法主要有以下几种。

(1)将光标定位在要开始新页的位置,单击"插入"选项卡"页"组中的"分页"按钮。

(2)将光标定位在要开始新页的位置,单击"页面布局"选项卡"页面设置"组中的"分隔符",在下拉菜单中选择"分页符"。

(3)将光标定位在要开始新页的位置,单击"插入"选项卡"页"组中的"空白页"按钮,则在当前位置前插入一个新空白页,同时插入一个分页符。

显示分页符的方法主要有以下几种。

(1)单击"文件"选项卡中的"选项"命令,打开"Word选项"对话框,在左侧导航中选择"显示",在右侧"始终在屏幕上显示这些格式标记"组中勾选"显示所有格式标记",在文档中就会看到"分页符"标记。

（2）单击"视图"选项卡"文档视图"组中的"草稿"，将文档切换到"草稿"视图方式，在文档中也会看到"分页符"标记。

分页符显示出来后，在不需要的时候，就可以像删除普通字符一样删除它。

分页符在文档编辑特别是如毕业论文、考察报告等的长文档编辑中经常会用到，例如一般毕业论文排版时都要求新的一章要另起一页，这时就需要在两章之间插入一个分页符，以后不管上一章内容如何修改编辑，下一章始终从新的一页开始。

2. 分节符

使用分节符，可以改变文档中一个或多个页面的版式或格式。用户可以更改单个节的页边距、纸张大小或方向、打印机纸张来源、页面边框、页面上文本的垂直对齐方式、页眉和页脚、页码编号、行号、脚注和尾注编号等。例如，可以将单列页面的一部分设置为双列页面；可以分隔文档中的各章，使每一章的页码编号都从1开始；也可以为文档的某节创建不同的页眉或页脚。

单击"页面布局"选项卡"页面设置"组中的"分隔符"按钮，在下拉菜单中选择一种分节符类型，可以在文档当前光标位置插入分节符。有时候可能要在所选文档部分的前后插入一对分节符，使所选文档部分成为独立的一节。

分节符的类型有以下几种。

（1）下一页："下一页"命令插入一个分节符，并在下一页上开始新节。此类分节符对于在文档中开始新的一章尤其有用。

（2）连续："连续"命令插入一个分节符，新节从同一页开始。连续分节符对于在同一页上更改格式（如不同数量的列）很有用。

（3）"奇数页"或"偶数页"："奇数页"或"偶数页"命令插入一个分节符，新节从下一个奇数页或偶数页开始。例如，如果希望文档各章始终从奇数页或偶数页开始，请使用"奇数页"或"偶数页"分节符选项。

删除分节符与删除分页符的操作方法相同，但是需要注意的是，删除某个分节符会同时删除该分节符之前的文本节的格式，该段文本将成为后面的节的一部分并采用该节的格式。

3. 控制 Word 放置自动分页符的位置

在具有专业外观的文档中，不会在页面的末尾仅显示新段的第一行，也不会在新页的开头仅显示上页段落的最后一行。如果在页面顶部仅显示段落的最后一行，或者在页面底部仅显示段落的第一行，则这样的行称为"孤行"。

如果在包含很多页的文档中插入分页符来避免上述孤行的问题，在后续修改编辑文档时很可能需要删除原来的分页符，重新在适当的位置插入新的分页符。为了避免手动更改分页符的麻烦，可以设置选项来控制 Word 放置自动分页符的位置。

单击"开始"选项卡"段落"组的对话框启动器，在打开的"段落"对话框中选择"换行和分页"选项卡，如图 2-79 所示。其中的设置如下。

（1）孤行控制：选中后，在页面的顶部或底部至少放置段落的两行，从而避免孤行。

（2）与下段同页：防止在段落之间出现分页符，即所选段落与下一段落在同一页上。

（3）段中不分页：防止在段落中间出现分页符，即一个段落不被分在两页。

（4）段前分页：在所选段落前插入一个分页符强制分页。

（5）取消行号：取消所选段落的行号，行号是文档每行的编号。添加行号的方法是在"页面布局"选项卡"页面设置"组中单击"行号"命令，在下拉菜单中根据需要选择。

（6）取消断字：取消所选段落中的断字。启用断字功能后，Word 能在单词音节间添加断字符。启用断字功能的方法是在"页面布局"选项卡"页面设置"组中单击"断字"命令，在下拉菜单中根据需要选择。

在"段落"对话框的"中文版式"选项卡中，如图 2-80 所示，用户可以根据需要对"换行"和"字符间距"进行设置。需要说明的是"文本对齐方式"，是指当一行中的字符大小不一时，这些字符在垂直方向上的对齐设置。它和段落对齐方式是不同的，后者指的是字符在水平方向上的对齐方式。

图 2-79 "换行和分页"选项卡

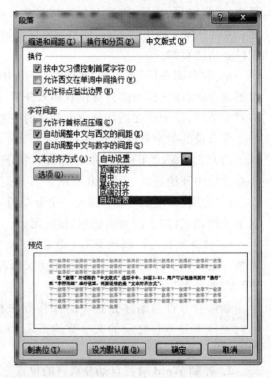

图 2-80 "中文版式"选项卡

2.5.4 页面设置

在 Word 2010 的"页面布局"选项卡"页面设置"组中，用户可以设置纸张大小、纸张方向、页边距、文字方向等，以满足制作不同类型文档（如贺卡、海报、宣传单、信封等）的需要。

Word 2010 默认的文档纸张大小为 A4 纸，单击"纸张大小"，在打开的下拉菜单中可以选择需要的纸张大小，如果选择"其他页面大小"，会打开"页面设置"对话框的"纸张"选项卡，如图 2-81 所示。在"纸张大小"中选择"自定义大小"，在"宽度"和"高度"中输入或调整值，根据需要设置"应用于整篇文档""应用于插入点之后"或"应用于节"（只在进行了分节的文档中有此选项）等，单击"确定"按钮，即可根据需要改变纸张大小。

"页边距"是页面中的文本与纸张边缘的距离，在"页面设置"对话框的"页边距"选项卡

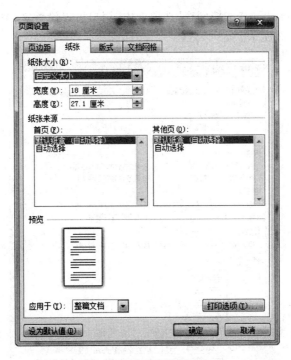

图 2-81 自定义纸张大小

中,用户可以自定义设置页边距,设置装订线的位置和宽度,同时还可以设置纸张方向,如
图 2-82 所示。

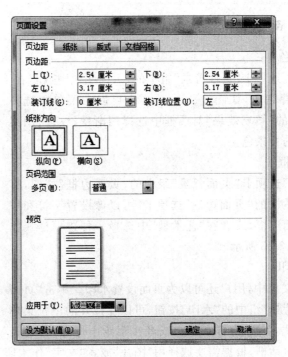

图 2-82 设置页边距

Word 2010 基本操作

在"页面设置"对话框的"文档网格"选项卡中,用户可以设置文档中每页的行数,以及每行的字符数,如图 2-83 所示。

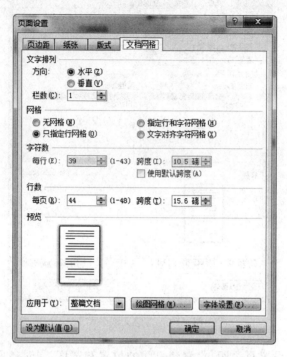

图 2-83　设置每页行数及每行字符数

2.5.5　设置页面背景

1. 设置页面颜色

单击"页面布局"选项卡"页面背景"组中的"页面颜色"按钮,在下拉菜单中可以选择一种颜色作为页面的背景色,如图 2-84 所示。也可以在菜单中选择"填充效果",在打开的"填充效果"对话框中选择用渐变、纹理、图案或者图片作为页面的背景色。

2. 设置页面边框

单击"页面布局"选项卡"页面背景"组中的"页面边框"按钮,打开"边框和底纹"对话框的"页面边框"选项卡,可以像设置字符和段落边框一样设置页面边框,或者在"艺术型"中选择一种边框样式作为页面的边框,如图 2-85 所示。

3. 设置页面水印

在 Word 2010 文档中,用户还可以为页面设置水印。单击"页面布局"选项卡"页面背景"组中的"水印"按钮,可以在打开的下拉菜单中选择一种水印样式,如图 2-86 所示。或者在菜单中选择"自定义水印",打开"水印"对话框,根据需要选择用"图片"或者"文字"作水印,同时可以对文字的内容、字体、字号、颜色、版式等进行设置,如图 2-87 所示。

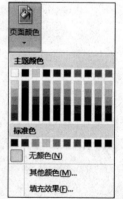

图 2-84　设置页面颜色

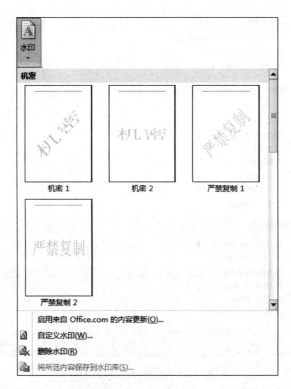

图 2-85　设置页面边框

图 2-86　设置水印

如果要删除水印,在下拉菜单中选择"删除水印"即可。

页面背景默认是打印不出来的,如果想打印页面的背景,需要打开"Word 选项"对话框,在导航窗格中单击"显示",然后在右边窗格的"打印选项"组中勾选"打印背景色和图像"复选框,单击"确定"按钮,如图 2-88 所示。

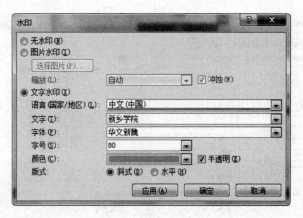

图 2-87　自定义水印

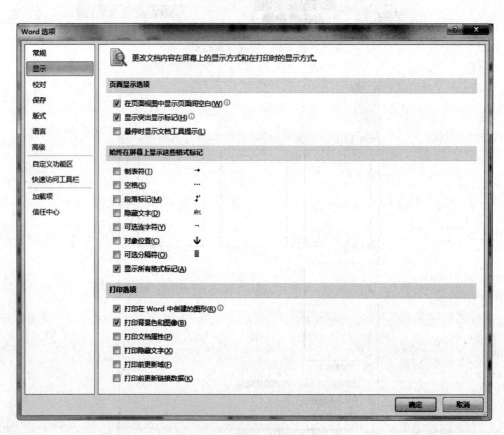

图 2-88　设置打印页面背景

2.5.6　打印设置

　　打印文档是日常办公中常用的一项操作,在打印前需要连接并设置好打印机,然后单击"文件"选项卡中的"打印"命令,设置打印选项,如图 2-89 所示。

　　在"份数"中设置要打印的份数,在下面的下拉列表框中选择要连接的打印机,在"设置"中选择要打印的页面范围,如果选择"打印自定义范围",则需要在下面的文本框中输入要打

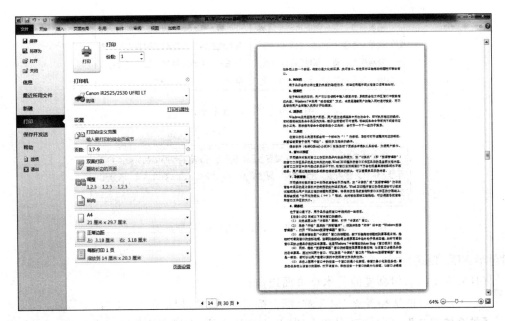

图 2-89　打印设置

印的页码范围,然后选择纸张方向和纸张大小,在右侧的"预览"窗格中可以看到打印的效果,如果页数较多,预览窗格下方可以翻页以及调整显示比例。

　　设置完成并预览后,如果有问题,可以打开"开始"选项卡,回到文档重新编辑后再设置打印;如果没有问题,则单击打印份数左边的"打印"按钮进行打印。

2.6　综　合　练　习

【综合练习一】　文章的编辑与排版。

(1) 打开"第 2 章\综合练习一\荷塘月色"文档。

(2) 将文档标题"荷塘月色"的字体设置为"黑体、三号、加粗",居中对齐,"段前"和"段后"均为 0.5 行,字符间距"加宽 3 磅"。

(3) 将"作者:朱自清"的字体设置为"黑体、四号",加下画线(单实线),右对齐。

(4) 对正文所有段落,字体设置为"宋体、小四号",设置"首行缩进"为"2 字符",并设置行距为 1.5 倍行距。

(5) 将正文第 2 段,分为两栏,栏宽相等,栏间距"2 字符",加分隔线。其效果如图 2-90 所示。

(6) 给正文第 3~5 段添加项目符号"☺",并设置这三段为"左缩进 0 字符","悬挂缩进 2 字符"。

(7) 将第 1 段第 1 个字(即"这"字)设置为"下沉 4 行",字体为隶书,距正文"0 厘米"。

(8) 给"采莲赋"一段添加边框和底纹。边框用"……………",底纹填充为"茶色,背景 2",图案样式为"5%",图案颜色为"自动",效果如图 2-91 所示。

(9) 给文档添加文字水印,文字为"荷塘月色",字体设置为"华文琥珀",字号为"自动",

Word 2010 基本操作

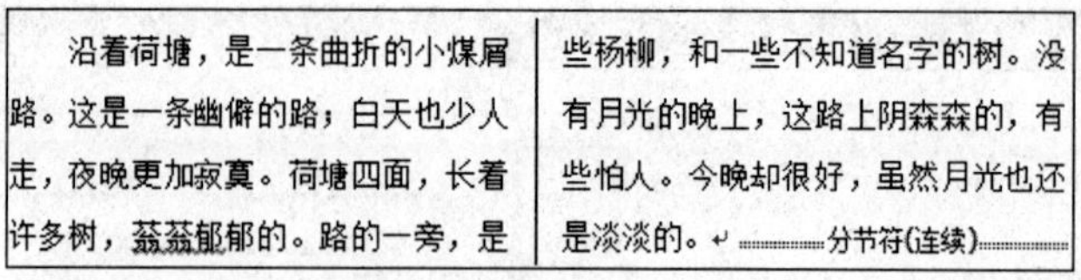

沿着荷塘，是一条曲折的小煤屑路。这是一条幽僻的路；白天也少人走，夜晚更加寂寞。荷塘四面，长着许多树，蓊蓊郁郁的。路的一旁，是

些杨柳，和一些不知道名字的树。没有月光的晚上，这路上阴森森的，有些怕人。今晚却很好，虽然月光也还是淡淡的。↵ ═══分节符(连续)═══

图 2-90　"分栏"效果示例

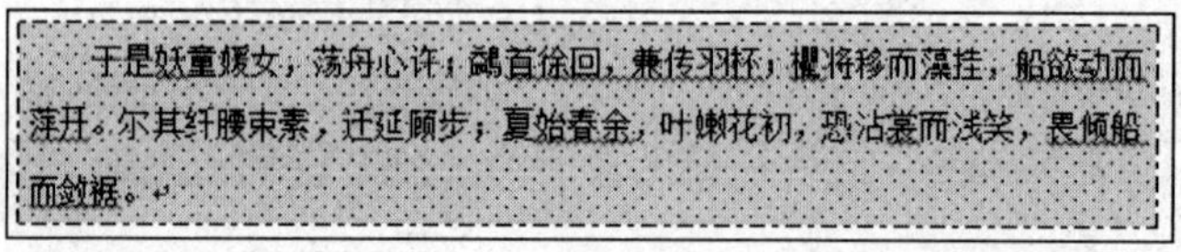

于是妖童媛女，荡舟心许；鷁首徐回，兼传羽杯；棹将移而藻挂，船欲动而萍开。尔其纤腰束素，迁延顾步；夏始春余，叶嫩花初，恐沾裳而浅笑，畏倾船而敛裾。↵

图 2-91　添加"边框"和"底纹"效果示例

颜色半透明，版式为"斜式"。

（10）给文档添加喜爱的艺术型页面边框。

（11）完成后的文档参见"第 2 章\综合练习一\荷塘月色-完成"文档。

【综合练习二】　写一篇"自我介绍"为主题的文档，主要内容包含：个人基本情况、个人简历、获得荣誉、兴趣爱好等内容，并使用本章学到的内容对文档进行编辑美化。要求内容充实，整体布局合理、美观。

第3章 Word 2010 的表格制作

本章学习目标

- 熟练掌握各种表格的制作；
- 熟练掌握表格在文档中的环绕方式；
- 熟练掌握表格与文本的相互转换。

本章首先详细介绍了 Word 2010 文档中表格的制作和美化，特别是斜线表头的制作方法；然后介绍了表格在文档中的环绕方式，以及表格与文本的相互转换。

3.1　创建和删除表格

在日常办公中，常常会用到各种各样的表格，Word 2010 为用户提供了强大的表格制作和编辑功能。表格由多个行和列组成，行列交叉的一个方框称为单元格。创建表格前，需要先将光标定位在需要创建表格的位置。

3.1.1　创建表格

Word 2010 中提供了多种创建表格的方法。

1. 拖动法创建表格

单击"插入"选项卡"表格"组中的"表格"按钮，在下拉菜单最上方出现了很多小方格，用鼠标在小方格中拖动，上方会显示出拖动的列数和行数，同时文档插入点处会显示表格，拖动显示需要的行列数后单击鼠标，一个表格就插入到了当前文档的插入点处，如图 3-1 所示，表示创建一个 5 行 8 列的表格。

2. 使用"插入表格"对话框创建表格

单击"插入"选项卡"表格"组中的"表格"按钮，在下拉菜单中选择"插入表格"命令，打开"插入表格"对话框，如图 3-2 所示。在"表格尺寸"中输入或调整列数和行数，在"'自动调整'操作"中选择选项以调整表格尺寸。

（1）固定列宽：每个单元格保持固定的宽度，当单元格内容较多超过宽度时，会自动换行同时增加行高。

（2）根据内容调整表格：根据每个单元格内容多少自动调整高度和宽度。

（3）根据窗口调整表格：根据 Word 页面的大小自动调整表格尺寸。

最后单击"确定"按钮，在文档中插入一张表格。在"'自动调整'操作"中不管选择哪个选项，后期都可以根据用户需要重新调整单元格和表格的大小。

图 3-1 创建表格　　　　　　　　　　　图 3-2 "插入表格"对话框

3. 绘制表格

单击"插入"选项卡"表格"组中的"表格"按钮,在下拉菜单中选择"绘制表格"命令,鼠标指针会变成铅笔状,用户可以先绘制一个矩形来定义表格的外边界,然后在该矩形内绘制列线和行线。这种方法一般适合制作复杂的表格。例如,包含不同高度的单元格的表格或每行的列数不同的表格。或者用前两种方法先创建表格,再根据需要绘制个别不规则的列线和行线。

4. 基于内置样式快速创建表格

单击"插入"选项卡"表格"组中的"表格"按钮,在下拉菜单中选择"快速表格"命令,在下一级菜单中单击需要的模板。这种方法是使用 Word 2010 提供的基于一组预先设定好格式的表格模板来插入一张表格,表格模板中还包含示例数据,可以帮助用户想象添加数据时表格的外观。用户使用所需的数据替换模板中的数据即可快速创建表格。

3.1.2 删除表格

在页面视图中,将光标指针停留在表格上,直至表格左上角显示移动图柄⊞(十字箭头形状),光标指针移动到该图标上,光标指针也会变成"十字箭头"形状⊞,此时单击,即可选中整个表格,如图 3-3 所示。然后按 Backspace(退格)键,即可删除整个表格;或者右击,在弹出的快捷菜单中选择"删除表格"命令,也可删除整个表格。如果表格中有数据,也会一同被删除。

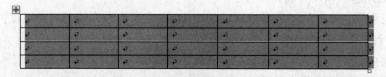

图 3-3 选中表格

如果选中表格后，按 Delete(删除)键，则只删除表格中的数据，留下一张空表。也可以只删除表格中的某行、某列或者某个单元格，具体方法将在后面介绍。

3.2　编　辑　表　格

3.2.1　选中行或列或单元格

光标移动到表格某一行的最左边的边界线时，光标会变成"斜向上的箭头形状"⤢，单击可选中该行。

光标移动到表格某一列的最上边的边界线时，光标会变成"向下的黑色箭头形状"⬇，单击可选中该列。

光标移动到某一个单元格的左边边界线时，光标会变成"斜向上的黑色箭头形状"➚，单击可选中该单元格。

如果要选中多行、多列或者多个单元格，可直接拖动鼠标选择，同时根据需要用 Ctrl 键配合，可选取不连续的多个区域。

将光标定位在表格中时，会出现"表格工具"选项卡，单击其中的"布局"选项卡的"表"组中的"选择"命令，在下拉菜单中选取命令，也可选中光标所在单元格、行或列以及整个表格，如图 3-4 所示。

图 3-4　"表格工具(布局)"选项卡中的"选择"菜单

☜请读者自己练习表格中行、列、单元格的选中。

3.2.2　插入行或列或单元格

用户创建表格后，如果发现表格的行或列数量不够，可以在需要的地方插入行或列。

首先选中要插入行的位置，然后右击，在弹出的快捷菜单中选择"插入"命令，在下一级菜单中根据需要选择即可，如图 3-5 所示。如果选择"插入单元格"命令，还会弹出"插入单元格"对话框，用户可根据需要选择插入单元格的位置，如图 3-6 所示。

也可以在"表格工具"的"布局"选项卡"行和列"组中根据需要选择命令，插入行、列或者单元格，如图 3-7 所示。

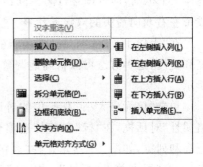

图 3-5　快捷菜单"插入"命令

Word 2010 的表格制作

图3-6 "插入单元格"对话框

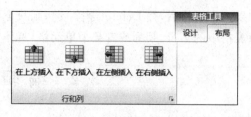

图 3-7 功能区中选择插入

如果选中了多行或者多列,在执行插入操作时,会插入与选中行列数相同数目的行或列。例如选中了两行,插入时会同时插入两行。

还有以下两种快速插入行的方法。

(1) 将光标定位在某一行最右边的边界线外的段落标记处,然后按 Enter 键,可在当前行下边插入一个新行。

(2) 将光标定位在最后一行最右边单元格内(即表格最右下角的单元格),然后按 Tab 键,也可以快速在最后一行下边插入一个新行。

3.2.3 删除行或列或单元格

删除行、列或者单元格的操作与插入类似,可以通过右键快捷菜单选择相应的删除命令;或者在"表格工具"的"布局"选项卡中选择"删除"命令,然后在下拉菜单中根据需要选择删除行、列或单元格。

3.2.4 移动表格和调整表格大小

1. 移动表格

单击表格左上角的移动图柄⊞,光标变成"十字箭头"形状⊞时,拖动鼠标,会出现一个虚线框,即可在文档中移动表格。

2. 调整表格大小

将光标放在表格右下角的矩形小方块上,光标变成"斜向双向箭头"形状 ↘ 时,拖动鼠标,可改变整个表格的大小。

3. 调整行高和列宽

将光标放在表格中行与行之间的边界线上,光标会变成带上下双向箭头的双线形状 ╪,上下拖动,即可调整行高。同样,将光标放在表格中列与列之间的边界线上,光标会变成带左右双向箭头的双线形状 ╫,左右拖动,即可调整列宽。

在"表格工具"的"布局"选项卡的"单元格大小"组中,可以直接输入或调整单元格的高度和宽度,这种方法可以精确地调整行高和列宽,如图 3-8所示。

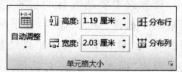

单击"单元格大小"右下角的对话框启动器,打开"表格属性"对话框,在"行"和"列"选项卡中也可以精确调整行高和列宽,如图 3-9 所示。在"表格工具"的"布局"选项卡的"表"组中单击"属性";或者将光标定位在表格中右击,在弹出的快捷菜单中选择"表格属性",都可以打开"表格属性"对话框。

图 3-8 在功能区中调整行高和列宽

在"表格工具"的"布局"选项卡的"单元格大小"组中单击"自动调整"打开下拉菜单,如图 3-10 所示,也可以根据选择的命令调整表格的行高和列宽。

图 3-9　"表格属性"对话框　　　　　　　　图 3-10　"自动调整"下拉菜单

在"单元格大小"组中还有两个命令:"分布行"和"分布列",可以让所选的行或列的高度或宽度相同。

3.2.5　合并或拆分单元格

当遇到表格中有不规则的单元格时,还可以通过合并或拆分操作,将多个单元格合并为一个单元格,或者将一个或多个单元格拆分成多个单元格。

合并单元格的方法主要有以下几种。

(1) 选中要合并的多个单元格,右击,在弹出的快捷菜单中选择"合并单元格"命令。

(2) 选中要合并的多个单元格,在"表格工具"的"布局"选项卡"合并"组中选择"合并单元格"命令,如图 3-11 所示。

拆分单元格的方法主要有以下几种。

(1) 选中要进行拆分的一个单元格,右击,在弹出的快捷菜单中选择"拆分单元格"命令,打开"拆分单元格"对话框,如图 3-12 所示,根据需要输入或调整列数和行数,单击"确定"按钮。

图 3-11　合并或拆分单元格　　　　　　图 3-12　"拆分单元格"对话框

(2) 选中要进行拆分的一个或多个单元格,在"表格工具"的"布局"选项卡"合并"组中选择"拆分单元格"命令,如图 3-11 所示,也会打开如图 3-12 所示的"拆分单元格"对话框,根据需要输入或调整列数和行数,单击"确定"按钮。

Word 2010 的表格制作

需要注意的是,如果要进行拆分的是多个单元格,在"拆分单元格"对话框中行数或者列数可能会因为限制无法更改,另外需要选中"拆分前合并单元格"选项,即先将多个选中的单元格合并成一个再拆分。

在进行合并或者拆分单元格操作时,还要注意保存好单元格中的数据,以免数据丢失或错乱。

在"表格工具"的"布局"选项卡"合并"组中选择"拆分表格"命令,还可以将一个表格拆分成两个表格。

☞请读者自己练习单元格的合并与拆分。

3.3 美化和布局表格

3.3.1 表格中数据的对齐方式和文字方向

表格基本创建完成后,就可以往单元格中输入数据了。

单元格中可以输入文本、插入图形等,单元格中还可以再插入表格,也可以对单元格中的内容进行复制和移动等,对单元格中的文本可以设置不同的字体,这些操作都与在文档中的操作基本相同。

在 Word 2010 的表格中,还可以对表格中的数据进行排序、求和等运算。但是由于 Office 2010 中还为用户提供了专业的电子表格软件 Excel 2010,具有比 Word 2010 更强大的表格数据运算和分析管理功能,如果表格中需要用到运算,建议直接使用 Excel 2010。同时,掌握了 Excel 2010 的使用,也就很容易掌握 Word 2010 中表格的运算。因此,关于 Word 2010 表格中数据的运算功能在此不做介绍。

在"表格工具"的"布局"选项卡"对齐方式"组中,Word 2010 提供了 9 种对齐方式,如图 3-13 所示,用户可根据需要设置选中单元格中数据的位置。另外,在选中单元格后右击,在弹出的快捷菜单中选择"单元格对齐方式",也可以设置数据在单元格中的位置。

在"表格工具"的"布局"选项卡"对齐方式"组中单击"文字方向",可以设置选中单元格中数据是"横排"或者"竖排"。

在选中单元格后右击,在弹出的快捷菜单中选择"文字方向",弹出"文字方向-表格单元格"对话框,如图 3-14 所示,在"方向"中提供了 5 种方式,可以对单元格中的文字方向进行更详细的设置。

图 3-13　设置单元格数据的对齐方式　　　　图 3-14　设置文字方向

3.3.2　设置表格的边框和底纹

与设置字符和段落的边框和底纹类似,也可以为选中单元格或整个表格设置边框和底纹。

单击"表格工具"的"设计"选项卡"表格样式"组中的"底纹"命令,选择需要的颜色,即可为选中单元格添加底纹。

单击"表格工具"的"设计"选项卡"表格样式"组中的"边框"命令后的小三角,在下拉菜单中根据需要选择一种边框,如图 3-15 所示,即可对选中单元格的部分或全部边线进行设置。

如果想对边框和底纹进行较为详细的设置,选中单元格或整个表格后,右击,在弹出的快捷菜单中选择"边框和底纹"命令;或者单击"表格工具"的"设计"选项卡"表格样式"组中的"边框"命令,都可以打开"边框和底纹"对话框,如图 3-16 所示。与设置字符或段落的边框和底纹的操作方法一样,只是在设置完成后,在该对话框右下角的"应用于"中根据需要选择"单元格"或者"表格",即可对单元格或整个表格的边框和底纹进行设置。

图 3-15　设置边框

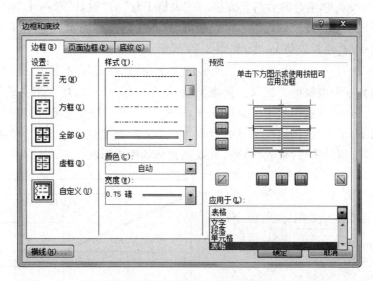

图 3-16　"边框和底纹"对话框

3.3.3　制作斜线表头

在表格中,经常会用到各种斜线表头,如图 3-17 所示。Word 2010 中只在边框中为用户提供了"斜下框线"和"斜上框线"两种简单的斜线表头样式,图 3-17 左边的就是"斜下框线",只需在选中单元格后在边框设置中选择该样式即可。

☞请读者自己练习在单元格中设置"斜下框线"和"斜上框线"并且添加文字。

对于类似图 3-17 右边较复杂的斜线表头,需要用户自己制作。

【任务 3-1】　斜线表头的制作。

(1) 新建一个空白的 Word 文档,在文档中插入一个 5 行 6 列的表格。

 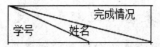

图 3-17　斜线表头示例

（2）选中表格的第 2 行的第 1 列和第 2 列以及第 3 行的第 1 列和第 2 列 4 个单元格，合并为一个单元格，并适当增加该单元格的高度和宽度，为后面输入文字留出足够的位置，如图 3-18 所示。

图 3-18　合并要放置表头的单元格并调整高度和宽度

（3）单击合并后的单元格，在"表格工具"的"设计"选项卡"绘图边框"组中的"笔样式"列表中选择需要的线型，"笔画粗细"列表中选择线的宽度，"笔颜色"中选择需要的颜色，然后单击"绘制表格"命令，如图 3-19 所示。

（4）光标移动到合并单元格的左上角，此时光标呈笔状，拖动鼠标到单元格右下角，可看到一个虚线的方框及一条虚斜线，松开鼠标，即可在单元格内绘制一条斜线，如图 3-20 所示。这种方法不仅可以绘制斜线，表格中任意一条边线都可以用这种方法绘制。如果绘制错了，单击"绘图边框"中的"擦除"命令，光标会变成橡皮形状，单击某条边线即可将该边线擦除，再次单击"擦除"命令，可取消光标的橡皮形状。

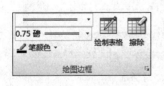 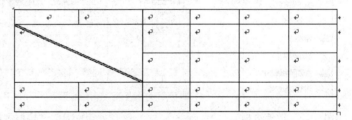

图 3-19　绘制表格　　　　　　　　图 3-20　绘制好的斜线表头

（5）请读者练习更改其他边线。

（6）将光标定位在绘制好斜线表头的单元格中，按空格键使光标向右移动到合适的位置，输入文字，然后按 Enter 键让光标定位在下一行开头，同样可以按空格键将光标向右移动到合适位置后输入文字，如图 3-21 所示。

（7）擦除绘制的斜线表头，同时将输入的文字删除，使单元格还原到刚合并时的状态，如图 3-18 所示。

（8）下面来练习较复杂的斜线表头的制作。单击"插入"选项卡"插图"组的"形状"下"线条"中的"直线"，如图 3-22 所示。

图 3-21　在表头中输入文字

图 3-22　选择"直线"

（9）将光标移动到要绘制斜线表头的单元格的左上角，鼠标变成一个"十字"形状，向右下方拖动鼠标至第 2 行和第 3 行的边线与当前单元格右边线的交叉点上，松开鼠标，绘制出一条直线。同样方法绘制另外一条直线，绘制好的效果如图 3-23 所示。

（10）在直线上单击选中后，菜单栏中会出现"绘图工具（格式）"选项卡，在"形状轮廓"中可以设置线的颜色、粗细及线型等，如图 3-24 所示。

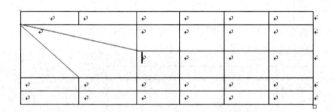

图 3-23　绘制两条直线

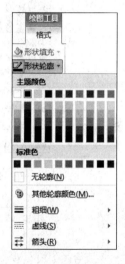

图 3-24　设置线的形状轮廓

（11）用以上（6）的方法可以将光标定位在适当位置输入文字。但是这种方法会受到表格中行的约束，下面来学习使用"文本框"灵活地放置文字。

（12）单击"插入"选项卡"文本"组中的"文本框"命令，在打开的下拉菜单中选择"绘制文本框"命令，光标变成"十字"✚形状时拖动鼠标，即可在光标位置绘制一个文本框。选中文本框并移动鼠标至光标变为"十字箭头"形状⊕时，可拖动鼠标来移动文本框至合适的位置。光标放在文本框边线或者边角上拖动鼠标，可改变文本框的大小。在文本框中单击，输入文字如"完成情况"并设置为左对齐，然后选中文字设置文字的字体和字号等，效果如图 3-25 所示。

（13）选中文本框，在菜单栏中同样会出现"绘图工具"选项卡，单击"格式"下的"形状填充"，在下拉菜单中选择"无填充颜色"，如图 3-26 所示；再单击"格式"下的"形状轮廓"，在

Word 2010 的表格制作

图 3-25　利用文本框在单元格中输入文字

下拉菜单中选择"无轮廓",如图 3-27 所示,即可将文本框设置为"无边线无填充颜色"的样式,就不会将表格中的边线覆盖了。设置后的效果如图 3-28 所示。

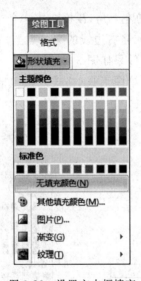

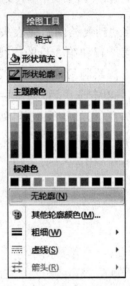

图 3-26　设置文本框填充　　　　图 3-27　设置文本框轮廓

图 3-28　完成效果示例

　　(14) 采用同样的方法可以在被直线分隔的其他区域放置文字;也可以选中设置好的文本框复制、粘贴,再移动到所需位置,更改文本框中的文字即可。请读者练习制作出图 3-17 右边的表头。

3.3.4　表格自动套用样式

　　Word 2010 中提供了多种内置的表格样式供用户直接套用。

　　将光标定位在要套用样式的表格中,单击"表格工具"的"设计"选项卡中"表格样式"后的"其他"按钮 ，在打开的"内置样式"中移动鼠标，可在文档中看到表格应用鼠标指向样式的效果，单击某个样式，文档中的表格就会自动应用该内置样式，如图 3-29 所示。

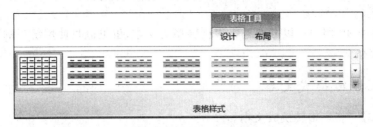

图 3-29　内置表格样式

3.3.5　表格在文档中的环绕方式

　　将表格插入文档后，可以设置表格的环绕方式来体现表格与其他文字的位置关系，从而使文档结构更加紧凑和美观。

　　选中表格后，用前面介绍的方法打开"表格属性"对话框，在"表格"选项卡的"文字环绕"中选择"环绕"，在"对齐方式"中选择表格在水平方向上的位置，如"居中"，然后单击"确定"按钮，设置效果如图 3-30 所示。

根据储存的信息和保存方式的不同，将文件分为不同的类型，用不同的文件扩展名加以区分，并用不同的图标显示。用户根据扩展名，即可识别该文件是一个什么类型的文件，文件存储的是哪一类信息，docx 是 Word 文档，com 是可执行文件的文件扩展名和对应以存放若干文件和文件名和文件夹规则：Windows系统中区分大小写。文件名或汉字。文件名可以使用一个"．"后的字符串时可使用通配符"*"

文件类型	扩展名
可执行程序	EXE、COM
源程序文件	C、CPP、BAS
Office 文档	DOCX、XLSX、PPTX
流媒体文件	WMV、RM、QT
压缩文件	ZIP、RAR
图像文件	BMP、JPG、GIF
音频文件	WAV、MP3、MID

息。如 mp3 是音频文档，xlsx 是 Excel 文等等。表1-1列出了常用的文件类型。展名，一个文件夹中可件夹。名的命名要遵循以下文件名和文件夹名不文件夹名中可以使用多分隔符的名字，最后是扩展名。查找和显示和"？"，其中"*"

是通配任意多个字符，"？"是通配任意一个字符。如在搜索框中输入"*．docx"就是要查找所有的Word文档文件。

图 3-30　表格在文档中的环绕方式效果示例

　　设置完成后，还可以通过拖动表格，调整表格在文档中的位置。

　　☞请读者打开"第 3 章\表格环绕练习\表格的环绕方式"文档进行练习。

　　如果表格过大分在了多页显示，从第 2 页开始表格就没有标题行了，将给用户查看表格带来不便。在 Word 2010 中为用户提供了"重复标题行"功能。选中表格的标题行，单击"表格工具（布局）"选项卡"数据"组中的"重复标题行"命令，则其他页面中的表格就会自动添加首行并重复表格标题行的内容。

　　需要注意的是，如果单击"重复标题行"没有在其他页面中重复表格标题行的内容，只需要打开"表格属性"对话框，在"表格"选项卡中将"文字环绕"设置为"无"即可。

Word 2010 的表格制作

3.4 文本与表格的转换

Word 2010 中,用户可以方便地将表格转换为文本,也可以将使用统一的分隔符分隔的文字转换成表格。

3.4.1 表格转换成文本

【任务 3-2】 将表格转换成文本。

(1)制作如图 3-31 所示的学生宿舍分配表;或者打开"第 3 章\任务 3-2\表格与文本转换"文档。

E3-101	江河	王梓鸣	刘亚军	王林海
E3-102	李鹏飞	雷刚	杜威	林伟
E3-103	李达川	吴天明		张飞扬
F5-306	王丹	李华华	吴冰	曹子文
F5-307	刘迪	郑美娇	张丽	赵小琪

图 3-31 要转换成文本的表格示例

(2)选中整个表格,单击"表格工具"的"布局"选项卡"数据"组中的"转换为文本"命令,打开"表格转换成文本"对话框,设置文字分隔符,本例中选择"其他字符"并在后面的文本框中输入一个符号如";",如图 3-32 所示。

(3)单击"确定"按钮,转换完成,效果如图 3-33 所示。

E3-101;江河;王梓鸣;刘亚军;王林海
E3-102;李鹏飞;雷刚;杜威;林伟
E3-103;李达川;吴天明;张飞扬
F5-306;王丹;李华华;吴冰;曹子文
F5-307;刘迪;郑美娇;张丽;赵小琪

图 3-32 "表格转换成文本"对话框   图 3-33 转换成文本的效果示例

可以看到,转换成文字后,表格中原来的一行对应文字的一行,表格中列之间的竖分隔线变成了设置的";"。接下来对文字按需要进行排版即可。

3.4.2 文本转换成表格

【任务 3-3】 将文本转换成表格。

(1)将要转换成表格的文本用统一的分隔符进行分隔,并按行排列好,如图 3-33 所示。

(2)选中要转换成表格的文本,单击"插入"选项卡"表格"组中的"表格"命令,在下拉菜单中选择"文本转换成表格",打开"将文字转换成表格"对话框,如图 3-34 所示。

图 3-34　"将文字转换成表格"对话框

（3）在"表格尺寸"的列数中根据需要进行调整，只要上一步设置好了文本的格式，这里一般按默认的列数即可。"文字分隔位置"一定要选择跟文本格式对应的分隔符，如本例中是"其他字符"（；）。

（4）单击"确定"按钮，即可将文本转换成表格。

3.5　综合练习

【综合练习一】　为自己设计一张课程表，示例表格如图 3-35 所示。完成的文档可参考"第 3 章\综合练习一\综合练习-课程表"文档。

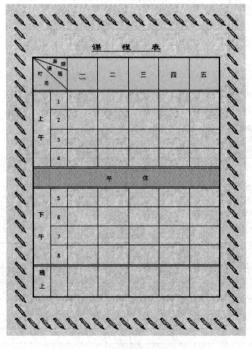

图 3-35　课程表示例

（1）新建一个空白的 Word 文档，设置"纸张大小"为"自定义大小（21×28 厘米）"，"纸张方向"为"纵向"，页边距上下左右均为"2 厘米"，装订线为"0 厘米"。

（2）插入一个 10 行 6 列的表格，再插入一行和一列，最终表格为 11 行 7 列。

（3）将表格向下拖动到适当位置，然后在文档开始处单击定位光标，输入"课程表"。对字体进行设置，示例中设置为"隶书，小一号字，加下画线"。

（4）调整表格的行高和列宽，让表格整体协调。后 5 列的宽度要一样。表头大小要适当。

（5）制作斜线表头并输入文字。示例中表头用了 6 个文本框分别放置 6 个字，以方便调整文字到适当位置，表头文字设置成了"宋体，五号"。

（6）根据情况合并或拆分单元格，并输入文字。示例中除表头文字外，其余文字都设置为"微软雅黑，四号，居中对齐"，"上午""下午"和"晚上"为竖排文字。

（7）根据自己的喜好设置表格的边框和底纹。示例中设置第 1 行填充为浅蓝色，第 6 行填充为"浅绿，图案样式 25％，颜色黄色"，整个表格外边线用 3 磅单实线，第 1 行下边线、第 6 行上下边线和最后 1 行上边线设置为 0.75 磅的双实线，其余边线为 0.5 磅的单实线。

（8）为文档设置自己喜爱的页面背景和页面边框。示例中页面背景为"蓝色面巾纸纹理填充"，页面边框是铅笔形状。

【综合练习二】 仿照图 3-36，制作个人简历表。完成的文档可参考"第 3 章\综合练习二\综合练习-个人简历表"文档。

个 人 简 历

姓名		性别		民族		
出生日期		文化程度		政治面貌		
籍贯		身高/体重		婚姻状况		照 片
通讯地址						
联系电话		E-mail		邮政编码		
特长爱好						
个人经历						
获得荣誉情况						
受到处分情况						
其它需要说明的问题						

家族成员情况					
与本人关系	姓名	性别	出生年月	政治面貌	单位

图 3-36 个人简历表示例

【综合练习三】 在第 2 章创建的"自我介绍"文档中插入一张"成绩表",要求对表格进行美化,并在文档中布局表格,使整个文档协调美观。参考表格如图 3-37 所示。未美化的表格可参考"第 3 章\综合练习三\综合练习-成绩表示例"文档。

课程开设学期	课程名	成绩	必修/选修
20　－20　学年 第一学期			
20　－20　学年 第二学期			
20　－20　学年 第一学期			
20　－20　学年 第二学期			
20　－20　学年 第一学期			
20　－20　学年 第二学期			

图 3-37　成绩表示例

Word 2010 的表格制作

第4章　Word 2010 的图文混排

本章学习目标
- 熟练掌握各种图形图片、艺术字、形状、SmartArt 图形的插入和编辑；
- 熟练掌握公式的输入和编辑；
- 熟练掌握多个对象的对齐和组合。

本章首先分别介绍了图片和剪贴画、艺术字、各种形状、SmartArt 图形以及公式的输入和编辑，最后通过综合练习可使读者掌握 Word 2010 的图文混排。

4.1　插入图片和剪贴画

在 Word 2010 文档中，用户可以将多种来源（包括从剪贴画网站提供者处下载、从网页上复制或者从保存图片的文件夹插入）的图片和剪贴画插入或复制到文档中。

4.1.1　插入剪贴画

剪贴画是 Office 程序附带的一种矢量图片，包括人物、动植物、建筑、科技等各个领域，精美而且实用，在文档中使用与文字匹配的剪贴画，可以起到非常好的美化和点缀作用。作为矢量图片，剪贴画可以平滑地缩放，就是变大或者变小图片的清晰度都不改变。

将光标定位在要插入剪贴画的位置，单击"插入"选项卡"插图"组中的"剪贴画"命令，在文档右边出现"剪贴画"任务窗格，如图 4-1 所示。在"搜索文字"文本框中输入描述所需剪贴画的单词或词组，或者输入剪贴画文件的全部或部分文件名。单击"结果类型"列表框，选中"插图""照片""视频"或"音频"旁边的复选框，可以将搜索结果限制于特定的媒体类型。若要将搜索范围扩展为包括 Web 上的剪贴画，需要勾选"包括 Office.com 内容"复选框。然后单击"搜索"按钮，搜索结果将显示在下方列表中。在结果列表中拖动垂直滚动条，找到想要插入的剪贴画后单击，即可将其插入到文档中。

剪贴画插入文档后，或者单击剪贴画选中时，在剪贴画四周会出现 4 个圆圈和 4 个矩形共 8 个尺寸控点，如图 4-2 所示。将光标放在尺寸控点上，光标会变成双向箭头形状，沿箭头方向拖动，可以改变剪贴画的大小。拖动用连线与剪贴画相连的绿色的小圆圈，可以旋转剪贴画。

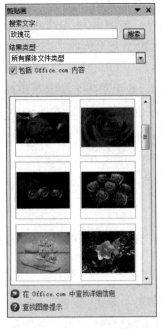

图 4-1 "剪贴画"窗格　　　　　　　　图 4-2 剪贴画的尺寸控点

4.1.2　插入图片

　　除了系统自带的剪贴画,用户也可以将自己拍的图片、从网上下载的图片等保存到计算机中,根据需要插入文档中。

　　在文档中单击要插入图片的位置,单击"插入"选项卡"插图"组中的"图片"命令,弹出"插入图片"对话框,如图 4-3 所示。在左边窗格选择存放图片的文件夹,在右边窗格单击要插入的图片,然后单击"插入"按钮。

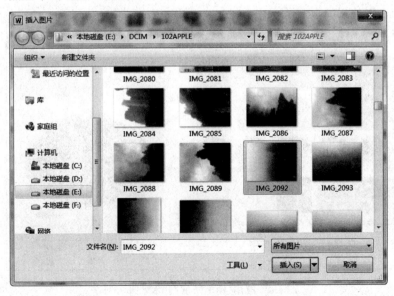

图 4-3 "插入图片"对话框

Word 2010 的图文混排

选中图片后,也可以利用尺寸控点调整图片大小及旋转图片。

默认情况下,Word 2010 会将图片嵌入到文档中。所谓嵌入,是指将某程序创建的对象(例如图片、图表或公式等)插入其他程序中,该对象即成为文档的一部分,对该对象所做的任何更改都将在文档中反映出来。

在"插入图片"对话框中,单击"插入"旁边的箭头,然后选择下拉菜单中的"链接到文件"命令,可以把图片链接到文档中。链接是将某个程序创建的信息副本插入 Word 文档,并维护两个文件之间的连接,如果更改了源文件中的信息,则目标文档中将反映该更改。而且,通过链接到图片,可以减小文档的大小。

若要删除图片或剪贴画,单击选中后按 Delete 键即可。

4.1.3　编辑图片

选中剪贴画或图片后,会出现"图片工具(格式)"选项卡,可以对剪贴画或图片的格式进行编辑和设置。

1. 调整颜色、亮度和对比度

选中图片,在"图片工具(格式)"选项卡的"调整"组中单击"颜色",在打开的下拉菜单中可以调整图片的"颜色饱和度""色调"以及对图片"重新着色"。用户将光标移动到某个选项,文档中的图片会跟着变化,单击某个选项即可应用到图片中。饱和度是颜色的浓度,饱和度越高,图片色彩越鲜艳;饱和度越低,图片越黯淡。

选中图片,在"图片工具(格式)"选项卡的"调整"组中,单击"更正",在打开的下拉菜单中可以调整图片的"亮度和对比度",对图片进行"锐化和柔化"。

单击"调整"组的"艺术效果",在打开的下拉菜单中显示系统提供的多种模式,图 4-4 就是选择"铅笔灰度"模式时,图 4-2 插入的玫瑰花应用该模式的效果。

图 4-4　应用"铅笔灰度"艺术效果示例

在"调整"组中,还可以删除图片的背景、对图片进行压缩以及对图片进行更改和重设。

☜请读者自己练习对图片的调整。

2. 调整图片样式

选中图片,在"图片工具(格式)"选项卡的"图片样式"组中,提供了多种总体图片样式供用户选择应用,单击列表框右边的"其他"按钮 可以打开全部内置图片样式。

用户也可以在"图片样式"组中自行设置"图片边框""图片效果"和"图片版式"。"图片效果"中可以为图片设置阴影、映像、发光、三维旋转等效果,图 4-5 就是对文档中的玫瑰花图片使用"图片效果"中"预设 11"后的图片效果。

图 4-5　使用"图片效果"中"预设 11"后的图片效果

"图片版式"则可以轻松地将图片转换为 SmartArt 图形,关于 SmartArt 图形详见 4.3 节。

3. 调整图片大小和方向

除了使用尺寸控点调整图片大小和方向外,在"图片工具(格式)"选项卡的"大小"组中的"高度"和"宽度"文本框中输入或调整数值,也可以改变图片的大小。

用户还可以使用裁剪来修整并有效删除图片中不需要的部分。选中图片后单击"大小"组中的"裁剪"命令,图片会进入裁剪状态,在图片四周会出现 8 个裁剪控点(4 角和 4 边中点的短粗线),如图 4-6 所示。将光标放在裁剪控点上,光标会变成和裁剪控点一样的形状,沿水平、垂直或对角线方向向内拖动鼠标至所需位置,图片中被裁剪掉的部分被阴影覆盖,如图 4-7 所示。在文档其他位置单击或者再次单击"裁剪"命令或者按 Esc 键,都可以完成裁剪。裁剪前后的图片对比如图 4-8 所示。

Word 2010 中,还可以将图片裁剪为形状。选中图片,单击"裁剪"下的小三角,在下拉菜单中选择"裁剪为形状",在下一级形状菜单中选择一种形状如"星与旗帜"中的"六角星"单击,如图 4-9 所示,文档中的图片即被裁剪为该形状。裁剪前后的图片对比示例如图 4-10 所示。

图 4-6　裁剪控点

图 4-7　裁剪图片

图 4-8　裁剪前后的图片对比

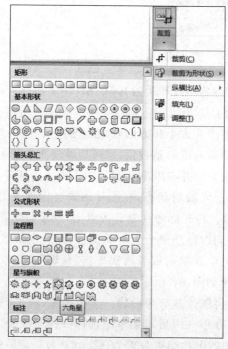

图 4-9　裁剪为形状

图 4-10　裁剪为形状前后的图片对比示例

单击"图片工具（格式）"选项卡"排列"组中的"旋转"，在下拉菜单中可以根据需要对图

片进行旋转，如图 4-11 所示，选择"其他旋转选项"，打开"布局"
对话框，在对话框的"大小"选项卡中用户还可以自己设置需要旋
转的角度。

4. 调整图片布局

在 Word 2010 中，默认情况下都是以嵌入式图片的形式插入
图片。嵌入式图片有时可能无法进行移动，需要将其设置为其他
非嵌入型，才能在文档中移动位置。

图 4-11　"旋转"下拉菜单

通过使用"图片工具（格式）"选项卡"排列"组中的"位置"和"自动换行"命令，用户可以
更改文档中图片或剪贴画与文本的位置关系。

右击图片，在弹出的快捷菜单中选择"自动换行"，也可以调整图片布局。

【任务 4-1】　编辑图片并调整图片布局。

（1）打开"第 4 章\任务 4-1\图片编辑和布局"文档，选中文档中的图片。

（2）对图片的颜色、亮度、样式等设置为自己喜爱的样子，并将图片裁剪为椭圆形或其
他形状。

（3）单击"图片工具（格式）"选项卡"排列"组中的"自动换行"命令，在下拉菜单中选择
"四周型环绕"，如图 4-12 所示。

（4）单击"图片工具（格式）"选项卡"排列"组中的"位置"命令，在下拉菜单中的"文字环
绕"中有 9 种样式供用户选择，选择"中间居中，四周型文字环绕"，如图 4-13 所示。

（5）可以拖动图片，根据需要进一步调整图片的位置，最后设置后的效果是图片四周都
被文字环绕。完成效果可以参考"第 4 章\任务 4-1\图片编辑和布局-完成后"文档。

（6）请读者练习设置图片在文档中的其他布局。

右击图片，在弹出的快捷菜单中选择"设置图片格式"，打开"设置图片格式"对话框，
如图 4-14 所示，也可以对图片的颜色、大小、样式等进行设置，请读者自己练习。

Word 2010 的图文混排

图 4-12 设置"四周型环绕"   图 4-13 设置四周环绕的样式

图 4-14 "设置图片格式"对话框

4.2 插 入 形 状

4.2.1 插入形状

    Office 2010 为用户提供了一个绘图工具栏,包括线条、矩形、基本形状、箭头、公式形状、流程图形状、星与旗帜和标注等多种形状。在文档中添加一个形状,或者添加多个形状,在其中添加文字、项目符号、编号等,可以组合生成各种图形。

1. 插入一个形状

单击"插入"选项卡"插图"组中的"形状"按钮,在打开的下拉菜单中单击想要绘制的形状,光标在文档中变为"十字"形状,在文档中拖动鼠标即可绘制所选形状。

如果要创建规范的正方形或圆形,或者想要限制其他形状的尺寸,请在拖动的同时按住Shift 键。

在"基本形状"中还提供了"文本框",它与单击"插入"选项卡"文本"组中的"文本框"下的"绘制文本框"作用相同。而且,不管选择"横排"还是"竖排(或垂直)"文本框,之后都可以根据需要重新设置文字的方向。前面章节介绍过在制作表格中的斜线表头时使用文本框,这种无边线、无填充的文本框使用灵活,在文档中经常会用到。

2. 插入多个形状

绘制完一个形状后,在形状选中状态时,单击"绘图工具(格式)"选项卡"插入形状"组中的"其他"按钮 ,在打开的绘图工具栏中可以继续选择其他形状进行绘制。

或者也可以右键单击要添加的形状,在快捷菜单中选择"锁定绘图模式",则在拖动绘制完形状后,菜单栏会出现"绘图工具(格式)"选项卡,在选项卡功能区最左边"插入形状"组可继续选择要绘制的形状,对要添加的每个形状重复此操作,就不用一直去单击"插入"选项卡"插图"组中的"形状"按钮去选择形状了。

如果要删除形状,选中后按 Delete 键即可。

4.2.2 设置形状的样式

1. 更改形状

选中要设置样式的形状,在"绘图工具(格式)"选项卡"插入形状"组中单击"编辑形状",选择下拉菜单中的"更改形状"命令,会打开"绘图工具"栏,选择新的形状即可替换原来的形状。

2. 设置形状样式

选中形状,单击"绘图工具(格式)"选项卡"形状样式"组中的"形状填充""形状轮廓"或"形状效果",可以分别对形状的填充、轮廓进行设置,以及设置形状的"映像""阴影""三维旋转"等效果。

在对形状填充时,除了可以选择一种颜色填充外,还可以选择用"渐变填充""图案或纹理填充"或者用"图片填充"。

用户也可以在"形状样式"组中单击"其他"按钮 ,打开全部内置样式列表,从中选择一种内置样式,直接应用到选中的形状中。

3. 设置形状中文本效果

选中形状可直接在形状中添加文字;或者选中形状后右击,在弹出的快捷菜单中选择"添加文字"也可以在形状中添加文字。

在"绘图工具(格式)"选项卡"艺术字样式"组中,可以对形状中的文字效果进行设置。

在"绘图工具(格式)"选项卡"文本"组中,可以设置形状中文字的方向(文字方向),以及文字在形状中的对齐方式(对齐文本)。

在形状中添加文字后,可以设置文字在形状中的内边距。单击"绘图工具(格式)"选项卡"艺术字样式"组的对话框启动器,打开"设置文本效果格式"对话框,如图 4-15 所示,在左边导航中单击"文本框",右边"内部边距"中可以设置文字在形状中的上下左右边距。

图 4-15 "设置文本效果格式"对话框

或者在形状上右击,在弹出的快捷菜单中选择"设置形状格式",打开"设置形状格式"对话框,如图 4-16 所示。在"文本框"中同样可以设置文字在形状中的上下左右边距。

图 4-16 "设置形状格式"对话框

4. 形状的布局

与图片一样,也可以使用"自动换行"和"位置"设置形状在文档中的环绕方式。

☞请读者自己进行练习。

4.2.3 多个形状的对齐和组合

为了使形状排列更美观,可以设置多个形状的对齐方式。

首先按住 Ctrl 键,依次单击要对齐的形状,然后在"绘图工具(格式)"选项卡"排列"组中单击"对齐"按钮,在菜单中选择需要的对齐方式。

多个形状可以组合成一个形状,以便于进行在文档中移动、翻转以及调整大小等操作。

首先按住 Ctrl 键或者 Shift 键,依次单击要组合的形状,然后在"绘图工具(格式)"选项卡"排列"组中单击"组合"按钮,在菜单中选择"组合"。

组合后的形状也可以取消,分解为单独的形状,方法是选中要取消组合的形状,然后在"绘图工具(格式)"选项卡"排列"组中单击"组合"按钮,在菜单中选择"取消组合"。

【任务 4-2】 使用形状制作流程图。完成的流程图可参考"第 4 章\任务 4-2\使用形状制作流程图"文档。

(1) 新建一个空白 Word 文档,插入一个矩形(也可以使用文本框),设置为"高度 1.3 厘米,宽度 3.3 厘米,浅黄色填充,橙色单实线边线 2.25 磅";然后再复制一个。

(2) 插入一个圆角矩形,设置为"高度 1.3 厘米,宽度 3.3 厘米,浅黄色填充,橙色单实线边线 2.25 磅";然后再复制一个。

(3) 插入一个菱形,设置为"高度 1.6 厘米,宽度 3.3 厘米,浅黄色填充,橙色单实线边线 2.25 磅"。

(4) 插入一个圆柱形(流程图:磁盘),设置为"浅黄色填充,橙色单实线边线 2.25 磅",大小自己设置(示例文档中设置为"高度 1.65 厘米,宽度 1.59 厘米")。

(5) 参考示例拖动各个形状至适当位置,并输入文字。文字设置为"宋体,小四,加粗",在形状中"中部对齐"。

(6) 同时选中两个矩形、两个圆角矩形和菱形,在"绘图工具(格式)"选项卡"排列"组中单击"对齐"中的"左右居中",再单击"对齐"中的"纵向分布",使 5 个形状中线垂直对齐并且垂直间距相等。

(7) 在"线条"组中选择单向箭头插入两个矩形之间,设置箭头为"1.5 磅黑色单实线",与两个矩形的垂直距离等长;然后复制 3 个,分别拖动到垂直的形状之间;之后选中 4 个箭头,也设置为"左右居中"。

(8) 绘制从菱形向上的箭头。绘制两条直线和一个向右的箭头(也可以复制上一步的箭头后调整方向),按示例中拖动到合适的位置并调整长短。

(9) 绘制从圆柱形指向菱形的箭头。在"箭头总汇"中选择示例中的箭头形状并绘制,边线和填充都设置为黑色,拖动到合适的位置,并设置为合适的大小。

(10) 选中菱形、圆柱形和中间的箭头,在"对齐"中选择"上下居中",使三个形状中部对齐。

(11) 在最左边的竖线外绘制一个文本框,输入"不合格",调整文本框的大小,并设置为"无边线,渐变填充",渐变填充的颜色、类型、方向自己设置。

(12) 选中所有形状,组合成一个形状。完成效果如图 4-17 所示。如果不能把所有形状全部一次选中,也可以先选中一部分形状组合,再选中组合好的形状和几个形状组合,重复几次,直到全部组合成一个形状。

（13）最后请读者自己练习将组合的形状设置"棱台""透视"等"形状效果"。

【任务 4-3】 使用形状制作印章。完成的印章可以参考"第 4 章\任务 4-3\印章示例"文档。

（1）在文档中绘制一个正方形，边长设置为"3.5 厘米"，形状轮廓设置为"复合类型"的"由粗到细，6.5 磅，红色"，无填充，内部边距设置为"上下 0.13 厘米，左右 0.2 厘米"。

（2）在正方形中输入"私人藏书"4 个字，设置为"竖排"，在"人"字后按 Enter 键分段，使文字顺序由左至右。接着选中 4 个字设置为"华文隶书，小初号"（或其他合适的字体字号），文本轮廓为"单实线，1.25 磅"，无填充，文本边框为红色。

（3）选中"私人藏书"4 个字，调整行距，示例中行距设置为"固定值，40 磅"。

（4）完成的效果如图 4-18 所示。

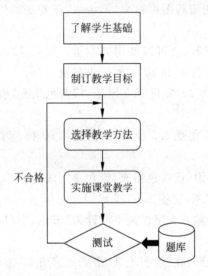

图 4-17 使用形状制作流程图示例　　　　图 4-18 使用形状制作的印章示例

☞请读者练习给自己设计制作一个姓名印章。

4.3 插入 SmartArt 图形

SmartArt 图形将多个形状和文本直接组合在一起，是信息和观点的视觉表示形式。使用 SmartArt 图形，只需轻点几下鼠标即可创建具有设计师水准的插图，从而快速、轻松、有效地传达信息。

4.3.1 插入 SmartArt 图形

单击"插入"选项卡"插图"组中的 SmartArt 命令，打开"选择 SmartArt 图形"对话框，如图 4-19 所示。

在左边的窗格中，列出了模板的大类名，单击每一类模板名，中间窗格中会显示该类别下的布局图，同时右边窗格中会显示该布局的效果图和文字描述。

【任务 4-4】 使用 SmartArt 图形创建组织结构图。完成的文档可以参考"第 4 章\任

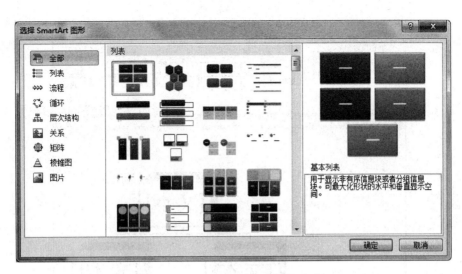

图 4-19 "选择 SmartArt 图形"对话框

务 4-4\组织结构图"文档。

(1)新建一个空白的 Word 文档。单击"插入"选项卡"插图"组中的 SmartArt 命令,打开"选择 SmartArt 图形"对话框。

(2)在对话框左边窗格中单击"层次结构",在中间窗格中选择"层次结构",可以看到右边窗格中显示了布局的效果图和文字描述"用于从上到下显示层次关系递进",如图 4-20 所示。

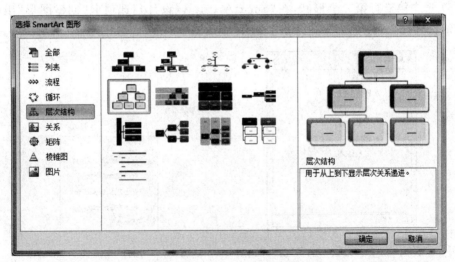

图 4-20 选择"层次结构"布局

(3)单击"确定"按钮,在文档中插入"层次结构"SmartArt 图形,同时菜单栏中出现"SmartArt 工具"选项卡,如图 4-21 所示。

(4)单击形状中的"文本"输入文字;或者单击 SmartArt 图形左侧的 按钮,打开"在此处键入文字"输入框,如图 4-22 所示,单击"文本"处输入文字,单击右上角的"关闭"按钮 可关闭该输入框。

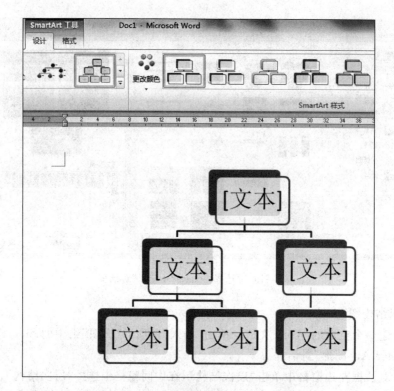

图 4-21 插入"层次结构"SmartArt 图形

（5）选中第二行第一个形状，在"SmartArt 工具（设计）"选项卡"创建图形"组中单击"添加形状"后的小三角，在下拉菜单中选择"在后面添加形状"，如图 4-23 所示。

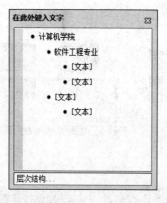

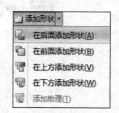

图 4-22 "在此处键入文字"输入框　　　　图 4-23 选择"在后面添加形状"

（6）添加形状后的 SmartArt 图形如图 4-24 所示。

（7）选中刚添加的形状，即第二行第二个形状，在下方添加一个形状，添加后的 SmartArt 图形如图 4-25 所示。

（8）根据选定的不同形状，通过"在后面、前面、上方、下方添加形状"操作，继续添加形状并输入文字，使 SmartArt 图形初步完成，如图 4-26 所示。选中某个形状，按 Delete 键，即可删除该形状。

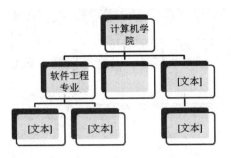
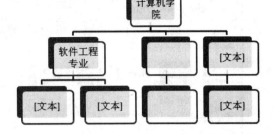

图 4-24 "在后面添加形状"后的 SmartArt 图形   图 4-25 "在下方添加形状"后的 SmartArt 图形

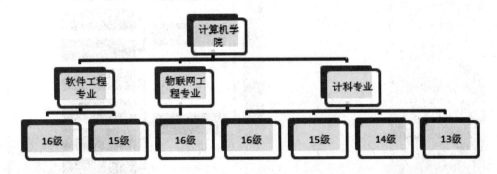

图 4-26 初步完成的 SmartArt 图形

（9）单击"SmartArt 图形工具（格式）"选项卡"排列"组中的"自动换行"命令，选择一种非嵌入型，即可移动 SmartArt 图形。选中某个形状，拖动形状周围的尺寸控制点，可以调整形状的大小。

（10）选中某个形状，在"SmartArt 工具（设计）"选项卡"创建图形"组中单击"升级"或"降级"可将该形状提高一行或降低一行；单击"上移"或"下移"可将该形状与同一行左边或右边的形状交换位置；"从右向左"则可将同一行的形状顺序调整为当前顺序的逆序，同时下一级形状会跟随移动。请将 SmartArt 图形调整为图 4-27 的样子。

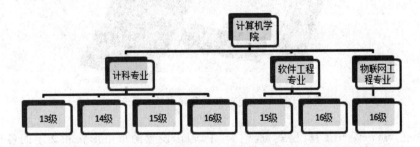

图 4-27 调整形状的级别和顺序

（11）选中 SmartArt 图形，单击"SmartArt 工具（设计）"选项卡"布局"组中的"其他"按钮，在列表中选择"水平多层层次结构"，文档中的 SmartArt 图形随之改变，如图 4-28 所示。

（12）单击"SmartArt 工具（设计）"选项卡"SmartArt 样式"组中的"更改颜色"，在下拉

Word 2010 的图文混排

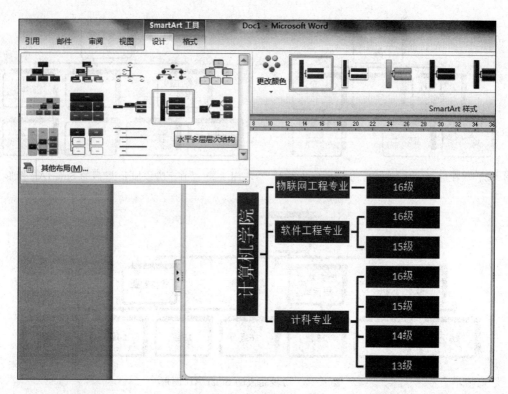

图 4-28　更改图形布局

菜单中选择"彩色"组的"彩色范围-强调文字颜色 4 至 5"选项；然后在"SmartArt 样式"组的样式列表中选择"三维"下的"鸟瞰场景"。更改后的 SmartArt 图形如图 4-29 所示。

图 4-29　更改颜色和样式后的图形

（13）在"SmartArt 工具（格式）选项卡"中，可以设置图形中形状和文字的各种效果，以及 SmartArt 图形在文档中的页面布局等。这部分设置与形状的设置基本相同，请读者自己练习。

4.3.2　图片转换成 SmartArt 图形

在 Word 2010 中，还可以将图片快速转换成 SmartArt 图形。方法是：在文档中插入一张图片，选中图片后，单击"图片工具（格式）"选项卡"图片样式"组中的"图片版式"，在下拉列表中选择一种 SmartArt 图形样式,如"升序图片重点流程",如图 4-30 所示,即可将图片转换为 SmartArt 图形。图 4-31 是原图片和转换为 SmartArt 图形后的对比效果。

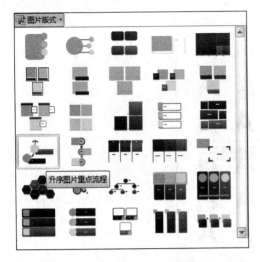

图 4-30　为图片选择一种图片版式　　　　图 4-31　原图片与转换成 SmartArt 图形后对比效果

🖐也可以插入多张图片并同时选中,转换为 SmartArt 图形,示例效果如图 4-32 所示,请读者自己进行练习。完成的文档可以参考"第 4 章\SmartArt 图形\多张图片转换为 SmartArt 图形示例"文档。

图 4-32　多张图片转换为 SmartArt 图形

4.4　插入艺术字

艺术字是可以添加到文档的装饰性文本。

在文档中要插入艺术字的位置单击,在"插入"选项卡的"文本"组中单击"艺术字",在弹出的列表中选择一种艺术字样式,如图 4-33 所示,选择"填充-白色,渐变轮廓-强调文字颜色 1"。

文档中会出现一个文本框,如图 4-34 所示。用户在文本框中输入文字,如"办公软件高级应用"。

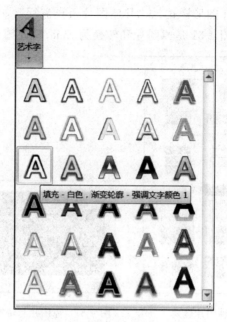

图 4-33　选择一种艺术字样式

图 4-34　输入艺术字的文本框

　　用户可以随时更改艺术字的样式。单击要更改的艺术字文本中的任意位置,在菜单栏中出现"绘图工具(格式)"选项卡,在"艺术字样式"组中可以更换艺术字的样式,设置各种文本效果。在"文本"组中可以更改艺术字文本的方向。

　　☜请读者选中刚才插入的艺术字,将其设置为自己喜爱的样式和效果。

　　☜用户也可以在输入文字后,选中要设置成艺术字的文字,再单击"插入"选项卡的"文本"组中的"艺术字",在弹出的列表中选择一种艺术字样式,直接将文字转换成艺术字;然后在"绘图工具(格式)"选项卡中对艺术字继续进行设置。请读者练习。

4.5　编辑公式

　　在编辑科技类论文时,经常会在文档中使用各种公式。在 Word 2010 中,可以使用公式编辑器编辑公式。

　　在"插入"选项卡"符号"组中单击"公式"按钮,文档当前光标位置处会出现"在此处键入公式"编辑框,同时菜单栏会出现"公式工具(设计)"选项卡,如图 4-35 所示。在公式编辑框单击,根据需要在"公式工具(设计)"选项卡的"结构"组中,单击所需的结构类型(如分数或根式),然后在打开的下拉菜单中继续单击所需的结构,如果结构包含占位符(一个小虚框),

则在占位符内单击,然后输入所需的数字或符号,有些符号需要在"公式工具(设计)"选项卡的"符号"组单击输入。

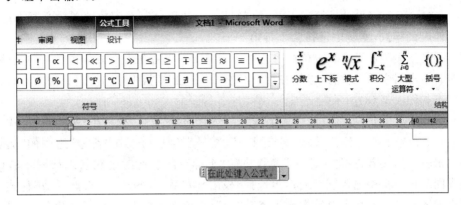

图 4-35　进入公式编辑

单击"公式工具(设计)"选项卡"符号"组中的"其他"按钮，在打开的符号模板的左上角显示当前的符号类别名,如图 4-36 显示的是"运算符"类的符号。单击符号类别名,在下拉菜单中选择不同类别,会显示出该类别下的符号供用户选择。

图 4-36　选择符号所属的类别

单击公式编辑区以外的任意位置,退出公式编辑器;单击公式,即进入公式编辑状态。

单击"插入"选项卡"符号"组中的"公式"按钮下的小三角,在下拉菜单中提供了一些"内置"公式,直接单击即可插入到文档中。在下拉菜单中选择"插入新公式",也可进入公式编辑器状态。

公式输入完成后,单击公式选中,通过"开始"选项卡"字体"组,可以设置公式中字符的大小。如果遇到公式显示不全的情况,可选中公式,增加行距。

【任务 4-5】　练习输入公式 $\int_1^e \dfrac{\mathrm{d}x}{x\sqrt{1-(\ln x)^2}}$。

(1) 打开要输入公式的文档,将光标定位在文档中要插入公式的地方。

(2) 单击"插入"选项卡"符号"组中的"公式"按钮；或者单击按钮下的小三角，在下拉菜单中选择"插入新公式"命令。

(3) 在"公式工具(设计)"选项卡"结构"组中单击"积分"，在下拉菜单中选择"积分"组中与公式匹配的样式，本例中选择第 1 行第 2 个。

(4) 根据公式在右下方的占位符单击输入字符"1"，接着在右上方的占位符单击输入字符"e"，然后单击居中的占位符，继续在"结构"组中"分数"模板中单击"分数(竖式)"样式，此时公式状态如图 4-37(a)所示。

(5) 单击分数线下的占位符，输入字符"x"，然后选择"根式"模板中"平方根"样式。

(6) 单击根号下的占位符，输入字符"1－"(减号字符也可以在"符号"组中的"运算符"类别中单击输入)，接着选择"上下标"模板中的"上标"样式，此时公式状态如图 4-37(b)所示。在中间的占位符中输入"("字符，再选择"极限和对数"模板中的"自然对数"样式，此时公式状态如图 4-37(c)，在占位符中输入字符"x)"，再单击上标占位符，输入字符"2"，完成分数分母部分的输入，如图 4-37(d)所示。随着输入，分数线会自动变长。

(7) 在分子的占位符单击，选择"积分"模板下"微分"组的"x 的微分"样式，完成整个公式编辑，如图 4-37(e)所示。

$$\int_1^e \frac{\square}{\square} \qquad \int_1^e \frac{\square}{x\sqrt{1-\square^\square}} \qquad \int_1^e \frac{\square}{x\sqrt{1-(\ln\square)}} \qquad \int_1^e \frac{\square}{x\sqrt{1-(\ln x)^2}} \qquad \int_1^e \frac{dx}{x\sqrt{1-(\ln x)^2}}$$

(a)   (b)   (c)   (d)   (e)

图 4-37 编辑公式

用户也可以将自己创建的公式添加到常用公式列表中，方便以后使用。方法如下。

(1) 选中要添加的公式。

(2) 在"公式工具(设计)"选项卡的"工具"组中单击"公式"，然后单击"将所选内容保存到公式库"。

(3) 在"新建构建基块"对话框中，如图 4-38 所示，输入公式的名称；在"库"列表中，选择"公式"；在"类别"中选择"常规"(也可以选择"内置"，公式将出现在"内置"组中)，然后单击"确定"按钮。

(4) 在弹出的"是否重新定义构建基块项目"提示框中单击"是"按钮，如图 4-39 所示。

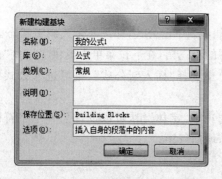

图 4-38 "新建构建基块"对话框

图 4-39 提示框

（5）单击"插入"选项卡"符号"组"公式"下的小三角，在下拉菜单的"常规"组中可以看到自己的公式，以后直接单击即可插入到文档中，如图 4-40 所示。

（6）用户也可以将公式从常用公式列表中删除。在"插入"选项卡"符号"组"公式"的下拉菜单中找到添加的公式，在公式上右击，在弹出的快捷菜单中选择"整理和删除"，如图 4-41 所示。

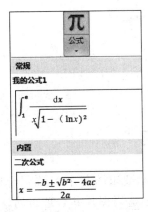

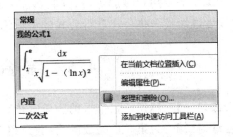

图 4-40　公式被添加到列表中　　　　　图 4-41　整理和删除添加的公式

（7）在弹出的"构建基块管理器"对话框中，选中要删除的公式，单击下方的"删除"按钮，如图 4-42 所示。

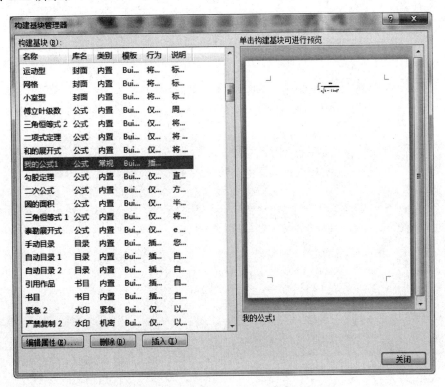

图 4-42　"构建基块管理器"对话框

第 4 章

Word 2010 的图文混排

（8）在弹出的提示框中单击"是"按钮，如图 4-43 所示，然后关闭"构建基块管理器"对话框，即可将公式从系统的公式列表中删除。

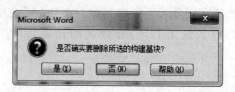

图 4-43　确认删除

公式的编辑需要用户多加练习，方能熟练掌握编辑的方法和技巧。

☞请读者继续找一些公式进行公式的编辑练习。

4.6　综 合 练 习

【综合练习一】　制作一张单页的旅游宣传单或者海报，要求图文并茂，布局合理。

【综合练习二】　为第 3 章完成的"自我介绍"文档添加适当图片并合理布局，将个人的简历用 SmartArt 图形表述，并根据需要使用艺术字对文档进行美化。

第5章　Word 2010 高级排版

本章学习目标

- 熟练掌握页眉、页脚和页码的编辑；
- 熟练掌握样式的使用和目录的创建及更新；
- 熟练掌握文档审阅功能；
- 掌握毕业论文的排版。

本章首先介绍了页眉、页脚和页码的插入和编辑，然后介绍了 Word 2010 中样式的使用和文档目录的创建及更新，最后介绍了文档审阅的功能。目标是学会毕业论文等长文档的编辑和排版方法与技巧。

5.1　设置页眉、页脚和页码

页眉位于文档每个页面的顶部区域，页脚位于文档每个页面的底部区域，在页眉和页脚中可以包含页码、文档名称、日期、单位名称、单位标志等文本和图形。页眉和页脚不属于文档正文，可以独立于文档正文单独进行编辑。

5.1.1　使用页码库添加页码

如果要在文档中的每个页面上都显示页码，并且不包含文档名称、单位标志等任何其他信息，可以使用 Word 2010 提供的页码库快速添加页码。

单击"插入"选项卡"页眉和页脚"组中的"页码"，在打开的菜单中选择要放置页码的位置（页面顶端、页面底端、页边距或当前位置），接着在下一级菜单中滚动鼠标，浏览页码库中的选项，然后单击所需的页码格式，即可在指定位置添加所选格式的页码。如图 5-1 所示从页码库中选择在"页面底端"添加"带状物"样式的页码。

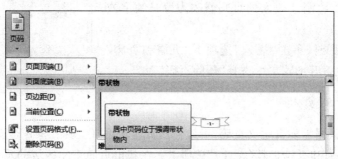

图 5-1　使用页码库添加页码

添加页码后,文档进入编辑页眉和页脚状态,出现"页眉和页脚工具(设计)"选项卡,如图 5-2 所示。单击选项卡"关闭"组中的"关闭页眉和页脚"命令,可退出页眉和页脚编辑状态进入文档编辑状态;或者在文档正文中任意位置双击,也可以退出页眉和页脚编辑状态进入文档编辑状态。在页眉或页脚区域双击;或者单击"插入"选项卡"页眉和页脚"组中的"页眉"(或者"页脚")选择"编辑页眉"(或者"编辑页脚")命令,可以重新进入页眉和页脚编辑状态。

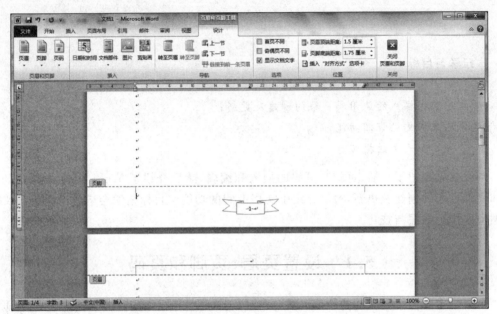

图 5-2　插入页码后进入页眉和页脚编辑状态

在插入页码前或者插入页码后,还可以对页码的编号格式进行修改。在文档正文编辑状态即可进行编号格式的修改,单击"插入"选项卡"页眉和页脚"组中的"页码",在打开的菜单中选择"设置页码格式",打开"页码格式"对话框,如图 5-3 所示。在"编号格式"列表中选择所需的编号格式,还可以勾选"包含章节号"复选框并设置"章节起始样式"和"使用分隔符",在"页码编号"中可以设置"起始页码"。

用户只需要修改任意一页的页码,其他页都会自动更新。

☞请读者练习将刚才插入的页码修改为罗马数字或者其他编号格式。

如果想删除页码,单击"插入"选项卡"页眉和页脚"组中的"页码",在打开的菜单中选择"删除页码"命令。

图 5-3　"页码格式"对话框

5.1.2　自定义页码

如果用户想根据需要自定义页码,可以使用页眉和页脚工具。操作步骤如下。

(1) 打开"页眉和页脚工具(设计)"选项卡。在超出页面正文区域的页面顶部或者页面底部双击；或者单击"插入"选项卡"页眉和页脚"组的"页眉"下拉菜单中的"编辑页眉"或者"页脚"下拉菜单中的"编辑页脚"，都可以打开"页眉和页脚工具（设计）"选项卡。

（2）设置页码放置的位置。在页眉或者页脚处单击定位插入点，然后单击"页眉和页脚工具（设计）"选项卡"位置"组中的"插入'对齐方式'选项卡"，打开"对齐制表位"对话框，如图5-4所示，在"对齐方式"中选择页码的位置，如"居中"，再单击"确定"按钮。

（3）插入页码。单击"页眉和页脚工具（设计）"选项卡"插入"组中的"文档部件"，在打开的下拉菜单中单击"域"，打开"域"对话框，如图5-5所示。在"域名"列表中选择 Page，在"域属性（格式）"中选择一种页码格式，单击"确定"按钮。

图 5-4　"对齐制表位"对话框

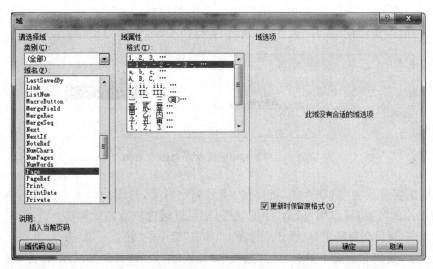

图 5-5　"域"对话框

（4）可以看到在刚才选定的页眉或者页脚的光标插入点处，按选定格式插入了页码。

（5）在文档正文任意位置双击；或者单击"页眉和页脚工具（设计）"选项卡"关闭"组中的"关闭页眉和页脚"命令，都可以返回文档正文。

在很多办公文档中，经常需要使用"第 X 页，共 Y 页"（X 表示光标所在页的页码，Y 表示文档总页数）格式的页码。设置的步骤如下。

（1）打开"页眉和页脚工具（设计）"选项卡并设置页码放置的位置。操作步骤同前。

（2）在要放置页码的地方单击鼠标定位插入点，然后输入"第"字符。

（3）单击"页眉和页脚工具（设计）"选项卡"插入"组中的"文档部件"，在打开的下拉菜单中单击"域"，打开"域"对话框。在"域名"列表中选择 Page，在"域属性（格式）"中选择"1，2，3…"的页码格式，然后单击"确定"按钮关闭对话框。

（4）在出现的页码后继续输入"页，共"字符。

（5）再次打开"域"对话框，在"域名"列表中选择 NumPages，在"域属性（格式）"中仍然

115

第 5 章

Word 2010 高级排版

选择"1,2,3…"的页码格式,然后单击"确定"按钮关闭对话框。

（6）在总页数后面继续输入"页"字符。

（7）设置完成返回到文档正文。只要文档中增加一页,页码中的总页数就会自动加1,减少一页,页码中的总页数会自动减1。

5.1.3 在页眉和页脚中插入其他内容

在文档的页眉页脚中除了可以包含页码,还可以插入文档名称、公司名称、公司标识、日期和时间等内容。插入和编辑的方法与在文档正文中插入和编辑文本和图片的方法基本相同。

【任务5-1】 在页眉中插入文本和图片,在页脚插入日期和时间。素材和完成的文档可以参考"第5章\任务5-1"文件夹中的文档。

（1）打开第4章综合练习二中创建的"自我介绍"文档,进入页眉和页脚编辑状态。

（2）将光标定位在页眉,输入"自我介绍"4个字,然后单击"页眉和页脚工具(设计)"选项卡"插入"组中的"图片"或者"剪贴画",选择一张图片或者剪贴画插入。也可以单击"插入"选项卡"插图"组中的"图片"或者"剪贴画"进行插入,示例如图5-6所示。

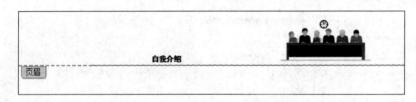

图 5-6 在页眉中插入文字和图片示例

（3）根据需要设置"自我介绍"的字体、字号和字形等,对图片的大小等进行调整,并调整文字和图片的位置,可以用"段落"中的对齐,也可以通过按空格键调整。

（4）单击"页眉和页脚工具(设计)"选项卡"导航"组中的"转至页脚"命令,进入页脚编辑。

（5）单击"页眉和页脚工具(设计)"选项卡"插入"组中的"日期和时间"命令,弹出"日期和时间"对话框,如图5-7所示。在"语言(国家/地区)"中选择"中文(中国)",在"可用格式"中选择一种日期和时间格式,在右下角勾选"自动更新"复选框(日期和时间会进行自动更新,以保持与当前日期和时间一致),然后单击"确定"按钮;最后在"段落"设置中选择"右对齐",完成的页脚示例如图5-8所示。当然用户也可以用前面介绍的方法,在页脚中同时插入页码。

单击"页眉和页脚工具(设计)"选项卡"页眉和页脚"组中的"页眉"或者"页脚"命令,在下拉菜单中提供有一些内置的页眉或者页脚样式,用户可以直接选择使用。

在"页眉和页脚工具(设计)"选项卡"位置"组的"页眉顶端距离"和"页脚底端距离"中,可以设置页眉区域和页脚区域的高度。

如果想删除页眉或者页脚,可以单击"页眉和页脚工具(设计)"选项卡"页眉和页脚"组中的"页眉"或者"页脚"命令,在下拉菜单中选择"删除页眉"或者"删除页脚"命令。

将页眉删除后,有时候会在页眉处留下一条直线。这时可以将光标定位在页眉中,然后在"开始"选项卡"段落"组中单击"边框"按钮 后的小三角,在打开的菜单中选择"无框

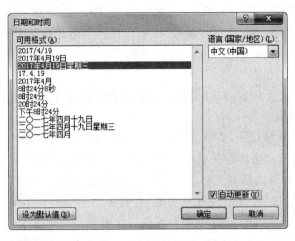

图 5-7　"日期和时间"对话框

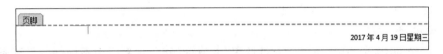

图 5-8　页脚示例

线"命令,即可去掉页眉处的直线。

5.1.4　同一文档中设置不同的页眉和页脚

在同一个文档中,并不是所有的页面都要设置成相同的页眉或者页脚。例如较正式的文档的第一页通常是封面,一般就不会有页眉和页脚。还有像毕业论文文档,在论文正文之前通常会有目录、中英文摘要等内容,这些要单独设置页码,论文正文的页码一般要从 1 开始。

1. 使用"首页不同"和"奇偶页不同"

在"页眉和页脚工具(设计)"选项卡"选项"组中有"首页不同"和"奇偶页不同"两个复选框,勾选后可以分别为首页、奇数页和偶数页设置不同的页眉和页脚。

【任务 5-2】　为首页、奇数页和偶数页设置不同的页眉和页脚。完成的文档可以参考"第 5 章\任务 5-2\任务 5-2 示例"文档。

(1) 新建一个 Word 文档,将光标定位在第 1 页,然后单击"插入"选项卡"页"组中的"空白页"命令 4 次,使文档变为 5 页。在"Word 选项"中设置"显示所有格式标记"后,可以看到文档中的"分页符"。

(2) 在文档任意一页的页眉或者页脚区域双击,进入页眉页脚编辑状态。在"页眉和页脚工具(设计)"选项卡"选项"组中勾选"奇偶页不同"复选框,可以看到文档中页眉和页脚区域左侧空白区域原来的"页眉"和"页脚"变成了"奇数页页眉""奇数页页脚"和"偶数页页眉""偶数页页脚"。

(3) 在文档中任意一个"奇数页页眉"处输入"奇数页"3 个字符,并设置字体字号和居中对齐。将光标定位在任意一个"奇数页页脚"处,单击"页眉和页脚工具(设计)"选项卡"页眉和页脚"组的"页码"中的"当前位置",在列表中选择"简单"下的"普通数字"。然后将光标定位在任意一个"偶数页页眉"处,输入"偶数页"3 个字符,并设置字体字号和左对齐。将光标定位在任意一个"偶数页页脚"处,插入"日期和时间",格式自选。通过"页眉和页脚工具(设计)"选项卡"导航"组的"转至页眉""转至页脚""上一节""下一节"等命令,可以将光标定位到某个页眉或者页脚位置。

(4) 在文档正文任意位置双击,退出页眉和页脚编辑状态。浏览文档,查看所有奇数页和偶数页的页眉和页脚。

(5) 在文档中再增加几页,页眉页脚会按设置自动添加到新页中。

(6) 再次进入页眉和页脚编辑状态,在"页眉和页脚工具(设计)"选项卡"选项"组中勾选"首页不同"复选框,可以看到文档中第 1 页(原奇数页)原来的页眉和页脚消失了,而且第 1 页页眉和页脚区域的左侧空白区域原来的"奇数页页眉"和"奇数页页脚"变成了"首页页眉"和"首页页脚"。其他页的页眉和页脚不变。这时可以重新设置第 1 页的页眉和页脚。在许多文档中,第 1 页大多数时候是文档的封面,一般是不需要页眉和页脚的,所以直接"关闭页眉和页脚"回到正文编辑状态即可。当然也可以根据需要设置首页的页眉和页脚,例如在首页的页眉中插入单位的标识图片等。

2. 使用"分节符"

在 Word 2010 文档中,还可以通过使用"分节符"分别对文档中不同部分设置不同的页眉和页脚。添加分节符时,Word 2010 自动继续使用上一节中的页眉和页脚。若要在某一节使用不同的页眉和页脚,需要断开各节之间的链接,方法是在"页眉和页脚工具(设计)"选项卡"导航"组中,单击"链接到前一节"以将其关闭。

【任务 5-3】 请读者练习为文档中不同部分设置不同的页码。要求:创建一个至少 5 页的文档,第 1 页为文档封面,没有页眉页脚和页码;第 2 页和第 3 页的页码为罗马数字 i 和 ii;第 4 页和第 5 页的页码为阿拉伯数字 1 和 2。完成的文档可以参考"第 5 章\任务 5-3\任务 5-3 示例"文档。

提示: 第 2 页和第 3 页要单独成为一节,需要在这两页前后各插入一个分节符。在设置页码格式时,除了选择不同的"编号格式"外,还需要在"页码编号"中选中"起始页码"并设置需要的起始值,如图 5-9 所示。

图 5-9 设置"页码编号"和"编号格式"

5.2 使用样式和创建目录

样式是应用于文档中的文本、表格和列表的一套格式特征,这些格式包括字体、字号、字形、段落间距、行间距以及缩进等。使用样式,可以省去格式设置中的一些重复性操作,轻松统一文档的格式,而且能够自动生成文档目录,从而大大提高长文档的编排效率。

5.2.1 使用内置样式

Word 2010 中为用户提供了许多经过专业设计的样式集,每个样式集都包含一整套可以应用于整篇文档的样式设置。用户从内置样式集中选择一种样式,该样式中包含的格式设置(字体、字号、行距、段间距等)就会自动应用于整篇文档。

【任务 5-4】 使用内置样式。

(1) 打开"第 5 章\任务 5-4\毕业论文节选"文档。

(2) 在"开始"选项卡的"字体"组和"段落"组,分别查看使用内置样式前文档中的字体和字号以及行距和段间距等。

(3) 单击"开始"选项卡"样式"组中的"更改样式"按钮,在打开的菜单中选择"样式集"打开下一级子菜单,在子菜单中指向一种样式,可以预览到文档应用该样式的情况;最后单击"正式"样式应用于文档,如图 5-10 所示。

(4) 在"开始"选项卡的"字体"组和"段落"组中,再次查看使用内置样式后文档中的字体和字号以及行距和段间距等。

除了使用内置样式集为整个文档应用样式外,还可以单独对某个段落或者选定的文本应用样式。

将光标定位在要使用样式的段落中任意位置,或者选定要使用样式的文本,然后在"开始"选项卡"样式"组的列表中直接选定要应用的某个样式,或者单击样式列表的"其他"按钮显示全部样式进行选择,即可将该样式设定好的格式应用于段落或者选定文本。

例如,在"第 5 章\毕业论文节选"文档中,将光标定位在"第 1 章绪论"段的任意位置,然后单击"开

图 5-10　使用内置样式

始"选项卡"样式"组样式列表的"其他"按钮显示全部定义好的样式,单击"标题 1",可以看到该段的字体、字号、对齐方式、行距等发生了变化,即使用了"标题 1"样式。如果在 Word 选项中设置了"显示所有格式标记",可以看到该段落前出现了一个黑点。这个黑点是不会打印出来的,它表示此处使用了样式,如图 5-11 所示。

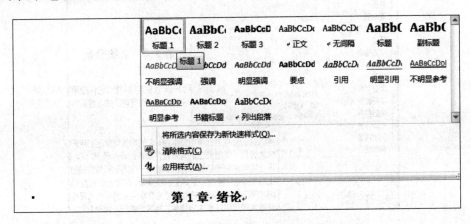

图 5-11　为"章标题"使用"标题 1"样式

Word 2010 高级排版

同样的方法，为"第 5 章\毕业论文节选"文档的"×.×"（×表示数字）标题使用"标题 2"样式，为"×.×.×"标题使用"标题 3"样式，使用样式后的部分文档如图 5-12 所示。

1.3 开发环境概述

1.3.1 开发工具 Eclipse

　　Eclipse 是一个开源的可扩展开发平台，是 Java 快速开发工具之一。虽然它自身只是一个框架和一组服务，但它可以通过附带的插件组件构建开发环境把 Java 编程语言的强大威力和图形用户界面化的快速开发环境的易用性有机地结合在一起，使创建应用程序、类和工程的过程变得简单，使用设计器与双向开发工具，更容易设计图形界面。

1.3.2 数据库 SQL Server 2008

　　SQL Server 2008 是关系数据库管理系统。它是目前功能最全面的 SQL Server 版本，不仅存储各种不同的数据更安全，而且可以组织管理数据，同时可以对数据进行查询、搜索、同步、报告和分析等操作。数据可以存储在各种设备上，从数据中心最大的服务器一直到桌面计算机和移动设备，不管数据存储在什么地方，它都可以控制数据，并帮助我们将数据应用推向业务的各个领域。

1.3.3 开发语言 Java

　　Java 是一种跨平台的面向对象程序编程语言，功能强大，易于使用。广泛应用于电子的各个方面，如 PC、互联网等。在全球移动互联网的这个大环境下，Java 更是凭借其通用性、高效性以及平台移植性与安全性等优势而具有非常广阔的前景。

1.3.4 开发平台 Java EE

　　Java EE 应用程序是由相关的类和文件组装成具有独立功能的组件构成的，它与其它组件相交互。其它组件不会因一个组件更改而受到影响，减少代码的重复，提高重用率，更好

图 5-12　为二级和三级标题使用"标题 2"和"标题 3"样式

　　也可以单击"样式"组的对话框启动器，打开"样式"任务窗格，在其中选择要使用的样式。在"样式"任务窗格中，光标指向某个样式，会显示该样式的字体、字号、行距等格式，如图 5-13 所示。

图 5-13　"样式"任务窗格

在使用完某个标题样式后,下一级标题样式会自动出现在"样式"列表中。如使用了"标题3"样式后,"标题4"样式会自动出现在"样式"列表中。如果没有自动出现下一级标题样式,可以单击"样式"任务窗格最下面的"选项",打开"样式窗格选项",如图5-14所示。在"选择内置样式名的显示方式"中勾选"在使用了上一级别时显示下一标题"复选项,然后单击"确定"按钮。

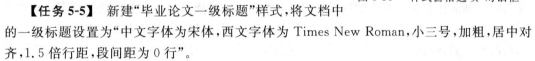

图5-14　"样式窗格选项"对话框

5.2.2　新建样式

如果需要使用的样式格式与Word 2010中提供的内置样式的格式差别较大,用户可以新建样式。

【任务5-5】 新建"毕业论文一级标题"样式,将文档中的一级标题设置为"中文字体为宋体,西文字体为Times New Roman,小三号,加粗,居中对齐,1.5倍行距,段间距为0行"。

(1)打开"第5章\任务5-5\毕业论文节选"文档,然后打开"样式"任务窗格。

(2)单击"样式"任务窗格左下角的"新建样式"按钮，打开"根据格式设置创建新样式"对话框,如图5-15所示。在"属性"组的"名称"中输入新建样式的名称,如"毕业论文一级标题","样式类型"中选择"段落"。

图5-15　"根据格式设置创建新样式"对话框

(3)单击左下角的"格式"按钮,在弹出的菜单中选择"字体",打开"字体"对话框。设置"中文字体"为"宋体","西文字体"为Times New Roman,"字形"为"加粗","字号"为"小三",然后单击"确定"按钮。再次单击左下角的"格式"按钮,在弹出的菜单中选择"段落",打

Word 2010 高级排版

开"段落"对话框。设置"对齐方式"为"居中","段前"和"段后"间距都为"0 行","行距"为"1.5 倍行距",然后单击"确定"按钮。此时可以看到"根据格式设置创建新样式"对话框中的预览窗格中显示了使用样式的段落效果,在预览窗格下方显示了当前设置的格式。

（4）在"根据格式设置创建新样式"对话框中勾选"添加到快速样式列表"复选项,将新建的样式添加到快速样式列表中,以方便今后使用。最后单击"确定"按钮。

（5）可以看到"开始"选项卡"样式"组的样式列表中和"样式"任务窗格中都出现了"毕业论文一级标题"样式,用户今后可直接在文档中使用该样式。

5.2.3　修改样式

用户也可以对内置样式或者自己创建的样式进行修改。方法是在"样式"任务窗格中单击要修改的样式名后的小三角;或者在"样式"任务窗格中右键单击要修改的样式名;或者在"样式"列表中右击要修改的样式名;都会弹出一个快捷菜单。在弹出的快捷菜单中选择"修改",如图 5-16 所示,打开"修改样式"对话框,如图 5-17 所示。在"属性"的"名称"中输入新的样式名称,然后单击左下角的"格式"按钮,在打开的菜单中分别选择"字体"或者"段落"等设置新样式的格式,方法与"新建样式"中的操作雷同,最后勾选"添加到快速样式列表"复选项,单击"确定"按钮。

图 5-16　选择样式进行"修改"　　　　　　图 5-17　"修改样式"对话框

修改完成后,文档中原来应用该样式的部分会自动更新为修改后的样式格式。

【任务 5-6】　请读者练习将"标题 2"样式修改为"毕业论文二级标题"样式,新样式的格式为"中文字体为宋体,西文字体为 Times New Roman,四号,加粗,左对齐,1.5 倍行距,段间距为 0 行"。

5.2.4　删除样式和清除样式

在"样式"任务窗格中单击要删除的样式名后的小三角,或者在"样式"任务窗格中右击要删除的样式名，或者在"样式"列表中右击要删除的样式名，都会弹出一个快捷菜单。在弹出的快捷菜单中选择"从快速样式库中删除"，如图 5-18 所示，即可将该样式从"开始"选项卡"样式"组的样式列表中删除，但是"样式"任务窗格中仍然会显示该样式。

☝请读者练习将"毕业论文一级标题"样式从样式列表中删除。

可以将"从快速样式库中删除"的样式再恢复显示在"样式列表"中：在"样式"任务窗格中单击要恢复到样式列表的样式名后的小三角，或者在"样式"任务窗格中右击要恢复到样式列表的样式名；在弹出的快捷菜单中选择"添加到快速样式库"，如图 5-19 所示。

 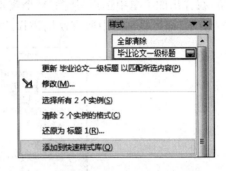

图 5-18　将样式从样式列表中删除　　　　图 5-19　将"样式"窗格的样式添加到样式列表中

☝请读者练习将"毕业论文一级标题"样式从"样式"窗格中恢复显示在样式列表中。

在"样式"窗格中单击"管理样式"按钮 🔩，打开"管理样式"对话框，如图 5-20 所示。在"编辑"选项卡中"选择要编辑的样式"列表中单击选中样式名，然后单击"删除"命令，弹出如图 5-21 所示的确认删除的对话框，单击"是"按钮，即可将选中的样式从"样式"窗格中删除，同时文档中使用该样式的文本恢复为正文的样式，而且此后将不能再把该样式恢复到样式列表中。在"管理样式"对话框中，单击"修改"按钮，还可以对选中的样式进行修改。

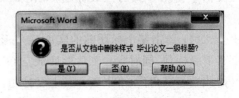

图 5-20　"管理样式"对话框　　　　图 5-21　确认删除样式对话框

　　如果只是想清除文本使用的样式格式,将其恢复为默认的"正文"样式,可以使用下列几种操作来"清除格式"。

　　(1) 将光标定位在想要清除格式的段落中,单击"样式"窗格中的"全部清除"命令,该段落的样式即被清除,同时该段落的样式恢复为正文样式。

　　(2) 单击"开始"选项卡"字体"组中的"清除格式"按钮，也可以清除光标所在段落的样式。

　　(3) 如果将光标定位在想要清除格式的段落中,然后单击"样式"窗格中对应的样式后的小三角,在弹出的菜单中选择"清除 N 个实例的格式"(N 为文档中使用该样式的次数),如图 5-22 所示,即可将文档中所有使用该样式的文本的格式全部清除并恢复为正文样式。

图 5-22　同时清除文档中使用某个样式的所有文本的格式

　　在图 5-22 中,如果选择"选择所有 N 个实例"命令,则能够把文档中所有使用该样式的文本全部选中,然后再选择其他样式,就可以批量改变样式。

5.2.5　导航窗格和大纲视图

　　在文档中使用样式设置标题后,使用导航窗格和大纲视图可以查看文档的结构,以及快速调整文档的结构,非常方便用户对"毕业论文"之类的长文档进行编辑。

1. 在导航窗格中查看和调整文档结构

　　【任务 5-7】　在导航窗格中查看和调整文档结构。

　　(1) 打开"第 5 章\任务 5-7\毕业论文节选"文档,将章、节标题分别设置为内置样式的"标题 1""标题 2"和"标题 3"样式,然后保存文档。

　　(2) 在"视图"选项卡"显示"组中勾选"导航窗格"复选框,在文档左侧出现"导航"窗格。

　　(3) 在"导航"窗格的"浏览标题"方式下,显示出文档中使用样式的三级标题,如图 5-23 所示。单击某个标题,文档会自动跳转到对应部分。

　　(4) 单击某个标题前的实心三角形(◢),可以隐藏其下级标题,同时实心三角形变成空心三角形(▷);单击该空心三角形,可以展开其下级标题。

　　(5) 在某个标题上右击,弹出快捷菜单,如图 5-24 所

图 5-23　"导航"窗格中显示文档标题

示，在弹出的快捷菜单中选择"升级"或者"降级"，可以调整标题的级别。在菜单中可以"插入"或者"删除"标题，从而对文档的结构和内容进行调整。注意在菜单中选择"删除"时，会将该标题以及其下的内容一起从文档中删除。在"导航"窗格中直接拖动某个标题到新的位置，该标题以及其下的内容就会在文档中移动到新的位置。选择"显示标题级别"后，在下一级菜单中可以设置"导航"窗格中"显示至标题几"。

（6）在"导航"窗格中单击"浏览页面"按钮 ，可以切换到浏览页面方式，如图 5-25 所示。此时所有页面以缩略图的方式显示在导航窗格中，单击某一页面的缩略图，可以直接跳转到文档中对应的页。

图 5-24 右击标题的快捷菜单

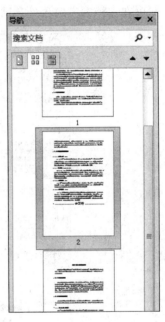

图 5-25 浏览页面方式

2. 在大纲视图中查看和调整文档结构

【任务 5-8】 在大纲视图中查看和调整文档结构。

请读者打开"第 5 章\任务 5-8\毕业论文节选"文档，将章、节标题分别设置为内置样式的"标题 1""标题 2"和"标题 3"样式，然后切换到"大纲视图"，练习在"大纲视图"下设置文档的显示级别，对标题的级别进行"升级""降级""展开"和"折叠"，以及拖动标题调整文档的结构等操作。

5.2.6 创建目录

在文档中使用样式设置标题后，就可以使用 Word 2010 提供的自动创建目录功能为文档创建目录。用这种方式创建好目录后，即使对文档的内容和结构又进行了修改，通过自动更新目录就可以快速修改目录。

1. 创建目录

【任务 5-9】 为设置好标题样式的"毕业论文节选"文档创建目录。

（1）打开"第 5 章\任务 5-9\毕业论文节选"文档。

(2)将光标定位在文档中要插入目录的位置。目录一般是在文档封面的后面,其他所有内容的前面,而且目录一般要单独成页。将光标放在"毕业论文节选"文档的最前面,单击"插入"选项卡"页"组中的"空白页",在文档最前面插入一个空白页,此操作会同时在空白页中插入一个"分页符",使空白页与文档正文分隔开。

(3)将光标定位在空白页开始处,即分页符的前面,输入"目录"两个字。可以根据需要将其设置为某一级标题(如"标题 1")样式,或者根据需要设置字体和段落等格式。

(4)将光标定位在"目录"两个字的下一行,单击"引用"选项卡"目录"组中的"目录"命令,在打开的下拉菜单中可以看到 Word 2010 提供的几种内置目录,如图 5-26 所示,在其中选择一种,即可在文档的空白页处自动生成目录,如图 5-27 所示。

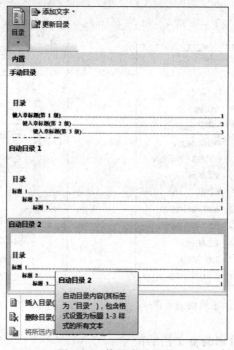

图 5-26　使用内置目录

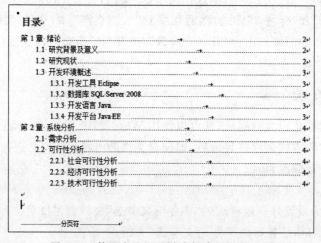

图 5-27　使用内置目录样式创建的目录示例

（5）单击"引用"选项卡"目录"组中的"目录"命令，在打开的下拉菜单中单击"删除目录"命令，即可将创建的目录删除。

（6）将光标定位在插入目录的位置，单击"引用"选项卡"目录"组中的"目录"命令，在打开的下拉菜单中单击"插入目录"命令，打开"目录"对话框，如图5-28所示。在对话框的"目录"选项卡中设置目录显示的级别、是否显示页码、页码是否右对齐以及页码的前导符号等，设置完成后单击"确定"按钮，即可按设置在光标处自动生成目录，如图5-29所示。

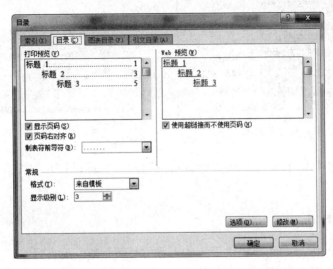

图 5-28 "目录"对话框

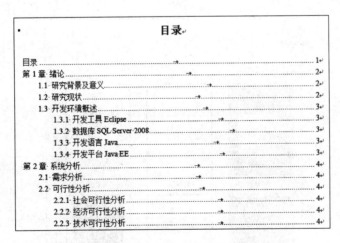

图 5-29 自定义生成目录示例

（7）在目录中按住 Ctrl 键，光标会变成"链接选择"形状，在某个标题上单击，即可直接跳转到文档中该标题对应的位置。

2. 编辑和更新目录

目录创建完成后，可以对目录中各级标题的字体和段落格式进行设置，方法与在文档中编辑普通文本相同。

当文档中的内容有变化时，例如修改、删除或增加了标题或内容，页码也随之发生了变化,可以在目录中右击,在弹出的快捷菜单中选择"更新域"命令,如图 5-30 所示,打开"更新目录"对话框,如图 5-31 所示,在对话框中根据需要进行选择,一般选择"更新整个目录",然后单击"确定"按钮,文档中的目录就会自动进行更新。

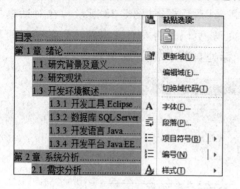

图 5-30　更新域

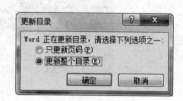

图 5-31　"更新目录"对话框

单击"引用"选项卡"目录"组中的"更新目录"命令,也可以打开如图 5-31 所示的"更新目录"对话框。

5.2.7　插入封面

在 Word 2010 中,还为用户提供了一些内置的封面类型。单击"插入"选项卡"页"组中的"封面"命令,在打开的菜单的"内置"列表中选择某种封面类型,如图 5-32 所示,可以直接插入到文档中使用。

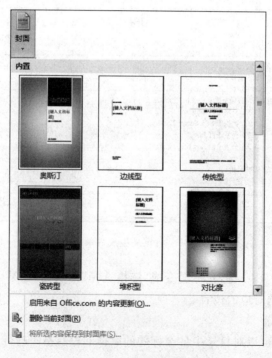

图 5-32　内置的封面类型

5.3 脚注和尾注

脚注和尾注经常用于对文档中引用的文献资料的来源作注释,或者对文档中需要说明的地方进行注解。脚注默认位于页面底端或者文字下方,尾注默认位于文档或者一节的结尾。

添加脚注的方法是:将光标定位在要插入脚注的位置,然后单击"引用"选项卡"脚注"组中的"插入脚注"命令,在光标定位的位置自动出现数字"1",同时在该页底端自动出现一条短横线用来分隔脚注和文档正文,在横线下方出现数字"1"和光标插入点,用户在光标插入点输入要说明的内容即可,如图5-33和图5-34所示。

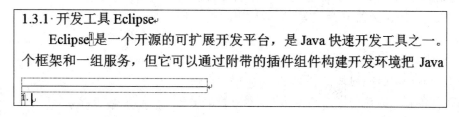

图 5-33　添加脚注

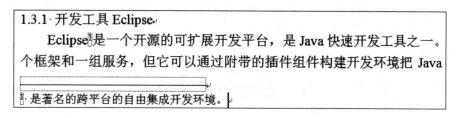

图 5-34　输入脚注内容

同样的方法可以继续在文档中添加脚注,脚注的编号数字会自动按规则增加,同时脚注部分的高度也会自动增加,如图5-35所示。

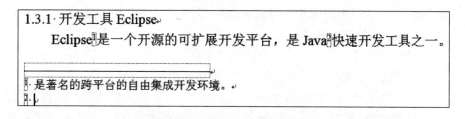

图 5-35　添加第二个脚注

如果要删除某条脚注,可以在文档正文中选中要删除的脚注编号,然后按 Delete 键。

删除了某条脚注后,后面的脚注的编号会自动更新,例如,删除示例中的第一条脚注,第二条脚注的编号序号自动更新为"1",如图5-36所示。

Word 2010 高级排版

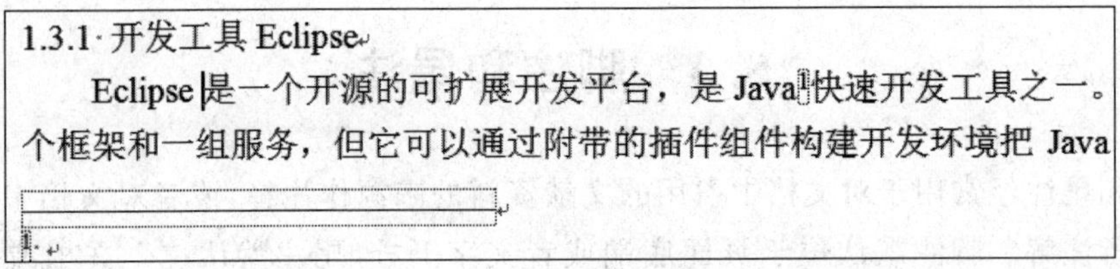

1.3.1 开发工具 Eclipse

Eclipse 是一个开源的可扩展开发平台，是 Java 快速开发工具之一。
个框架和一组服务，但它可以通过附带的插件组件构建开发环境把 Java

图 5-36　删除脚注

单击"引用"选项卡"脚注"组的对话框启动器，打开
"脚注和尾注"对话框，如图 5-37 所示。在对话框中可
以设置脚注的位置（"页面底端"或者"文字下方"）、编号
格式、起始编号、编号连续或是每页每节重新编号以及
将更改应用于整篇文档或者节等，以满足用户的不同
需求。

单击"引用"选项卡"脚注"组中的"插入尾注"命令，
或者打开"脚注和尾注"对话框，可以在光标定位点插入
尾注。尾注的插入方法与脚注基本相同，不同的是尾注
默认出现在文档或者节的结尾。

单击"引用"选项卡"脚注"组中的"下一条脚（尾）
注"命令后的小三角，在打开的菜单中选择"上（下）一条
脚（尾）注"，可以定位至上（下）一条脚（尾）注。

图 5-37　"脚注和尾注"对话框

☞请读者自己练习在文档中添加脚注和尾注。

5.4　题注和交叉引用

使用题注和交叉引用，可以对文档中的图形、表格、公式等自动添加编号，并在文档正文
中进行引用。当对这些对象进行新增或者删除操作后，编号能够自动更新。使用题注和交
叉引用，省去了手工编号时需要一个个输入、修改还容易出错的麻烦，省时省力。

下面以图形编号为例介绍题注和交叉引用的使用方法。

【任务 5-10】为文档中的图片自动添加编号，完成的示例文档可以参考"第 5 章\任务
5-10\毕业论文节选-图片自动编号示例"文档。

（1）打开"第 5 章\任务 5-10\毕业论文节选"文档。

（2）在文档中适当位置插入若干张图片，并调整图片的位置和大小。

（3）选中第一张图片，单击"引用"选项卡"题注"组中的"插入题注"命令，打开"题注"对
话框。在"选项"组的"标签"下拉列表中选择需要的标签格式，如果没有需要的标签格式，单
击"新建标签"按钮，打开"新建标签"对话框，在"标签"文本框中输入需要的标签格式，例如
"图 1."，如图 5-38 所示。最后单击"确定"按钮。

（4）在"题注"对话框中的"选项"组的"位置"中选择"所选项目下方"，即标签（也就是图
片编号）出现在图片下方；同时可以看到对话框"选项"组的"标签"框中显示了"图 1."，上方
的"题注"框中出现了"图 1.1"，如图 5-39 所示。

图 5-38 设置题注的标签格式

图 5-39 新建的标签和题注

（5）单击"确定"按钮，可以看到文档中第一张图片下方出现了"图 1. 1"标签，用户可在标签后为图片输入名字，如图 5-40 所示。

图 5-40 为图片添加题注后

（6）将光标定位到文档中需要引用图片题注的位置，单击"引用"选项卡"题注"组中的"交叉引用"命令，打开"交叉引用"对话框。在"引用类型"列表中选择"图 1."，在"引用哪一个题注"列表中选择"图 1.1"，在"引用内容"列表中选择"只有标签和编号"，如图 5-41 所示。最后单击"插入"按钮后关闭对话框。可以看到文档中光标位置处插入了图片的标签和编号（即"图 1.1"）。

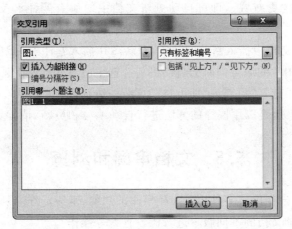

图 5-41 "交叉引用"对话框

（7）选中第二张图片，单击"引用"选项卡"题注"组中的"插入题注"命令，打开"题注"对话框。此时"选项"组的"标签"自动默认为"图 1."，上方"题注"框内自动出现了"图 1.2"，如图 5-42 所示。直接单击"确定"按钮即可在第二张图片下方添加题注。

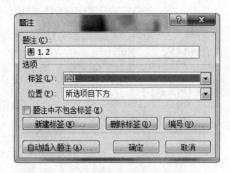

图 5-42 为第二张图片添加题注

（8）将光标定位在文档中需要引用到第二张图片题注的位置，然后单击"引用"选项卡"题注"组中的"交叉引用"命令，打开"交叉引用"对话框。"引用类型"和"引用内容"自动默认为刚才的选择，在"引用哪一个题注"列表中选择"图 1.2"，如图 5-43 所示。最后单击"插入"按钮。可以看到文档中光标位置处插入了图片的标签和编号（即"图 1.2"），如图 5-44 所示。

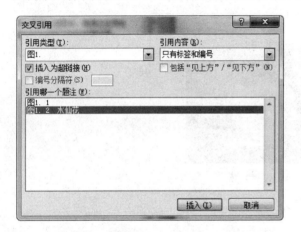

图 5-43 在文档中交叉引用第二张图片

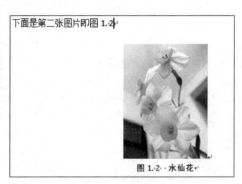

图 5-44 文档示例

（9）同样的方法为后面的图片添加题注，并在文档中进行交叉引用。

（10）选中第二张图片删除，并删除图片下方的题注，然后选中文档后面所有出现的题注和对题注的交叉引用后（或者直接按 Ctrl＋A 快捷键选中文档全部内容），右击，在弹出的快捷菜单中选择"更新域"，即可自动更新文档中的所有题注和交叉引用。请读者自己练习。

（11）同样，当在文档中插入新的图片后，对新图片插入题注时，会自动按当前出现的位置对其编号，后面的图片的编号同时会自动更新。选中所有题注和对题注的交叉引用后，单击鼠标右键，在菜单中选择"更新域"即可自动更新。请读者自己练习。

☞对表格、公式等也可以用同样的方法进行自动编号和更新，请读者自己练习。

5.5 文档审阅和浏览

Word 2010 为用户提供了多种用于文档审阅的功能，来完成在文档中添加批注，对文档进行修订，以及对一个文档的不同版本进行比较查看等操作。

5.5.1 批注

在查看文档时，或者上级审阅下级文档、教师批改学生作业时，可以对文档中的某些内容添加批注，用来添加备注说明、阐述观点或是指出问题。批注并不对原文档进行修改，而是在文档页面的空白处添加一个批注框，用于审阅者输入批注信息。

添加批注的方法是：在文档中选中要添加批注信息的内容，单击"审阅"选项卡"批注"组中的"新建批注"命令，所选内容被标示，同时在页面右侧的空白区域出现一个"批注"编辑框，光标定位在"批注"编辑框中让审阅者输入批注信息，如图5-45所示。

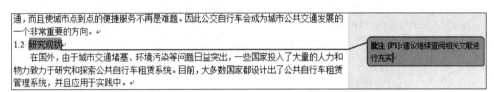

图 5-45　新建批注示例

删除批注的常用方法有以下几种。

（1）光标定位在要删除批注的文档内容中或者批注编辑框中，右击，在弹出的快捷菜单中选择"删除批注"命令，可将该批注删除。

（2）光标定位在要删除批注的文档内容中或者批注编辑框中，单击"审阅"选项卡"批注"组中的"删除"命令，可将该批注删除。

（3）单击"审阅"选项卡"批注"组中的"删除"命令的小三角，在打开的菜单中选择"删除文档中的所有批注"命令，可以将文档中的所有批注全部删除。

单击"审阅"选项卡"修订"组的"修订"命令的小三角，在打开的菜单中选择"修订选项"命令，打开"修订选项"对话框，如图5-46所示。在对话框"标记"组的"批注"后面的列表中可以设置批注编辑框的颜色，在"批注框"组中可以设置批注框的"指定宽度"和"边距"，"显示与文字的连线"则用于设置批注编辑框与文档中添加批注的内容之间是否有连接引导线。

5.5.2 修订

有些文档可能会被自己或多人反复进行修改，为了记录下修改的痕迹，查看文档中内容的变化情况，可以使用 Word 2010 的修订功能。

单击"审阅"选项卡"修订"组中的"修订"命令；或者在"修订"的下拉菜单中选择"修订"命令，即可进入文档修订状态。再次单击"修订"命令，可退出文档修订状态。

在修订状态下，对文档内容的所有编辑操作都会通过颜色、删除线等方式标记下来，示例如图5-47所示，插入和删除的内容被标记了红色，删除的内容出现了一条单删除线，插入的内容下方出现了一条下画线。

☝请读者打开一个文档，在修订状态进行编辑并查看修订痕迹。

在图5-46的"修订选项"对话框中，用户可以对"插入内容""删除内容"等做的标记格式和颜色等进行设置，还可以设置不同的颜色来区分不同审阅者的修订内容。

在"审阅"选项卡"修订"组的"审阅窗格"命令中选择"垂直（或者水平）审阅窗格"，在文档左侧（或者下方）会显示审阅窗格，能够清晰地显示对文档的什么地方进行了什么操作以

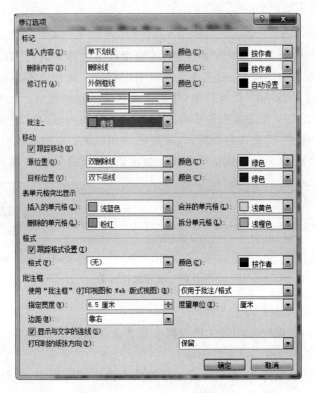

图 5-46 "修订选项"对话框

及操作的次数等信息。如图 5-48 所示为"垂直审阅窗格"示例。

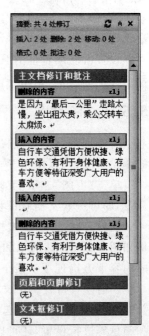

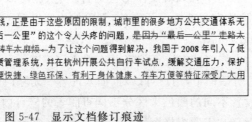

图 5-47 显示文档修订痕迹   图 5-48 "垂直审阅窗格"示例

对文档内容进行修订后,用户在"审阅"选项卡"更改"组的"接受"或者"拒绝"命令中可以选择对修订内容进行"接受"或者"拒绝"。

5.5.3　文档比较

使用 Word 2010 的文档比较功能,用户能够对比查看修订前后两个文档的变化情况。

单击"审阅"选项卡"比较"组中的"比较"命令,在打开的菜单中选择"比较"命令,打开"比较文档"对话框,如图 5-49 所示。在"原文档"中找到要比较的初始文档,在"修订的文档"中找到修订后的文档,然后单击"确定"按钮。

图 5-49　"比较文档"对话框

这时会生成一个"比较结果"文档,如图 5-50 所示。文档最左侧窗格是"审阅窗格",中间窗格显示了文档的修订痕迹,最右侧上下两个窗格分别显示了原文档和修订后的文档。

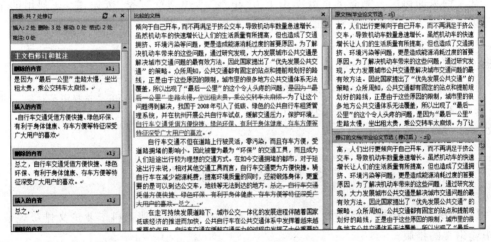

图 5-50　"比较结果"文档

5.5.4　使用书签

Word 2010 中的书签是一种用于记录文档位置的特殊符号,使用书签命名文档位置后,用户可以快速在长文档中进行定位。

插入书签的方法是:将光标定位在文档中要插入书签的位置,单击"插入"选项卡"链接"组中的"书签"命令,打开"书签"对话框,在"书签名"中输入书签的名字,然后单击"添加"按钮,关闭对话框,如图 5-51 所示。在文档光标处出现一个Ⅰ标志,表示该处设置了书签。

当文档中添加多个书签后,在"书签"对话框中,可以查看所有书签名并设置书签的"排序依据",在"书签名"列表中选择一个书签名,单击"定位"按钮可快速将光标定位到该书签处;单击"删除"按钮可以将该书签删除,如图5-52所示。

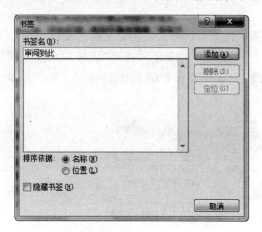

图 5-51　在"书签"对话框中添加书签

图 5-52　在"书签"对话框删除书签

5.5.5　文档浏览

在查看文档特别是长文档时,可以选择按不同类别进行查看。

在文档页面窗口右侧的垂直滚动条下方,单击"选择浏览对象"按钮 ◎,在弹出的菜单中可以选择要浏览对象的类别,如标题、图形、表格、批注、节等,如图5-53所示。单击选择某个类别如"标题"后,光标会自动定位到进行选择之前光标位置以后的第一个标题处,单击"选择浏览对象"按钮上方的"前一条"按钮 ★ 或者"下一条"按钮 ￦,可以将光标快速定位到上一个或者下一个标题处。

图 5-53　"选择浏览对象"菜单

5.6　综 合 练 习

【综合练习】　根据自己的专业,按照学校要求的文科或者理工科毕业论文排版规范,学会毕业论文的排版。

第6章　Excel 2010 基本操作

本章学习目标

- 熟悉 Excel 2010 的工作界面；
- 熟练掌握 Excel 文档、工作表和单元格的基本操作；
- 熟练掌握各种类型数据的输入和工作表的美化。

本章首先介绍了 Excel 2010 的工作界面，然后介绍了 Excel 2010 文档、工作表和单元格的基本操作以及各种类型数据的输入，最后介绍了工作表的美化。

6.1　认识 Excel 2010 工作界面

Excel 2010 是 Office 2010 办公软件中专业的电子表格制作软件，具有强大的数据运算和数据分析管理功能。

启动 Excel 2010 与启动 Word 2010 的方法一样，通过"开始"菜单中的"所有程序"，找到 Microsoft Office 程序组，单击 Microsoft Excel 2010，系统会创建一个默认名为"工作簿1"的空白 Excel 文档，如图 6-1 所示。

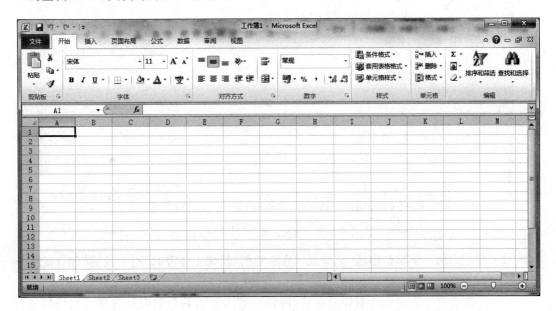

图 6-1　Excel 2010 工作界面

Excel 2010 的工作界面也由标题栏、选项卡、功能区、编辑区、状态栏等组成，与 Word 2010 工作界面最大的区别是编辑区。

6.1.1 工作簿

Excel 2010 中，一个工作簿就是一个 Excel 2010 文档，它的文件扩展名是 xlsx。

6.1.2 工作表

Excel 2010 的一个工作簿中可以包含若干张工作表，位于编辑区左下角的工作表标签用来显示工作表的名称，通过单击工作表标签可以选择和切换工作表。

默认情况下，一个工作簿中包含三张工作表，分别以 Sheet1、Sheet2 和 Sheet3 命名。用户也可以根据需要，设置新建工作簿中工作表的张数，方法如下。

【任务 6-1】 设置工作簿中默认工作表的张数。

（1）单击"文件"选项卡中的"选项"命令，打开"Excel 选项"对话框，如图 6-2 所示。

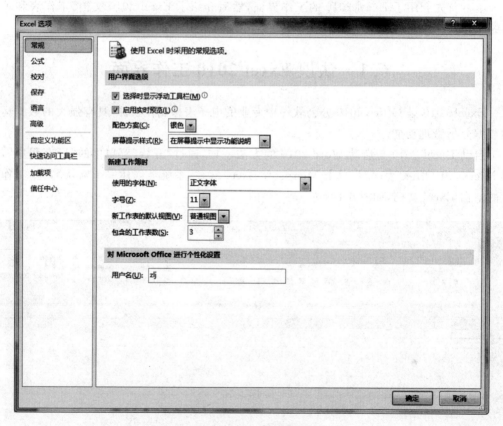

图 6-2 "Excel 选项"对话框

（2）在左边的导航窗格中选择"常规"，在右边的"新建工作簿时"组中找到"包含的工作表数"。

（3）在文本框中直接输入需要的数值，例如 5，或者单击后边的微调按钮将数值增加到 5，然后单击"确定"按钮。

（4）按 Ctrl＋N 快捷键，新建一个工作簿，可以看到该工作簿中包含 5 张工作表。

☝请读者试试在"Excel 选项"对话框中还可以进行哪些设置。

6.1.3　单元格

Excel 2010 的工作区由行和列交叉的单元格组成，左边的阿拉伯数字表示单元格的行号，上边的英文字母表示单元格的列号，用鼠标单击某个单元格选定，该单元格所在的行号和列号会呈高亮显示，同时在功能区左下方的"名称框"中可以看到被选定的单元格的地址。

按住 Ctrl 键，分别按上、下、左、右 4 个方向键，可以让光标快速移动到工作表的第一行、最后一行、第一列、最后一列。

6.1.4　名称框

Excel 2010 功能区左下方是"名称框"，用来显示选定的单元格的地址，如果选定的是多个单元格，则显示第一个单元格的地址。

6.1.5　编辑框

名称框右边是"编辑框"，选定单元格后在编辑框单击，编辑框中出现闪烁的光标，用户可以输入和编辑数据，单元格中会同步显示。

6.2　Excel 文档的操作

Excel 文档也就是 Microsoft Excel 工作簿，是包含一个或多个工作表的文件，它的操作主要有创建、保存、关闭和打开等。

6.2.1　创建 Excel 文档

1. 创建空白 Excel 文档

创建空白 Excel 文档的方法主要有以下几种。

（1）启动 Excel 2010 时，系统会自动创建一个空白 Excel 文档。

（2）在打开的 Excel 2010 程序中按 Ctrl＋N 快捷键，新建一个空白 Excel 文档。

（3）通过"新建"命令创建空白 Excel 文档。

【任务 6-2】　通过"新建"命令创建空白 Excel 文档。

（1）单击"文件"选项卡中的"新建"命令。

（2）在"可用模板"下选择"空白工作簿"，然后单击右侧窗格预览下方的"创建"命令，如图 6-3 所示。

（3）一个新的空白 Excel 文档被创建。

2. 基于模板创建 Excel 文档

单击"文件"选项卡中的"新建"命令，如图 6-3 所示，在"可用模板"中选择所需要的模板，单击右侧窗格预览下的"创建"命令；或者在"Office.com 模板"中选择一种在线模板类型，单击右侧窗格预览下的"下载"命令，都可以基于所选模板创建 Excel 文档。

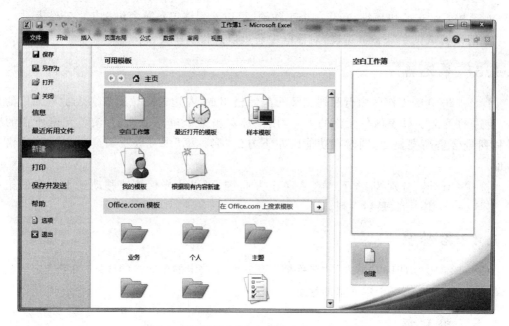

图 6-3　通过"新建"命令创建空白 Excel 文档

【**任务 6-3**】　基于模板创建一个"个人月预算"文档。

（1）单击"文件"选项卡中的"新建"命令。

（2）在"可用模板"下单击"样本模板"，在"样本模板"中选择"个人月预算"，然后单击右侧窗格预览下的"创建"命令，如图 6-4 所示。

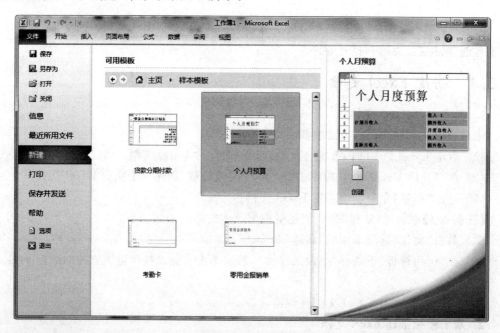

图 6-4　样本模板

（3）一个名为"个人月预算 1"的 Excel 文档被创建，如图 6-5 所示。

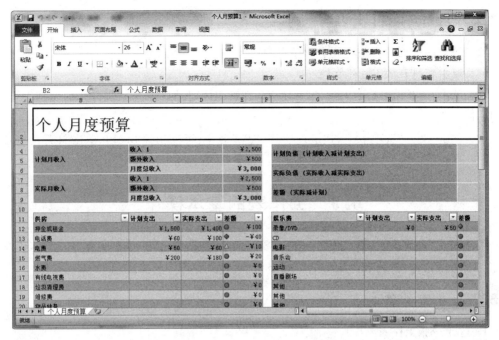

图 6-5　基于模板创建的"个人月预算"文档

6.2.2　保存 Excel 文档

保存 Excel 文档的方法主要有以下几种。

（1）按 Ctrl+S 快捷键保存。

（2）单击"快速访问工具栏"中的"保存"按钮。

（3）单击"文件"菜单，选择"保存"或"另存为"命令。

与保存 Word 文档一样，第一次保存文档时，会弹出"另存为"对话框，用户可以输入文件名、选择保存的位置和保存的文件类型（默认为"Excel 工作簿"，即 xlsx 文件）。

已经保存过的文档，如果想修改文件名或文件类型，或者想改变保存的位置，可以选择"文件"选项卡中的"另存为"命令。

单击"文件"选项卡中的"选项"命令，在"保存"选项卡的"保存自动恢复信息时间间隔"中可以设置自动保存的时间间隔。

6.2.3　关闭 Excel 文档

关闭 Excel 文档的方法主要有以下几种。

（1）按 Alt+F4 快捷键。

（2）单击窗口右上角的"关闭"按钮 ▣ 。

（3）单击窗口左上角的"控制菜单"按钮 ▣ ，在打开的菜单中选择"关闭"命令。

（4）双击窗口左上角的"控制菜单"按钮 ▣ 。

（5）单击"文件"选项卡中的"关闭"命令。

（6）单击"文件"选项卡中的"退出"命令。

6.2.4 打开 Excel 文档

打开 Excel 文档的方法主要有以下几种。

（1）双击要打开的 Excel 文档。

（2）单击"文件"选项卡中的"打开"命令，在弹出的对话框中选择要打开的文档，然后单击"打开"命令。

（3）单击"文件"选项卡中的"最近所用文件"命令，可以快速找到并单击打开最近使用的 Excel 文档。

6.3 工作表的基本操作

工作表是在 Excel 中用于存储和处理数据的主要文档，也称为电子表格。工作表总是存储在工作簿中，由排列成行或列的单元格组成。

6.3.1 选择工作表

1. 选择一张工作表

直接单击工作表标签，即可选定该工作表，被选定的工作表标签呈高亮显示。

2. 选择连续的多张工作表

首先单击第一张工作表标签，然后按住 Shift 键并单击最后一张要选定的工作表标签。

3. 选择不连续的多张工作表

首先单击第一张工作表标签，然后按住 Ctrl 键并依次单击要选定的工作表标签。

4. 选择全部工作表

右击任意一张工作表标签，在弹出的快捷菜单中选择"选定全部工作表"命令。

选定全部工作表后，在文档的标题栏可以看到文档名后边多了"［工作组］"，表示该文档状态变成"工作组"表，此时可以批量编辑工作表或者删除工作表。

在任意工作表标签上右击，在弹出的快捷菜单中选择"取消组合工作表"命令，即可取消选中全部工作表。

请读者练习对工作表的选择操作。

6.3.2 插入工作表

插入工作表的方法主要有以下几种。

（1）最后一张工作表的右侧有一个"插入工作表"按钮 ，单击该按钮即可在最右侧插入一张新工作表。

（2）右击一张工作表标签，在弹出的快捷菜单中选择"插入"命令，打开"插入"对话框，如图 6-6 所示，在"常用"选项卡中选择"工作表"，单击"确定"按钮，在当前选定工作表的左侧就插入了一张新工作表。

（3）单击"开始"选项卡"单元格"组中的"插入"命令的小三角，在打开的下拉菜单中选择"插入工作表"命令，也可在当前选定工作表的左侧插入一张新工作表。

图 6-6　插入工作表

6.3.3　移动和复制工作表

Excel 2010 中，可以在同一个工作簿中对选定的工作表进行移动或者复制，也可以将选定工作表移动或者复制到另外一个工作簿中。移动和复制工作表的方法主要有以下几种。

（1）在同一个工作簿中移动或者复制工作表时，最简单的方法是将要移动或复制的工作表选中后，直接沿工作表标签行拖动到所需移动到的位置后松开鼠标左键，即可进行移动。如果按住 Ctrl 键的同时拖动，则可以进行复制。复制后的工作表名默认是在原工作表名后加一个序号，例如"（2）"。

（2）单击"开始"选项卡"单元格"组中的"格式"按钮，选择菜单中的"移动或复制工作表"命令，打开如图 6-7 所示的"移动或复制工作表"对话框，在"将选定工作表移至工作簿"

列表中选择工作表要移动或复制的目标工作簿（注意此时源工作簿和目标工作簿都要打开），在"下列选定工作表之前"列表框中选择工作表的位置，勾选"建立副本"复选框即进行复制，不勾选即进行移动，最后单击"确定"按钮。这种方法可以在同一个工作簿或者不同工作簿之间进行工作表的移动或者复制。

（3）在要复制或者移动的工作表标签上右击，从弹出的快捷菜单中选择"移动或复制"命令，也可以打开如图 6-7 所示的"移动或复制工作表"对话框，用上面的方法同样可以进行工作表的移动或复制。

图 6-7　"移动或复制工作表"对话框

6.3.4　重命名工作表

为了能够通过工作表名直接了解表的内容，通常会对工作表进行重命名。重命名工作表的方法主要有以下两种。

（1）在工作表标签上右击，在弹出的快捷菜单中选择"重命名"命令，工作表标签变为可编辑状态，输入新的工作表名称后按 Enter 键确认。

（2）在工作表标签上双击，工作表标签变为可编辑状态，输入新的工作表名称后按 Enter 键确认。

6.3.5　删除工作表

工作簿中不需要的工作表可以删除，删除工作表的方法主要有以下两种。

（1）在要删除的工作表标签上右击，在弹出的快捷菜单中选择"删除"命令，如果工作表中有数据，会弹出如图 6-8 所示的对话框，单击"删除"按钮确认即可。

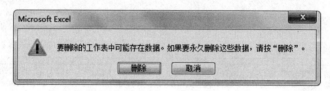

图 6-8　确认删除工作表对话框

（2）单击"开始"选项卡"单元格"组中的"删除"命令的小三角，在打开的下拉菜单中选择"删除工作表"命令，如果工作表中有数据，也会弹出如图 6-8 所示的对话框，单击"删除"按钮确认即可。

6.3.6　设置工作表标签颜色

在工作簿中，为了突出显示某张工作表，可以设置该工作表标签的颜色，方法主要有以下几种。

（1）在要设置颜色的工作表标签上右击，在弹出的快捷菜单中选择"工作表标签颜色"命令，在下一级子菜单中选择一种颜色。

（2）单击"开始"选项卡"单元格"组中的"格式"按钮，在打开的下拉菜单中选择"工作表标签颜色"命令，在下一级子菜单中选择一种颜色。

工作表标签颜色设置完成后，在该工作表未被选中的情况下，可以清楚地看到工作表标签的颜色。

6.3.7　隐藏工作表

如果用户不希望某张工作表显示在工作簿中，可以将该工作表隐藏。隐藏工作表的方法主要有以下两种。

（1）在要隐藏的工作表标签上右击，在弹出的快捷菜单中选择"隐藏"命令。

（2）单击"开始"选项卡"单元格"组中的"格式"按钮，在打开的下拉菜单中选择"隐藏和取消隐藏"命令，在下级菜单中选择"隐藏工作表"命令，如图 6-9 所示。

图 6-9　隐藏和取消隐藏工作表

取消隐藏工作表也是用上面两种操作方法，请读者自己试一试。

6.3.8　保护工作表

用户可以对工作表设置密码，也可以设置允许对工作表进行的操作，从而保护工作表中的重要数据。方法主要有以下两种。

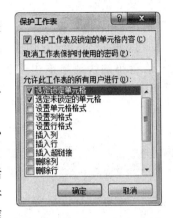

图 6-10　"保护工作表"对话框

（1）在要保护的工作表标签上右击，在弹出的快捷菜单中选择"保护工作表"命令。

（2）单击"开始"选项卡"单元格"组中的"格式"命令的小三角，在打开的下拉菜单中选择"保护工作表"命令。

两种方法都会打开如图 6-10 所示的"保护工作表"对话框，用户在该对话框中可以根据需要设置密码以及设置允许用户进行的操作，在"允许此工作表的所有用户进行"列表框中，未勾选的表示将不能进行的操作。

6.4　单元格的选定和数据的输入

单元格是用户在 Excel 表中操作的基本单位，用户可以选定一个单元格进行操作，也可以选定多个连续或不连续的单元格进行操作。选定单元格后，就可以在单元格中输入各种类型的数据并对数据的格式进行设置。

6.4.1　选定单元格

（1）选定一个单元格：直接在单元格单击，单元格四周出现黑色的粗实线。

（2）选定连续的单元格区域：在要选定的单元格区域拖动鼠标。

（3）选定不连续的单元格区域：按住 Ctrl 键，依次单击要选定的单个单元格或拖动选中连续的单元格区域。

（4）选定某行：光标移动到要选定的行号处，光标变为向右的实心箭头 ➡，单击即可选定整行。

（5）选定某列：光标移动到要选定的列号处，光标变为向下的实心箭头 ⬇，单击即可选定整列。

（6）选定整个工作表：在工作表的左上角有一个"全选"按钮 ◢，单击该按钮，即可选定整个工作表。

6.4.2　设置单元格格式的方法

单元格中可以输入多种类型的数据，既可以是数值型的数据，如整数、小数、分数等；也可以是非数值的数据，如文本、日期、时间、货币等。用户还可以设置各种类型数据的数据格式，如小数位数、货币符号、日期和时间的格式，添加千位分隔符等。

设置数据类型和数据格式的方法主要有以下几种。

（1）在"开始"选项卡的"数字"组，单击"数字格式"列表框，可以选择输入数据的类型，其余几个按钮可以对数据的格式进行设置,如图 6-11 所示。

(2)单击"开始"选项卡"单元格"组中的"格式"命令的小三角,在打开的下拉菜单中选择"设置单元格格式"命令,打开"设置单元格格式"对话框,如图 6-12 所示。在对话框的"数字"选项卡中,可以设置数据的类型和格式。

(3)单击"开始"选项卡"数字"组右下角的对话框打开器;或者在选定的单元格右击,在弹出的快捷菜单中选择"设置单元格格式",也都可以打开"设置单元格格式"对话框。

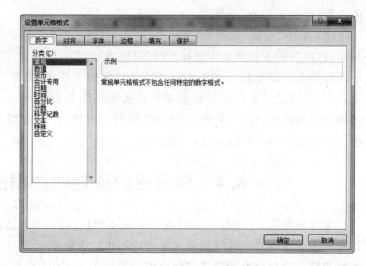

图 6-11 "开始"选项卡的"数字"组   图 6-12 "设置单元格格式"对话框

6.4.3 中英文字符的输入

用户可以在选定的单元格内直接输入数据,也可以选定单元格后,再单击"编辑框",在"编辑框"中输入数据。

中英文字符直接在中文或者英文输入状态下输入即可。

下面以建立一个"员工工资表"为例,表中的数据如图 6-13 所示,介绍各种类型数据的输入和格式的设置。

	A	B	C	D	E	F	G	H	I	J	K	L
1	公司员工工资表											
2	序号	姓名	工号	部门	职务	出生年月	基本工资	津贴	奖金	应发工资	个人所得税	实发工资
3	1	Rose	0101	销售部	部长	1984/7/2	4500	1450	1200			
4	2	齐大鹏	0102	销售部	业务员	1972/12/25	3400	1260	890			
5	3	刘波	0103	销售部	业务员	1965/4/16	4000	1320	780			
6	4	韩梅梅	0104	销售部	业务员	1980/8/23	3840	1270	830			
7	5	Tom	0203	财务部	部长	1978/3/6	4000	1350	400			
8	6	张清山	0204	财务部	出纳	1972/9/3	3450	1230	290			
9	7	陆川	0301	技术部	部长	1974/10/3	3380	1210	540			
10	8	郭明丽	0302	技术部	技术员	1976/7/9	3900	1280	350			
11	9	赵路	0303	技术部	工程师	1986/1/23	4600	1540	650			
12	10	黎明	0304	技术部	技术员	1971/3/12	3880	1270	420			
13	11	郑凯旋	0201	财务部	会计	1975/9/28	3950	1290	350			
14	12	李海涛	0106	销售部	业务员	1987/2/12	4300	1400	1000			
15	13	胡志刚	0110	销售部	业务员	1984/4/19	3930	1300	650			

图 6-13 "员工工资表"数据样图

【任务 6-4】 建立"员工工资表",并完成表中中英文字符的输入。完成的表格可以参考"第 6 章\任务 6-4\员工工资表"文档。

(1) 新建一个 Excel 2010 工作簿,将其保存为"员工工资表.xlsx",保存位置自己选择。在数据输入过程中,请记得经常保存。

(2) 选定 Sheet1 工作表,将工作表名修改为"工资表原始表"。

(3) 单击"工资表原始表"的 A1 单元格,切换输入法,输入中文字符"公司员工工资表"。按 Enter 键后,光标定位到 A2 单元格,输入中文字符"序号"。按→键或 Tab 键,光标定位到 B2 单元格,输入中文字符"姓名"。然后继续按→键或 Tab 键,依次在 C2 到 L2 单元格输入中文字符:"工号""部门""职务""出生年月""基本工资""津贴""奖金""应发工资""个人所得税""实发工资"。请读者掌握→键、Tab 键和 Enter 键在输入数据时的作用。

(4) 在"姓名""部门""职务"三列中按图 6-13 中的数据依次输入中英文字符。

(5) 保存文档。表中其他列各种类型数据的输入将在下面各小节介绍。

6.4.4 文本数据的输入

在 Excel 2010 中,当用户在单元格中输入数值时,如"0101",确认后会变为"101"。因为 Excel 2010 会将它默认为数值类型,而对于数值类型数据来说,最高位的"0"无意义,于是被舍去。因此在输入电话号码、证件号码、学号、工号等数据时,通常需要将其作为"文本数据"进行输入。

输入文本数据的方法主要有以下几种。

(1) 在英文状态下,先输入一个"单引号('')",再输入需要输入的数据。

(2) 在英文状态下,先输入一个"等号(=)",再输入用"双引号('')"引起来的数据。

(3) 选中要设置为文本的单元格,单击"开始"选项卡"数字"组中的"数字格式"下拉列表框,在列表中选择"文本",再输入数据。

(4) 选中要设置为文本的单元格,打开"设置单元格格式"对话框,在"数字"选项卡下选择"文本"选项,再输入数据。

☞请读者按照以上方法,在"员工工资表"的第 C 列完成员工"工号"数据的输入。

6.4.5 Excel 2010 的自动填充功能

数据的自动填充功能是 Excel 2010 中一项非常强大的功能,能极大地减轻工作量,提高数据输入速度。当表格中的数据在行或者列中形成了一个有规律的序列时,就可以使用 Excel 2010 的自动填充功能来快速完成数据的输入。

1. 用自动填充功能完成序号的输入

前面任务 6-4"员工工资表"中的"序号"列,是从"1"开始的连续的数值,可以用下面的两种方法进行自动填充。

(1) 在 A3 单元格输入数字"1",在 A4 单元格输入数字"2",同时选中 A3 和 A4 两个单元格,向下拖动填充柄(填充柄是被选中单元格右下角的小方块,光标移动到该方块时变成黑色十字形状 ╋)至 A15 单元格。

(2) 在 A3 单元格输入起始数字"1",单击"开始"选项卡"编辑"组中的"填充"按钮,在打开的下拉菜单中选择"系列",打开如图 6-14 所示的"序列"对话框。在"序列产生在"组中选择"列",在"类型"组中选择"等差序列",在"步长值"中输入"1",在"终止值"中输入"13",单击"确定"按钮。

☞请读者试着完成一个等比序列的自动填充。

2. 相同数据的自动填充

例如,要在 D20 至 G20 单元格中全部输入相同的数据"学生",有以下两种方法。

(1) 在 D20 单元格输入"学生",拖动该单元格的填充柄向右至 G20 单元格后松手。

(2) 选中 D20 至 G20 全部单元格,输入"学生",此时"学生"填充在 D20 单元格,然后按 Ctrl+Enter 快捷键。

也可以拖动填充柄向上、向下、向左进行自动填充。

3. 改变填充规则

在某个单元格输入"1月1日"后,向下拖动填充柄,系统会自动填充"1月2日""1月3日""1月4日"等,这时在最后一个被填充的单元格的填充柄下会出现"自动填充选项"按钮，单击该按钮,在弹出的菜单中选择"以月填充",如图 6-15 所示,填充的序列会变为"1月1日""2月1日""3月1日""4月1日"等。

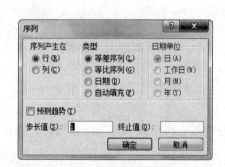

图 6-14　"序列"对话框

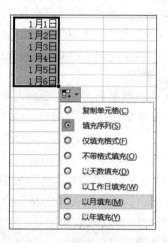

图 6-15　"自动填充选项"按钮

4. 自定义序列填充

Excel 2010 允许用户根据需要设定自定义填充的序列。例如用户经常需要输入"基本工资、津贴、奖金、应发工资、个人所得税、实发工资"这一序列,可以用如下方法将其设置为自定义序列,以后在输入序列时,就可以通过拖动填充柄进行自动填充,快速完成输入。

【任务 6-5】 设置自定义填充序列。

(1) 单击"文件"选项卡的"选项"命令,打开"Excel 选项"对话框。

(2) 单击左边导航窗格中的"高级"命令,在右边的窗格中找到"常规"组中的"编辑自定义列表"按钮单击,如图 6-16 所示,打开"自定义序列"对话框,如图 6-17 所示。

(3) 在对话框的"自定义序列"列表框中,可以看到许多行数据,这些都是系统自带或者是用户已经定义过的序列。用户只要在单元格中输入这些序列中的一个数据,然后拖动填充柄,就可以自动填充该序列。

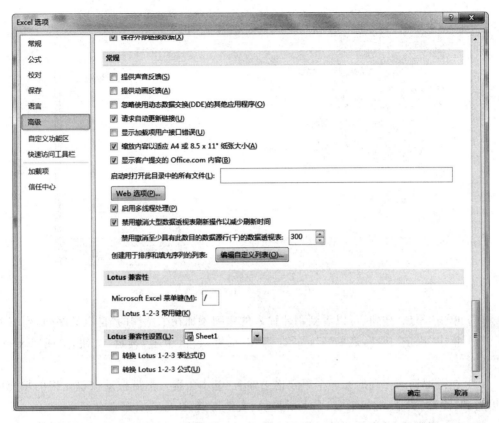

图 6-16　编辑自定义列表

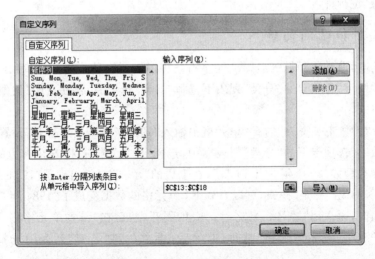

图 6-17　"自定义序列"对话框

（4）在"自定义序列"列表框中选择"新序列"，在"输入序列"列表框中，依次输入"基本工资 Enter 津贴 Enter 奖金 Enter 应发工资 Enter 个人所得税 Enter 实发工资"，注意数据之间要输入 Enter 键进行分隔，如图 6-18 所示。数据之间也可以用英文的逗号（,）字符进行分隔。

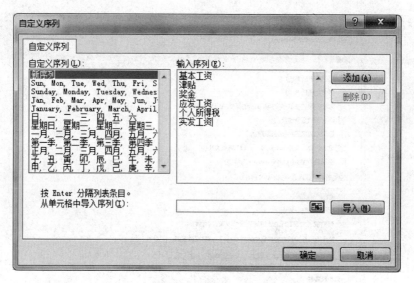

图 6-18　输入自定义序列

（5）单击"添加"按钮，可以看到刚才输入的序列添加在了左侧的"自定义序列"列表中。

（6）单击"确定"按钮，返回"Excel 选项"对话框，再次单击"确定"按钮，关闭"Excel 选项"对话框。

（7）在需要输入序列的第一个单元格中输入"基本工资"，然后拖动该单元格的填充柄，可以看到"津贴、奖金、应发工资、个人所得税、实发工资"被自动填充完成了。

☞在"自定义序列"对话框中，用户也可以"从单元格中导入序列"，或者"删除"某个序列，请读者自己进行练习。

6.4.6　日期和时间的输入

输入日期时，通常用"斜杠（/）"或"连字符（-）"将年、月、日分隔开，然后在"设置单元格格式"对话框"数字"选项卡的"分类"列表下选择"日期"选项后，再在右侧"类型"列表中选择需要的日期格式。

☞请读者在"员工工资表"的 F3 单元格中输入"1984/7/2"，然后打开"设置单元格格式"对话框，在"数字"选项卡下的"分类"列表框中，选择"日期"选项，接着在右边的"类型"列表框中选择一种类型如"2001 年 3 月 14 日"，在上边的"示例"框中出现了"1984 年 7 月 2 日"，如图 6-19 所示，单击"确定"按钮，可以看到 F3 单元格的数据变成了"1984 年 7 月 2 日"。

输入时间时，通常用"冒号（：）"将时、分、秒隔开，然后在"设置单元格格式"对话框"数字"选项卡的"分类"列表下选择"时间"选项后，再在右侧"类型"列表中选择需要的时间格式。

☞请读者在"员工工资表"的数据区域之外的任意一个单元格输入"8：32：45"，然后打开"设置单元格格式"对话框，在"数字"选项卡下的"分类"列表框中，选择"时间"选项，接着在右边的"类型"列表框中选择一种类型如"下午 1 时 30 分 55 秒"，在上边的"示例"框中出现了"上午 8 时 32 分 45 秒"，如图 6-20 所示，单击"确定"按钮，可以看到该单元格的数据变成了"上午 8 时 32 分 45 秒"。

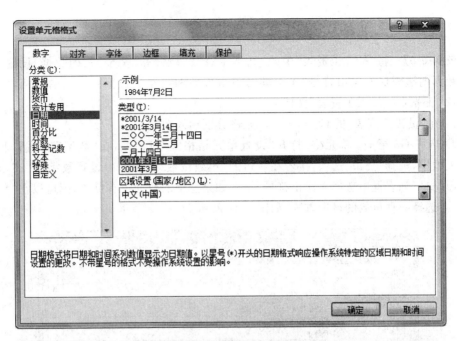

图 6-19　设置日期格式

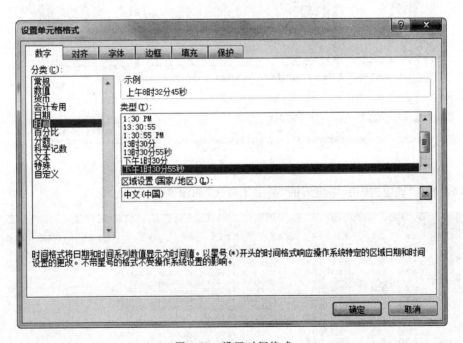

图 6-20　设置时间格式

　　用 Ctrl＋；快捷键可以快速输入当前日期，用 Ctrl＋Shift＋；快捷键可以快速输入当前时间。

　　☝请读者完成"员工工资表"中"出生年月"列数据的输入，并保存文档。

6.4.7 设置货币格式和小数位数

【任务 6-6】 将"员工工资表"中的"基本工资""津贴"和"奖金"三列数据,设置为货币格式,数据前边添加人民币符号"￥",同时设置保留两位小数位数。完成的文档可以参考"第 6 章\任务 6-6\员工工资表"文档。

(1) 在"员工工资表"的 G3 至 I15 单元格分别输入数据。

(2) 选中 G3 至 I15 单元格,打开"设置单元格格式"对话框,在"数字"选项卡下的"分类"列表框中,选择"货币"选项,接着在右边的"小数位数"列表框中设置数字为"2",在下边的"货币符号"列表框中选择人民币符号"￥",如果选中的数据中有负数,则可以在"负数"列表框中再选择一种负数的显示方式,如图 6-21 所示。

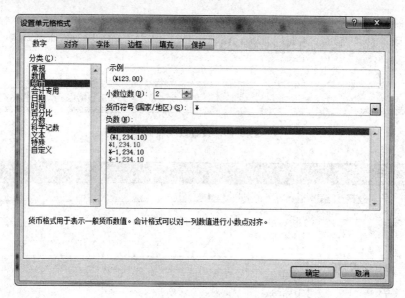

图 6-21 设置货币格式

(3) 单击"确定"按钮,完成后的"员工工资表"如图 6-22 所示。

	A	B	C	D	E	F	G	H	I	J	K	L
1	公司员工工资表											
2	序号	姓名	工号	部门	职务	出生年月	基本工资	津贴	奖金	应发工资	个人所得税	实发工资
3	1	Rose	0101	销售部	部长	1984/7/2	￥4,500.00	￥1,450.00	￥1,200.00			
4	2	乔大鹏	0102	销售部	业务员	1972/12/25	￥3,400.00	￥1,260.00	￥890.00			
5	3	刘波	0103	销售部	业务员	1965/4/16	￥4,000.00	￥1,320.00	￥780.00			
6	4	韩梅梅	0104	销售部	业务员	1980/8/23	￥3,840.00	￥1,270.00	￥830.00			
7	5	Tom	0203	财务部	部长	1978/3/6	￥4,000.00	￥1,350.00	￥400.00			
8	6	张清山	0204	财务部	出纳	1972/9/3	￥3,450.00	￥1,230.00	￥290.00			
9	7	陆川	0301	技术部	部长	1974/10/3	￥3,800.00	￥1,210.00	￥540.00			
10	8	郭明丽	0302	技术部	技术员	1976/7/9	￥3,900.00	￥1,280.00	￥350.00			
11	9	赵路	0303	技术部	工程师	1986/1/23	￥4,600.00	￥1,540.00	￥650.00			
12	10	黎明	0304	技术部	技术员	1971/3/12	￥3,880.00	￥1,270.00	￥420.00			
13	11	郑凯旋	0201	财务部	会计	1975/9/28	￥3,950.00	￥1,290.00	￥350.00			
14	12	李海涛	0106	销售部	业务员	1987/2/12	￥4,300.00	￥1,400.00	￥1,000.00			
15	13	胡志刚	0110	销售部	业务员	1984/4/19	￥3,930.00	￥1,300.00	￥650.00			

图 6-22 完成的"员工工资表"

6.4.8 数据有效性

用户输入数据时,为避免输入错误的数据,或者限定要输入什么样的数据,可以设置数据有效性。

【任务6-7】 对"员工工资表"的"奖金"列数据,限定只能输入500～2000范围之间的整数。

（1）打开"第6章\任务6-7\员工工资表"文档,选中I3到I20单元格,如果考虑到员工可能会增加,也可以向下多选中一些单元格或者选中整列单元格。

（2）单击"数据"选项卡"数据工具"组中的"数据有效性"命令,打开"数据有效性"对话框,如图6-23所示。

（3）在"设置"选项卡中设置有效性条件,在"允许"下拉列表框中选择"整数",在"数据"下拉列表框中选择"介于",在"最小值"和"最大值"文本框中分别输入"500"和"2000",如图6-24所示。然后单击"确定"按钮。

图6-23 "数据有效性"对话框

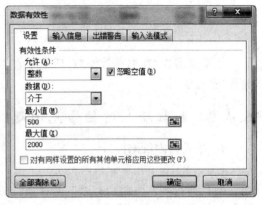
图6-24 设置"数据有效性"条件

（4）此后在设定了有效性的单元格中,如果输入的不是500～2000之间的整数,系统就会弹出如图6-25所示的"输入值非法"警告提示框。请读者输入一些数据检测一下。

【任务6-8】 给"员工工资表"的部门列设置一个数据有效性的下拉菜单,限定用户的输入数据。

图6-25 "输入值非法"警告提示框

（1）打开"第6章\任务6-8\员工工资表"文档,选中D3到D20单元格,即部门列,如果考虑到员工可能会增加,也可以向下多选中一些单元格。按Delete键将单元格中的数据先删除,一会儿用下拉菜单输入。

（2）单击"数据"选项卡"数据工具"组中的"数据有效性"命令,打开"数据有效性"对话框。

（3）在"设置"选项卡中设置有效性条件,在"允许"下拉列表框中选择"序列",同时勾选"忽略空值"和"提供下拉箭头"选项,然后在"来源"文本框中输入"销售部,财务部,技术部",注意数据之间要用英文状态的逗号(,)进行分隔,如图6-26所示。最后单击"确定"按钮。

（4）此后当用户将光标定位到设定过允许序列的单元格时,在单元格的右侧会出现一个下拉按钮,单击该下拉按钮,会出现刚才输入的序列,用户从中选择数据就可以输入,如

图 6-27 所示。

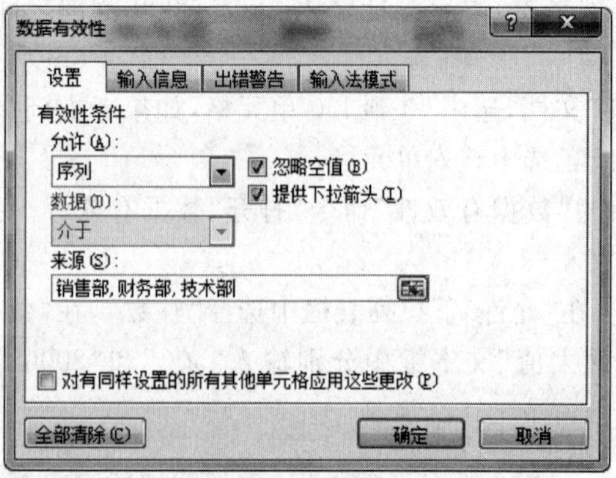

图 6-26 设置允许输入的序列 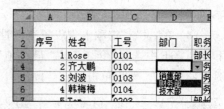 图 6-27 单元格右侧的下拉按钮

☞请读者在"数据有效性"对话框中查看其他选项,并进行练习,以更好地掌握"数据有效性"的设置。

6.4.9 数据输入时的常见问题

1. 单元格内数据换行

Excel 2010 中在单元格内按 Enter 键时,光标会自动定位在下方单元格,如何在单元格内让数据换行呢? 常用的有以下两种换行方法。

(1) 自动换行:在"开始"选项卡"对齐方式"组中单击"自动换行"按钮 ➡自动换行。

(2) 手动换行:双击该单元格,让单元格中出现光标,再在单元格中单击要换行的位置,然后按 Alt+Enter 快捷键。或者单击单元格后,再在编辑框中单击要换行的位置,然后按 Alt+Enter 快捷键。

手动换行更加灵活,可以由用户自己决定在什么位置换行。

2. 单元格内数据显示为一串"#"号

单元格中显示一串"#####"字符,通常是因为单元格不够宽,无法显示该数据。解决办法是增加列宽,或者是设置数据换行。如何增加列宽详见 6.6.1 节。

6.5 单元格的基本操作

对单元格可以进行合并、插入、删除、移动和复制等操作,通过冻结窗格可以更加方便地查看工作表的数据。

6.5.1 合并和取消合并单元格

用户可以根据需要对单元格进行合并,合并单元格的方法主要有以下两种。

(1) 使用功能区的"合并后居中"命令。选定需要合并的多个单元格,然后单击"开始"选项卡"对齐方式"组中的"合并后居中"命令,所有被选中的单元格被合并成一个单元格,同时单元格中的数据自动居中对齐。

（2）在"设置单元格格式"对话框中进行合并设置。打开"设置单元格格式"对话框，在"对齐"选项卡的"文本控制"组中勾选"合并单元格"复选框，单击"确定"按钮。这种方法合并单元格后，单元格中的数据不会自动居中对齐。

单击"合并后居中"命令后的小三角，如图 6-28 所示，在打开的下拉菜单中还有以下几个选项。

（1）跨越合并：被选定的单元格，行不合并，同一行的列合并。

（2）合并单元格：被选定的单元格合并为一个单元格，但是单元格中的数据不会自动居中对齐。

（3）取消单元格合并：取消被合并的单元格。

如果要合并的单元格中不止一个单元格有数据，合并时会弹出如图 6-29 所示的对话框，用户根据情况选择"确定"或"取消"，以避免数据的丢失。

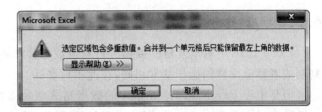

图 6-28　"合并后居中"下拉选项　　　　图 6-29　合并单元格时的提示对话框

取消合并单元格的操作与合并单元格的操作相反。

【任务 6-9】　合并"员工工资表"的标题行。

☞请读者分别使用上面两种方法，对"员工工资表"的 A1 至 L1 单元格进行合并。

6.5.2　插入和删除单元格

插入单元格的方法主要有以下几种。

（1）插入整行：选中要插入新行的下面一行，在行号处右击，在弹出的快捷菜单中选择"插入"命令，即可在选定行的上面插入一个新行。或者单击"开始"选项卡"单元格"组中的"插入"，在打开的菜单中选择"插入工作表行"命令，也可以在选定行的上面插入一个新行。

（2）插入整列：选中要插入新列的右侧一列，在列号处右击，在弹出的快捷菜单中选择"插入"命令，即可在选定列的左侧插入一个新列。或者单击"开始"选项卡"单元格"组中的"插入"，在打开的菜单中选择"插入工作表列"命令，也可以在选定列的左侧插入一个新列。

（3）插入单元格：选中要插入单元格的右侧或下面的一个单元格，右击，在弹出的快捷菜单中选择"插入"命令；或者单击"开始"选项卡"单元格"组中的"插入"，在打开的菜单中选择"插入单元格"命令，都可以打开如图 6-30 所示的"插入"对话框，用户可以根据情况选择一种插入方式，单击"确定"按钮完成插入。

删除单元格的方法主要有以下几种。

（1）删除整行：选中要删除的行，在行号处右击，在弹出的快捷菜单中选择"删除"命令，即可将选定行删除。或者单击"开始"选项卡"单元格"组中的"删除"，在打开的菜单中选择"删除工作表行"

图 6-30　"插入"对话框

命令，也可以将选定行删除。删除整行后，下面的行会自动上移一行。

（2）删除整列：选中要删除的列，在列号处右击，在弹出的快捷菜单中选择"删除"命令，即可将选定列删除。或者单击"开始"选项卡"单元格"组中的"删除"，在打开的菜单中选择"删除工作表列"命令，也可以将选定列删除。删除整列后，右侧的列会自动左移一列。

（3）删除单元格：选中要删除的单元格，右击，在弹出的快捷菜单中选择"删除"命令；或者单击"开始"选项卡"单元格"组中的"删除"，在打开的菜单中选择"删除单元格"命令，都可以打开如图6-31所示的"删除"对话框，用户可以根据情况选择一种删除方式，单击"确定"按钮完成删除。

图 6-31 "删除"对话框

✋请读者练习行、列和单元格的插入和删除。

6.5.3 移动和复制单元格

Excel 2010 中对单元格的数据进行复制或者移动的操作方法，与在 Windows 7 系统中复制或者移动文件的操作基本相同，在此不再赘述。

但是由于 Excel 2010 单元格中的数据格式多种多样，对单元格进行剪切或复制后，直接粘贴有时会得不到想要的结果，需要打开"粘贴"命令的下拉菜单，如图 6-32 所示，根据需要选择"保留源格式""保留源列宽"等选项进行粘贴，或者使用"选择性粘贴"来过滤掉某些格式，粘贴为不同于源单元格的格式，以避免产生错误。

下面通过几个任务来学习"选择性粘贴"的使用。

【任务 6-10】 使用选择性粘贴的"转置"功能，将表格的行数据和列数据进行交换。

（1）打开"第 6 章\任务 6-10\员工工资表"文档，选中 A1 到 L15 的所有数据区域，按 Ctrl＋C 快捷键进行复制。

（2）选择一张新工作表，鼠标定位到 A1 单元格，单击"开始"选项卡"剪贴板"组中的"粘贴"命令的小三角，在打开的下拉菜单中选择"选择性粘贴"命令，打开"选择性粘贴"对话框，如图 6-33 所示，在"粘贴"组中选择"全部"，在"运算"组中选择"无"，勾选下面的"转置"复选框，单击"确定"按钮。

图 6-32 "粘贴"下拉菜单

图 6-33 选择性"转置"粘贴

（3）粘贴后的数据如图 6-34 所示，可以看到表的行数据和列数据进行了交换，即进行了"转置"。

	A	B	C	D	E	F	G	H	I	J	K	L	M	N	O
1		序号	1	2	3	4	5	6	7	8	9	10	11	12	13
2		姓名	Rose	齐大鹏	刘波	韩梅梅	Tom	张清山	陆川	郭明丽	赵路	黎明	郑凯旋	李海涛	胡志刚
3		工号	0101	0102	0103	0104	0203	0204	0301	0302	0303	0304	0201	0106	0110
4		部门	销售部	销售部	销售部	销售部	财务部	财务部	技术部	技术部	技术部	技术部	财务部	销售部	销售部
5		职务	部长	业务员	业务员	业务员	部长	出纳	部长	技术员	工程师	技术员	会计	业务员	业务员
6	司员工工资	出生年月	1984/7/2	########	########	########	1978/3/6	1972/9/3	########	1976/7/9	########	########	########	########	########
7		基本工资	4500	3400	4000	3840	4000	3450	3380	3900	4600	3880	3950	4300	3930
8		津贴	1450	1260	1320	1270	1350	1230	1210	1280	1540	1270	1290	1400	1300
9		奖金	1200	890	780	830	400	290	540	350	650	420	350	1000	650
10		应发工资	7150	5550	6100	5940	5750	4970	5130	5530	6790	5570	5590	6700	5880
11		个人所得税													
12		实发工资													

图 6-34 "转置"粘贴后

【任务 6-11】 使用选择性"加"粘贴，将所有员工的基本工资上调 200 元。

（1）打开"第 6 章\任务 6-11\员工工资表"文档，在数据区域外的任意一个单元格（如 N1 单元格）中输入要增加的值"200"，然后选中该单元格，按 Ctrl+C 快捷键复制。

（2）选中"基本工资"列的数据（示例中为 G3 到 G15 单元格），单击"开始"选项卡"剪贴板"组中的"粘贴"命令的小三角，在打开的下拉菜单中选择"选择性粘贴"命令，打开"选择性粘贴"对话框。

（3）在"粘贴"组中选择"边框除外"选项，在"运算"组中选择"加"选项，如图 6-35 所示。

（4）单击"确定"按钮，"基本工资"列的数据结果如图 6-36 所示，可以看到所有员工的基本工资都增加了 200 元。

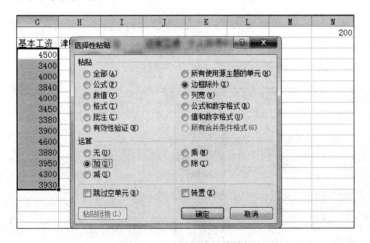

图 6-35 选择性"加"粘贴

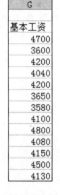

图 6-36 "选择性加粘贴"后的结果

【任务 6-12】 将公式的运算结果粘贴到新的单元格中。任务中用到了求和函数 SUM，关于公式和函数的使用详见第 7 章。

（1）打开"第 6 章\任务 6-12\员工工资表"文档，选中 J3 单元格，然后单击"开始"选项卡"编辑"组中的"自动求和"按钮 Σ 自动求和▼，此时工作表如图 6-37 所示，J3 单元格自动出现了求和函数 SUM 以及函数的参数，按 Enter 键确认。J3 单元格中显示了第一个员工的应发工资。

（2）选中 J3 单元格，向下拖动 J3 单元格右下角的填充柄至 J15 单元格，可以看到 13 个员工的应发工资都被计算了出来，如图 6-38 所示。

Excel 2010 基本操作

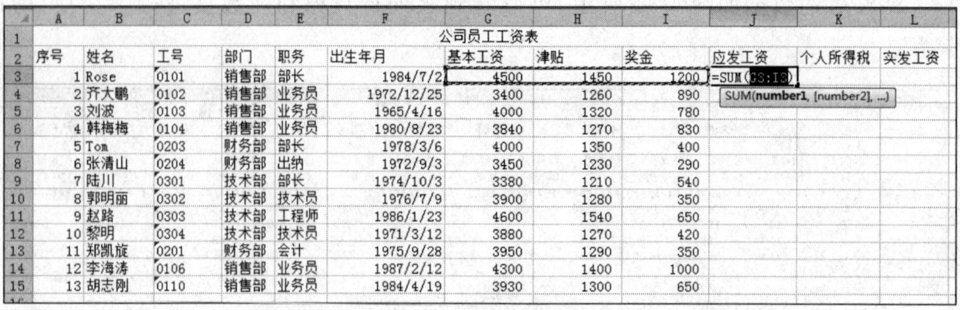

图 6-37 使用"自动求和"计算总数

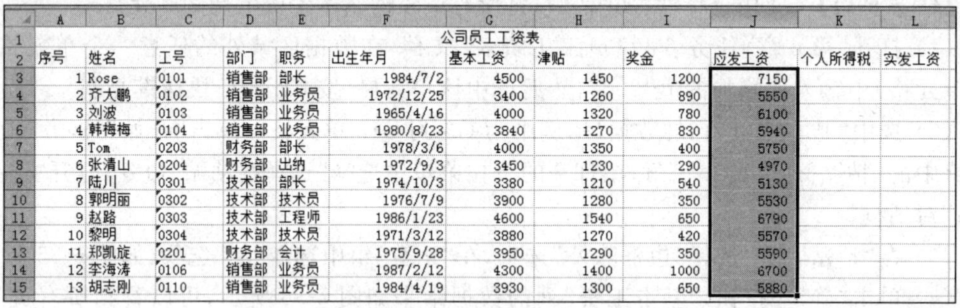

图 6-38 拖动填充柄完成总数的计算

(3) 选中 J2 到 J15 单元格,按 Ctrl＋C 快捷键复制,然后将鼠标定位到一张新工作表(例如 Sheet2 工作表)的 D1 单元格,按 Ctrl＋V 快捷键粘贴,结果如图 6-39 所示。除了 D1 单元格的"应发工资"正确复制外,其他单元格都显示了"♯REF!"错误。

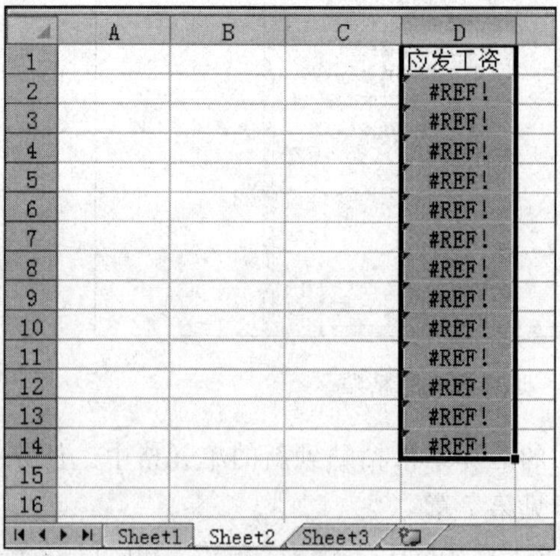

图 6-39 直接粘贴后

(4) 再次选中 Sheet1 工作表的 J2 到 J15 单元格,按 Ctrl＋C 快捷键复制,然后将光标定位到另一张新工作表(例如 Sheet3 工作表)的 D1 单元格,单击"开始"选项卡"剪贴板"组中的"粘贴"命令的小三角,在打开的下拉菜单中选择"选择性粘贴"命令,打开"选择性粘贴"

对话框。

（5）在对话框的"粘贴"组中选择"数值"，如图 6-40 所示，意思是原单元格中的公式只粘贴计算结果。

（6）单击"确定"按钮，结果如图 6-41 所示。

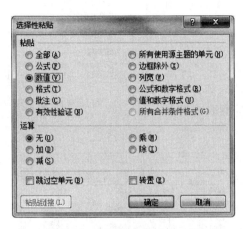

图 6-40　"选择性粘贴"对话框

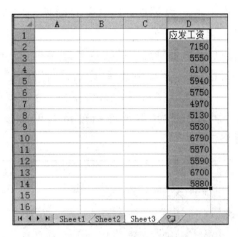

图 6-41　把公式"选择性粘贴"为"数值"

请读者思考：

☝任务 6-11 的第（3）步操作中，在"粘贴"组中选择"边框除外"选项的作用是什么？

☝假如要在工作表中输入大量的负数，每个数据前面在输入时都要先输入"-"号，非常麻烦。用"选择性粘贴"如何解决？

6.5.4　冻结窗格

当工作表中的数据非常多，需要向下或向右滚动查看超出窗口大小的数据时，由于看不到行标题和列标题，无法明确单元格中的数据含义，这时可以通过冻结窗格来锁定行标题和列标题。

【任务 6-13】　冻结窗格的使用。

（1）选定要冻结的行和列交叉的单元格对角线下的单元格，例如要冻结第 1 行、第 2 行和第 A 列，则选定 B3 单元格，如图 6-42 所示。

	A	B	C	D	E	F	G	H	I	J	K	L
1						公司员工工资表						
2	序号	姓名	工号	部门	职务	出生年月	基本工资	津贴	奖金	应发工资	个人所得税	实发工资
3	1	Rose	0101	销售部	部长	1984/7/2	4500	1450	1200	7150		
4	2	齐大鹏	0102	销售部	业务员	1972/12/25	3400	1260	890	5550		
5	3	刘波	0103	销售部	业务员	1965/4/16	4000	1320	780	6100		
6	4	韩梅梅	0104	销售部	业务员	1980/8/23	3840	1270	830	5940		
7	5	Tom	0203	财务部	部长	1978/3/6	4000	1350	400	5750		
8	6	张清山	0202	财务部	出纳	1972/9/3	3450	1230	290	4970		
9	7	陆川	0301	技术部	部长	1974/10/3	3380	1210	540	5130		
10	8	鄄明国	0302	技术部	技术员	1976/7/9	3900	1280	350	5530		
11	9	赵路	0303	技术部	工程师	1986/1/23	4600	1540	650	6790		
12	10	黎明	0304	技术部	技术员	1971/3/12	3880	1270	420	5570		
13	11	郑凯旋	0201	财务部	会计	1975/9/28	3950	1290	350	5590		
14	12	李浩涛	0106	销售部	业务员	1987/2/12	4300	1400	1000	6700		
15	13	胡志刚	0110	销售部	业务员	1984/4/19	3930	1300	650	5880		
16												

图 6-42　定位单元格

（2）单击"视图"选项卡"窗口"组中的"冻结窗格"命令，在打开的菜单中选择"冻结拆分窗格"命令，如图 6-43 所示。

（3）可以看到工作表的第 2 行和第 3 行之间、第 A 和第 B 列之间出现了横竖两条分隔线，此时移动光标向下或向右查看工作表中的数据时，工作表的前两行和第一列始终显示，如图 6-44 所示。

（4）如果只想冻结行或者冻结列，则定位单元格后，在"冻结窗格"命令菜单中选择"冻结首行"或者"冻结首列"即可。

（5）冻结窗格后，"冻结窗格"命令菜单中的"冻结拆分窗格"命令会变为"取消冻结窗格"，单击该命令即可取消冻结窗格。

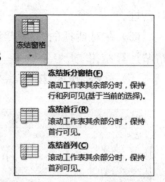

图 6-43　"冻结窗格"命令菜单

▲	A	C	D	E	F	G	H	I	J	K	L
1					公司员工工资表						
2	序号	工号	部门	职务	出生年月	基本工资	津贴	奖金	应发工资	个人所得税	实发工资
9	7	0301	技术部	部长	1974/10/3	3380	1210	540	5130		
10	8	0302	技术部	技术员	1976/7/9	3900	1280	350	5530		
11	9	0303	技术部	工程师	1986/1/23	4600	1540	650	6790		
12	10	0304	技术部	技术员	1971/3/12	3880	1270	420	5570		
13	11	0201	财务部	会计	1975/9/28	3950	1290	350	5590		
14	12	0106	销售部	业务员	1987/2/12	4300	1400	1000	6700		
15	13	0110	销售部	业务员	1984/4/19	3930	1300	650	5880		
16											
17											

图 6-44　工作表前两行和第一列被冻结

6.6　工作表的美化

在 Excel 2010 中，用户可以对单元格中的数据设置字体、对齐方式等，也可以在工作表中插入图片、形状、SmartArt 图形、艺术字等，这些操作方法与 Word 2010 中的操作方法一样，在此不再赘述，请读者自己进行练习。

6.6.1　设置行高和列宽

在 Excel 2010 中，列宽通常不会根据单元格中内容的长度进行自动调整，因此在编辑单元格数据时，经常会遇到单元格中的数据不能完全显示或者显示为一串"♯"号的情况，需要用户对单元格的列宽进行调整。

相比较而言，工作表的行高通常会根据单元格中数据的字体大小而调整，或者当用户对单元格数据进行自动换行或者手动换行时，行高也会自动调整。当然用户也可以根据需要对单元格的行高进行调整。

对行高和列宽的调整可以分为粗略调整和精确调整两种，调整的方法主要有以下几种。

（1）将光标放在行标或列标的分隔线上，光标会变为带上下或左右双向箭头的黑色十字形状（♯ 和 ♯），沿箭头方向拖动光标至需要位置，即可调整行高或列宽。

（2）单击"开始"选项卡"单元格"组中的"格式"，在打开的下拉菜单中选择"行高"或者"列宽"，打开如图 6-45 所示的对话框，在"行高"或"列宽"文本框中输入需要的数值。

（3）在行标或列标处右击，在弹出的快捷菜单中选择"行高"或者"列宽"，也可以打开如

(a)   (b)

图 6-45　设置行高或列宽的对话框

图 6-45 所示的对话框进行设置。

（4）单击"开始"选项卡"单元格"组中的"格式"，在打开的下拉菜单中选择"自动调整行高"或者"自动调整列宽"，可以将所选行或者列根据单元格中的数据内容调整到最合适的行高或者列宽。

【任务 6-14】　设置"员工工资表"的行高和列宽。

（1）打开"第 6 章\任务 6-14\员工工资表"文档，将光标放在第 1 行和第 2 行的行标分隔线上，光标变为 ✛ 形状时，上下拖动鼠标，将第 1 行调整到自己满意的高度。

（2）将第 2 行的行高设置为 25，第 3～15 行的行高设置为 20。

（3）将光标放在第 F 列和第 G 列的列标分隔线上，光标变为 ✛ 形状时，向左拖动鼠标，减小第 F 列列宽，到该列数据即员工的出生年月出现一串"♯"字符为止。

（4）选中第 F 列，单击"开始"选项卡"单元格"组中的"格式"，在打开的下拉菜单中选择"自动调整列宽"，可以看到原来的"♯"字符不见了，该列被自动调整到了最适合的列宽。

（5）按自己的需要对其他各列的列宽进行调整。

6.6.2　设置数据方向

用户可以根据需要调整单元格中的数据方向，方法如下。

（1）单击"开始"选项卡"对齐方式"组中的"方向"按钮，如图 6-46 所示，选择一种数据方向。

（2）用前面介绍的方法打开"设置单元格格式"对话框（在图 6-46 中选择"设置单元格对齐方式"也会打开"设置单元格格式"对话框），在"对齐"选项卡右侧的"方向"组，拖动指针或者在某个角度上单击，或者直接在下方的"度"文本框中输入数值，都可以调整数据的角度，如图 6-47 所示。

图 6-46　设置数据方向

6.6.3　设置表格边框

默认方式下，Excel 2010 编辑区中行与列之间的分隔线其实是没有的，用户可以根据需要为工作表添加边框和行列分隔线。方法如下。

（1）选择要添加边框和行列分隔线的单元格区域，打开"设置单元格格式"对话框，选择"边框"选项卡，如图 6-48 所示。

（2）在"线条"组的"样式"列表框中选择一种线条样式，在"颜色"下拉列表中选择一种颜色。

（3）在"预置"组中选择"外边框"，即可将刚才选择的线条样式和颜色用在所选表格区

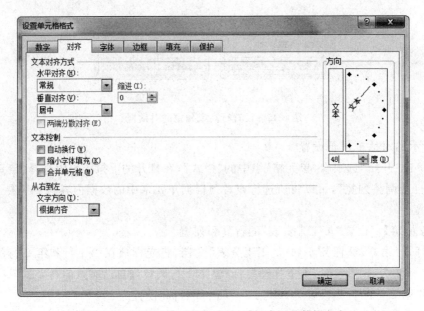

图 6-47　在"设置单元格格式"对话框中调整数据方向

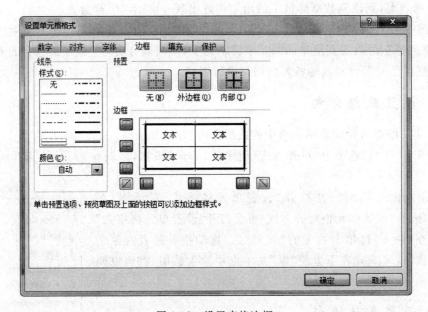

图 6-48　设置表格边框

域的外边框；选择"内部"，即可将刚才选择的线条样式和颜色用在所选表格区域的内部。

（4）在"边框"组中，用户可以查看预览效果。

（5）单击预览窗口左侧和下方的某个按钮，可以对该按钮对应的线条进行单独设置。

（6）最后单击"确定"按钮，完成设置。

【任务 6-15】　请读者按自己的喜好完成对"员工工资表"的外边框和行列分隔线的设置。

6.6.4 设置表格填充

为表格设置填充颜色的方法如下。

（1）选择要进行填充的单元格区域，然后打开"设置单元格格式"对话框，选择"填充"选项卡，如图 6-49 所示。

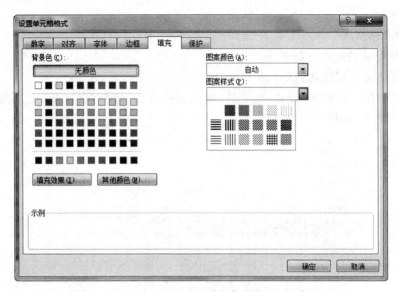

图 6-49　设置表格底纹

（2）在"背景色"下选择一种颜色，然后分别在"图案颜色"和"图案样式"中选择需要的图案颜色和样式。

（3）用户也可以根据需要单击"填充效果"按钮，打开"填充效果"对话框进行设置，如图 6-50 所示。

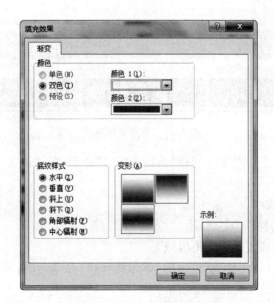

图 6-50　"填充效果"对话框

（4）最后单击"确定"按钮，保存填充设置。

【任务 6-16】 请读者按自己的喜好完成对"员工工资表"的填充设置。

6.6.5 套用内置样式

Excel 2010 自带了多种样式，用户可以对单元格或者工作表直接套用这些样式，从而快速地制作表格。

1. 套用表格格式

套用表格格式的操作方法如下。

（1）选择需要套用格式的单元格区域。

（2）单击"开始"选项卡"样式"组中的"套用表格格式"命令，在打开的下拉菜单中选择一种要套用的格式，如图 6-51 所示。

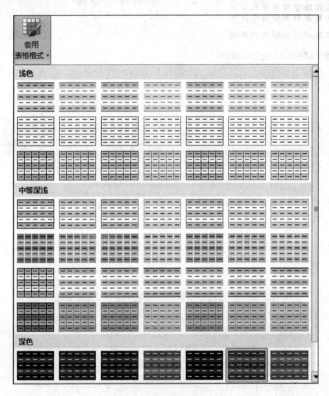

图 6-51 套用表格格式

（3）用户也可以在下拉菜单中选择"新建表样式"命令，自己建立一种表样式，方便以后套用。

2. 套用单元格样式

套用单元格样式的操作方法如下。

（1）选择需要套用格式的单元格区域。

（2）单击"开始"选项卡"样式"组中的"单元格样式"命令，在打开的下拉菜单中根据需要选择一种要套用的样式，如图 6-52 所示。

（3）用户也可以在下拉菜单中选择"新建单元格样式"命令，自己建立一种单元格样式。

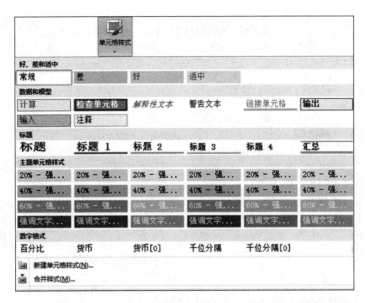

图 6-52　单元格样式

6.7　打印工作表

在打印输出 Excel 2010 工作表前,需要对页面进行设置,而且可以根据需要选择要打印的区域。工作表的打印与 Word 2010 文档的打印有很多不同之处。

6.7.1　页面设置

页面设置中包括设置纸张大小、纸张方向、页边距、页眉页脚和打印区域等。

1. 设置纸张大小、纸张方向和页边距

纸张大小、纸张方向和页边距的设置与 Word 2010 的设置基本相同,设置的方法主要有以下几种。

(1)打开“页面布局”选项卡,在“页面设置”组中分别单击“纸张大小”“纸张方向”“页边距”命令,在打开的下拉列表中分别选择或者自定义设置合适的纸张大小、纸张方向和页边距。

(2)单击“页面布局”选项卡“页面设置”组的对话框启动器,打开“页面设置”对话框。在对话框的“页面”和“页边距”选项卡中分别设置纸张大小、纸张方向和页边距,如图 6-53 和图 6-54 所示。

2. 设置页眉和页脚

在“页面设置”对话框中选择“页眉/页脚”选项卡,如图 6-55 所示,在“页眉”或者“页脚”下拉列表框中可以选择需要的页眉和页脚的内容样式。

单击“自定义页眉”按钮,打开“页眉”对话框,如图 6-56 所示。对话框下部的“左”“中”“右”三个文本框,分别表示文档页眉处的左、中、右区域,将光标定位在某个文本框中,然后按上面的提示文字,通过单击中间的按钮,可以插入文本、图片、日期和时间、文档名等。设

Excel 2010 基本操作

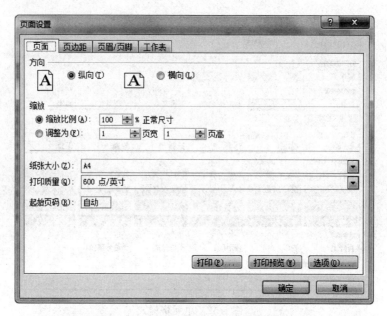

图 6-53　在"页面"选项卡中设置纸张大小和纸张方向

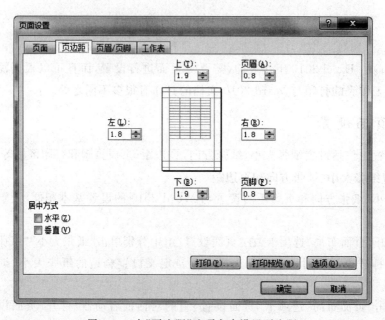

图 6-54　在"页边距"选项卡中设置页边距

置完成后单击"确定"按钮。

　　单击"页面设置"对话框的"自定义页脚"按钮,可以自己设置页脚。"自定义页脚"的方法与"自定义页眉"的方法相同。

　　除了可以在"页面设置"对话框中设置页眉和页脚,单击"插入"选项卡"文本"组中的"页眉和页脚"命令,也可以进入页眉和页脚编辑状态。在工作表的上方和下方分别出现"单击可添加页眉"和"单击可添加页脚"提示,单击后会出现"页眉和页脚工具(设计)"选项卡,如图 6-57 所示,同时可以看到"页眉"和"页脚"区分别由三个文本框分为"左""中""右"三个区

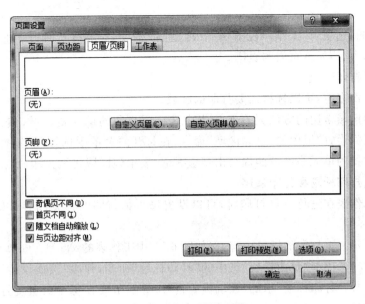

图 6-55　设置页眉和页脚

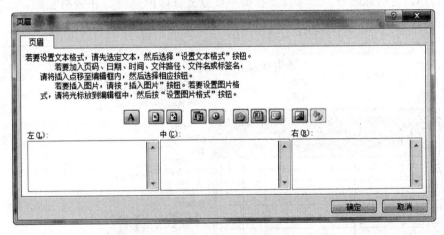

图 6-56　"页眉"对话框

域。选中某个区域,然后使用"页眉和页脚工具(设计)"选项卡中的命令可以设置页眉和页脚。

图 6-57　"页眉和页脚工具(设计)"选项卡

设置好页眉和页脚后,单击"视图"选项卡"工作簿视图"组中的"页面布局"命令,切换到页面布局视图,可以查看设置好的页眉和页脚,并可以单击页眉或者页脚区域重新编辑页眉

Excel 2010 基本操作

和页脚。

单击"视图"选项卡"工作簿视图"组中的"普通"命令,能够重新回到普通文档视图方式。普通文档视图下,不显示页眉和页脚。

3. 设置打印区域

在打印工作表时,可以选择需要打印的区域。

设置打印区域常用的方法是在工作表中选择要打印的单元格区域,然后单击"页面布局"选项卡"页面设置"组中的"打印区域"命令,在打开的菜单中选择"设置打印区域"命令,工作表中所选择的单元格区域四周会出现虚线框,表示该区域将被打印。

4. 设置打印标题和打印顺序

较大的工作表在进行分页打印时,可以设置每页都打印的标题内容,以方便查看表格内容。

选中要在每一页打印的标题内容,例如图 6-58 中工作表的 A5 到 O6 单元格区域,然后单击"页面布局"选项卡"页面设置"组中的"打印标题"命令,弹出"页面设置"对话框,在"工作表"选项卡中的"打印标题"组的"顶端标题行"中显示了要在每一页重复打印的标题行区域,用户也可以在此处修改。设置完成后单击"确定"按钮关闭对话框,此后在打印时,每一页都会打印设定的标题行。如果需要在每一页重复打印的标题行在表格左侧,可以用同样的方法在"打印标题"组中设置"左端标题列"。

图 6-58 "页面设置"对话框

打印顺序是指当选择的打印区域无法在设定的一张纸内全部打印完成,需要分页打印时,是按"先列后行"还是"先行后列"的顺序打印。在"页面设置"对话框"工作表"选项卡中的"打印顺序"组中,用户可以进行选择并预览效果。

6.7.2 打印预览和打印

在正式打印前,用户可以使用"打印预览"功能预览一下打印的效果,而且在"打印预览"时还可以进行一些设置,以取得较好的打印效果。

单击"文件"选项卡中的"打印"命令，或者在"页面设置"对话框中单击"打印预览"按钮，都可以打开如图 6-59 所示的打印页面。

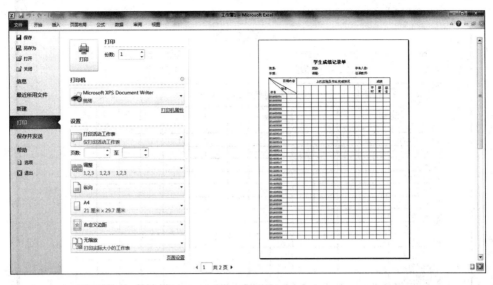

图 6-59　打印页面

在打印页面中可以设置纸张大小、纸张方向和打印份数等，这些都与 Word 2010 的打印设置基本相同。

在"设置"下的"打印活动工作表"下拉列表中可以选择打印的区域，如图 6-60 所示。

在"无缩放"下拉列表中可以设置缩放打印。当打印的内容无法在设定的一页纸张上显示完但又需要在一张纸上打印时，可以在列表中选择"将工作表调整为一页"选项，进行缩放打印，如图 6-61 所示。

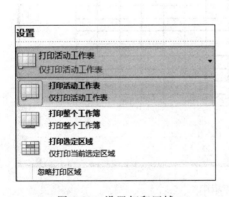

图 6-60　设置打印区域

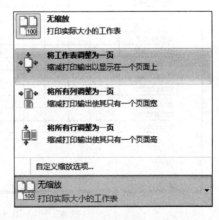

图 6-61　设置缩放打印

单击打印预览窗口右下方的"显示边距"按钮，预览窗口会出现一些灰色线条和黑色节点，如图 6-62 所示，用鼠标拖曳它们即可轻松调整页面的设置，从而获得更加美观合理的打印效果。

设置完成后，单击上方的"打印"按钮，即可进行打印。

Excel 2010 基本操作

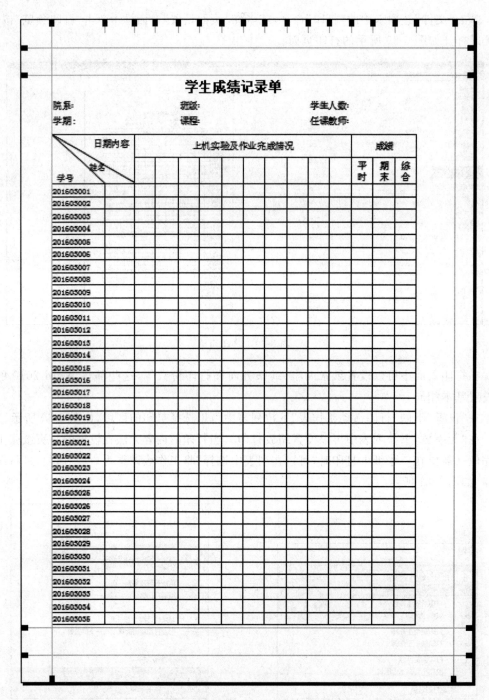

图 6-62　显示边距

6.8　综合练习

【综合练习一】　制作一个"考试成绩表"文档。

（1）新建一个工作簿，保存为"考试成绩表.xlsx"文档，保存位置自己选择。

（2）将 Sheet1 工作表重命名为"计算机学院学生成绩表"，输入表头数据和"姓名"列数据，如图 6-63 所示。

	A	B	C	D	E	F	G	H	I	J
1	序号	学号	姓名	性别	专业	高等数学	大学英语	大学计算机	总分	平均分
2		20165003001	王琳琳							
3		20165003002	王春							
4		20165003003	许丽远							
5		20165003004	李敏慧							
6		20165003005	江家红							
7		20165003006	冯盼盼							
8		20165003007	钱多多							
9		20165003008	夏雨							
10		20165003009	牛志远							
11		20165003010	郑直							
12		20165003011	贺梦梦							
13		20165003012	陈国胜							
14		20165003013	马思齐							
15		20165003014	李云							
16		20165003015	唐诗							
17		20165003016	国强							
18		20165003017	白玉兰							
19		20165003018	刘家乐							
20		20165003019	宋文思							
21		20165003020	潘大江							

图 6-63 "学生成绩表"原始数据

（3）"序号"列数据用等差数列自动填充为 1~20；"学号"列数据也用自动填充，并设置为文本格式。

（4）用数据有效性分别给"性别"列和"专业"列制作下拉菜单，"性别"列提供两个选项"男、女"，"专业"列提供三个选项"计算机科学、软件工程、物联网"。

（5）设置 F、G、H 列只允许输入 0~100 之间的整数。

（6）在 D 到 H 列数据区域输入数据。

（7）在第一行插入空行，在 A1 单元格中输入数据"计算机学院学生成绩表"，合并 A1 到 J1 单元格，并使表标题文字居中，如图 6-64 所示。

	A	B	C	D	E	F	G	H	I	J
1					计算机学院学生成绩表					
2	序号	学号	姓名	性别	专业	高等数学	大学英语	大学计算机	总分	平均分
3	1	20165003001	王琳琳	女	计算机科学	86	88	98		
4	2	20165003002	王春	男	计算机科学	66	98	44		
5	3	20165003003	许丽远	女	计算机科学	73	75	89		
6	4	20165003004	李敏慧	女	计算机科学	88	85	90		
7	5	20165003005	江家红	女	计算机科学	56	87	89		
8	6	20165003006	冯盼盼	女	软件工程	89	67	45		
9	7	20165003007	钱多多	女	软件工程	65	78	85		
10	8	20165003008	夏雨	男	软件工程	45	52	87		
11	9	20165003009	牛志远	男	软件工程	89	94	96		
12	10	20165003010	郑直	男	软件工程	98	94	98		
13	11	20165003011	贺梦梦	女	软件工程	92	84	89		
14	12	20165003012	陈国胜	男	软件工程	49	74	92		
15	13	20165003013	马思齐	女	物联网	87	96	89		
16	14	20165003014	李云	女	物联网	56	67	48		
17	15	20165003015	唐诗	女	物联网	80	73	56		
18	16	20165003016	国强	男	物联网	76	78	67		
19	17	20165003017	白玉兰	女	物联网	90	83	76		
20	18	20165003018	刘家乐	男	物联网	86	87	92		
21	19	20165003019	宋文思	男	物联网	79	67	96		
22	20	20165003020	潘大江	男	物联网	82	89	91		

图 6-64 输入数据

（8）最后保存文档。完成后的文档可以参考"第 6 章\综合练习一\考试成绩表-完成"文档。

【综合练习二】 对"学生成绩表"文档进行美化。

（1）打开"第 6 章\综合练习二\考试成绩表"文档。

（2）选中 A1 单元格，根据自己的喜好设置字体、字号，并添加底纹，如"黑体、24 号、加粗、浅绿色底纹"。

（3）选中 A2 到 J2 行，根据自己的喜好设置字体、字号及对齐方式，如"黑体、18 号、不加粗，居中"。

（4）根据自己的喜好设置其他数据的字体、字号、对齐方式等。

（5）根据自己的喜好或需要调整数据的行高、列宽。

（6）设置表标题无边线，表格 A2～H22 区域外边框为粗实线，内边框为细实线，第二行与第三行之间用双实线。

（7）美化后的表格部分区域参见图 6-65。

序号	学号	姓名	性别	专业	高等数学	大学英语	大学计算机
				计算机学院学生成绩表			
1	20165003001	王琳琳	女	计算机科学	86	88	98
2	20165003002	王春	男	计算机科学	66	98	44
3	20165003003	许丽远	女	计算机科学	73	75	89
4	20165003004	李敏慧	女	计算机科学	88	85	90
5	20165003005	江家红	女	计算机科学	56	87	89
6	20165003006	冯盼盼	女	软件工程	89	67	45
7	20165003007	钱多多	女	软件工程	65	78	85
8	20165003008	夏雨	男	软件工程	45	52	87
9	20165003009	牛志远	男	软件工程	89	94	96
10	20165003010	郑喜	男	软件工程	98	94	98
11	20165003011	贺梦梦	女	软件工程	92	84	89
12	20165003012	陈国胜	男	软件工程	49	74	92
13	20165003013	马思齐	女	物联网	87	96	89
14	20165003014	李云	女	物联网	56	67	48
15	20165003015	唐诗	女	物联网	80	73	56
16	20165003016	国强	男	物联网	76	78	67
17	20165003017	白玉兰	女	物联网	90	83	76
18	20165003018	刘家乐	男	物联网	86	87	92
19	20165003019	宋文思	男	物联网	79	67	96
20	20165003020	潘大江	男	物联网	82	89	91

图 6-65 美化表格示例

（8）最后保存该文档，在第 7 章将会使用公式和函数进行运算，继续完成该文档。

第7章　公式和函数

本章学习目标
- 理解单元格的引用方法；
- 熟练掌握 Excel 的公式和函数的输入和编辑。

本章首先介绍了 Excel 2010 中的运算符，然后介绍了单元格的引用方法，最后介绍了 Excel 2010 中公式和函数的使用。

7.1　Excel 2010 的运算符

Excel 2010 具有强大的计算功能，从而使用户能够轻松应对日常办公中各种数据的运算，提高工作效率。

Excel 2010 的公式都以"＝"开头，公式中可以包含常量（如数值"6"）、单元格引用（如"A1"）、运算符和函数。

Excel 2010 中包含 4 种类型的运算符：算术运算符、比较运算符、文本连接运算符和引用运算符。

7.1.1　算术运算符

算术运算符用于完成基本的数学运算，Excel 中的算术运算符如下。

（1）＋（加号）：加法运算符，与数学中的加法运算规则相同。例如计算 A1 和 A2 两个单元格的和，可表示为"A1＋A2"。

（2）－（减号）：减法运算符或者负数运算符，与数学中的减法运算规则相同，或者用来表示一个负数。例如计算 A1 和 A2 两个单元格的差，可表示为"A1－A2"。

（3）＊（星号）：乘法运算符，与数学中的乘法运算规则相同。例如计算 A1 和 A2 两个单元格的积，可表示为"A1 ＊ A2"。

（4）/（正斜杠）：除法运算符，与数学中的除法运算规则相同。例如计算 A1 和 A2 两个单元格的商，可表示为"A1 / A2"，此时要注意 A2 单元格的数值不能为 0。

（5）％（百分号）：用于表示百分比。例如在单元格中输入"＝9％"确认后，单元格中显示"0.09"。

（6）^（脱字号）：乘方运算符。例如数值 3 的平方，可表示为"3^2"，运算结果是"9"。

7.1.2　比较运算符

比较运算符用于比较两个值，运算结果为逻辑值"TRUE"（真）或"FALSE"（假）。Excel

2010 中的比较运算符有：＝(等于)、＞(大于)、＜(小于)、＞＝(大于或等于)、＜＝(小于或等于)和＜＞(不等于)。

例如，A1 单元格的值为 3，A2 单元格的值为 5，则"＝A1＜A2"的运算结果为"TRUE"，"＝A1＞＝A2"的运算结果为"FALSE"。

7.1.3　文本连接运算符

Excel 2010 的文本连接运算符是"&"(与号)，用于连接一个或多个文本字符串，以生成一段文本。

例如，在 A1、A2 和 A3 单元格中分别输入"明天""是"和"Monday"，然后在 B1 单元格中输入"＝A1&A2&A3"，确认后 B1 单元格中显示为"明天是 Monday"。

7.1.4　引用运算符

引用运算符主要用于在公式中表示参加运算的单元格区域，引用运算符有以下三个。

(1) ：(冒号)：区域运算符，表示"："前后两个单元格(包括这两个单元格)之间的所有单元格区域。例如"A1：B3"，表示 A1、A2、A3、B1、B2、B3 这 6 个单元格。

(2) ，(逗号)：联合运算符，表示将多个引用合并为一个引用。例如"A1，B3"，表示 A1 和 B3 这两个单元格。逗号还经常在函数中用作函数参数之间的分隔符。

(3) (空格)：交集运算符，生成一个对两个引用中共有单元格(即交集)的引用。例如"A1：B3　B2：B4"，表示 B2、B3 这两个单元格。

7.1.5　运算符的优先级别

运算符的优先级别决定计算的顺序。如果一个公式中有若干个运算符，Excel 2010 将按运算符的优先级别从高到低进行计算。如果优先级别相同，则 Excel 2010 将从左到右进行计算。用户也可以用"()"(即小括号)来改变计算顺序。小括号还可以嵌套，这时要从最内层括号开始计算。

运算符的优先级别如表 7-1 所示。

表 7-1　运算符的优先级别

优　先　级	运　算　符	含　义
1	：(冒号)	引用运算符
2	(单个空格)	
3	，(逗号)	
4	－	负数
5	％	百分比
6	^	乘方
7	*和/	乘和除
8	＋和－	加和减
9	&	连接两个文本字符串

优 先 级	运 算 符	含 义
10	=	
11	<和>	
12	<=	比较运算符
13	>=	
14	<>	

7.2 单元格引用

在 Excel 2010 中使用公式进行运算时,通常不直接使用单元格中的数据进行运算,而是在公式中使用单元格引用(即单元格的名称,也称为单元格的地址)。这样便于用户使用填充柄来快速填充以完成相同运算,并且,当用户修改了某个单元格中的数据时,使用了该单元格引用的公式的运算结果会自动进行更新。

引用的作用在于标识工作表上的单元格或单元格区域,并告知 Excel 2010 在何处查找要在公式中使用的数据。

单元格的引用有三种方式:相对引用、绝对引用和混合引用。

7.2.1 相对引用

"相对引用"也称为"相对地址",是在公式中直接使用单元格的名称(如"B4"),当把该公式复制到其他单元格时,公式中引用的单元格地址会随之改变。默认情况下,公式中使用的都是相对引用。

【任务 7-1】 相对引用的使用。

(1) 新建一个工作簿,保存文件名为"单元格引用. xlsx"。在 Sheet1 工作表的"A1:A5"和"B1:B5"单元格中分别输入数据,如图 7-1 所示。

(2) 在 C1 单元格中输入"＝A1＊B1",然后按 Ctrl＋Enter 快捷键,可以看到 C1 单元格中显示了运算结果"3",上面的编辑栏中显示了刚才输入的公式,如图 7-2 所示。

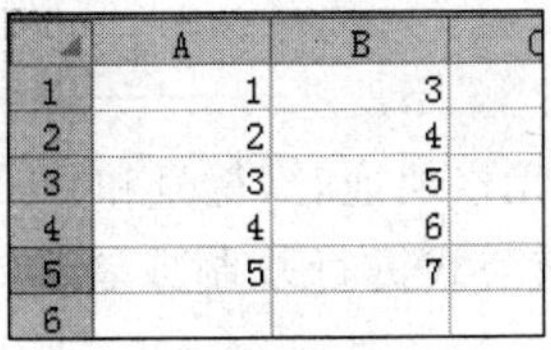

图 7-1 数据示例   图 7-2 在公式中使用相对引用

(3) 向下拖动 C1 单元格的填充柄至 C5 单元格,进行公式的填充,可以看到 C2 到 C5 单元格显示了不同的数据,如图 7-3 所示。

(4) 单击 C4 单元格,看到编辑栏中显示的是"＝A4＊B4",因此单元格中显示的运算结果是"24"。

(5) 相对引用时单元格地址的变化规律:当拖动

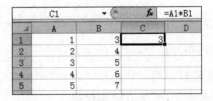

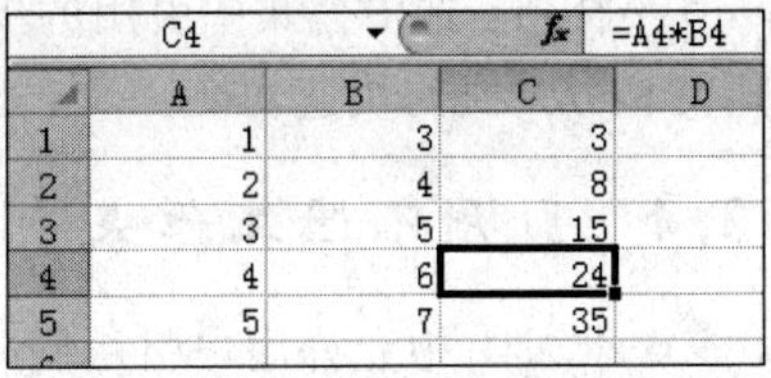

图 7-3 用填充柄填充公式

填充柄向下填充公式时,其实是将公式进行了复制。由于公式中使用的是相对引用,因而,公式从 C1 单元格复制到 C4 单元格时,行号和列号变化了(本例中列号未变,行号增加了3),公式中引用的 A1 和 B1 单元格的行号和列号也会发生相对变化(本例中列不变,行号增加 3,于是 A1 变成了 A4,B1 变成了 B4,C4 单元格的公式变成了"=A4 * B4",计算结果为 24)。

7.2.2 绝对引用

"绝对引用"也称为"绝对地址",是使用单元格的名称时,在列号和行号前都加一个符号"$"(如"$B$4"),这样一来,当把该公式复制到其他单元格时,公式中引用的单元格不会发生变化。

【任务 7-2】 绝对引用的使用。

(1) 打开"第 7 章\任务 7-2\单元格引用"工作簿,在 Sheet1 工作表的 D1 单元格中输入"=$A$1 * $B$1",然后按 Ctrl+Enter 快捷键,可以看到 D1 单元格显示的运算结果仍然为"3",上面的编辑栏中显示了刚才输入的公式,如图 7-4 所示。

(2) 向下拖动 D1 单元格的填充柄至 D5 单元格,进行公式的填充,可以看到 D2 到 D5 单元格显示了相同的数据,如图 7-5 所示。

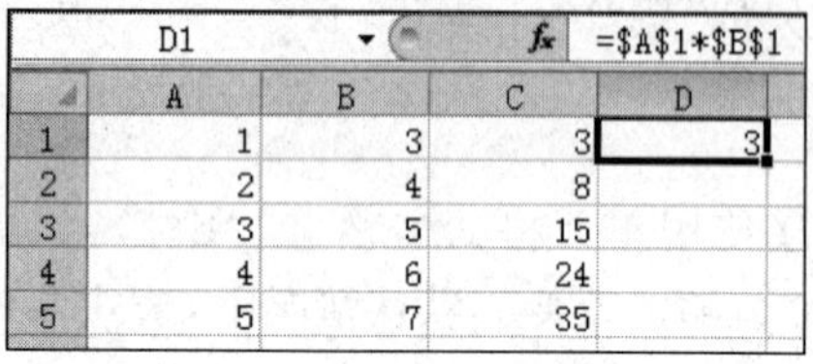

图 7-4　在公式中使用绝对引用 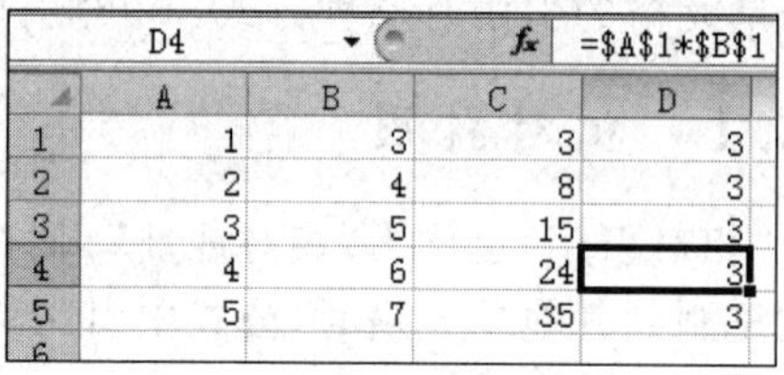　　　　　　　图 7-5　用填充柄填充公式

(3) 选中 D2 到 D5 单元格中的任意一个单元格,可以看到编辑栏中显示的公式都是"=$A$1 * $B$1",因此单元格中显示的运算结果都是 3。

(4) 绝对引用时单元格地址的变化规律:在公式中使用绝对引用时,当拖动填充柄向下填充公式,将公式复制到不同单元格时,公式中引用的单元格地址保持不变。

7.2.3 混合引用

"混合引用"也称为"混合地址",是在公式中引用单元格地址时,行号和列号一个是相对引用,一个是绝对引用(如"A$1"或者"$A1"),当把该公式进行复制或者移动时,相对引用会发生相对变化,而绝对引用保持不变。

☞请读者在"单元格引用"工作簿中,使用含有混合引用的公式,并分析运算结果。

☞小技巧:选中公式中引用的单元格,重复按 F4 键,可以在相对引用、绝对引用和混合引用几种方式之间快速切换。

7.2.4 引用不同工作表中的单元格

Excel 2010 中允许用户引用同一个工作簿其他工作表中的单元格数据,以及其他工作簿中的单元格数据。引用其他工作簿中的单元格被称为"链接"或"外部引用"。

1. 引用同一个工作簿中其他工作表中的单元格

要引用同一个工作簿中其他工作表中的单元格,引用方法是在单元格引用前加上所在的工作表名,中间用"!"(感叹号)分隔。

例如,要在 Sheet2 工作表中引用 Sheet1 工作表中的 B3 单元格,则表示为"Sheet1!B3";而"Sheet1!B3:C5"则表示要引用 Sheet1 工作表中 B3 至 C5 单元格区域。

2. 引用其他工作簿中的单元格

要引用其他工作簿中的单元格,引用方法是在要引用的单元格前加上单元格所在的工作表名和工作簿名,其中,工作表名后仍用"!"与单元格分隔,工作簿名放在工作表名前,用一对"[ ]"(中括号)括住,即"[工作簿名]工作表名!单元格"。

例如,要在一个新工作簿中引用"学生成绩表"工作簿 Sheet1 工作表中的 B3 单元格,则表示为"[学生成绩表]Sheet1!B3";而"[学生成绩表]Sheet1!B3:C5"则表示要引用"学生成绩表"工作簿 Sheet1 工作表中的 B3 至 C5 单元格区域。

3. 三维引用

三维引用指的是引用同一工作簿的多个工作表中的相同单元格或者单元格区域中的数据,引用方法是"开始工作表名:结束工作表名!单元格"。

例如,"(Sheet2:Sheet5!B5)"表示要引用从 Sheet2 到 Sheet5 所有工作表中 B5 单元格的数据;"(Sheet2:Sheet5!B5:C6)"则表示要引用从 Sheet2 到 Sheet5 所有工作表中 B5 到 C6 单元格区域的数据。

☞请读者练习以上引用方法。

使用以上三种引用时,如果对引用区域内的工作表进行了插入、删除、移动、复制、重命名等操作,要注意查看并及时修改引用的工作表名等,以免发生运算错误。

7.3 公式和函数的输入和编辑

Excel 2010 的公式都以"="开头,公式中可以包含常量、单元格引用、运算符和函数。在公式中,所有的运算符都必须是西文的半角字符。

7.3.1 公式的输入和编辑

1. 公式的输入

在输入公式中要引用的单元格时,可以直接输入单元格的地址,也可以通过单击要使用的单元格,完成公式中单元格引用的输入。

【任务 7-3】 用公式计算"员工工资表"中的应发工资。

(1) 打开"第 7 章\任务 7-3\员工工资表"文档,选中 J3 单元格。

(2) 在单元格或者编辑栏中输入"=G3+H3+I3"(字母不用区分大小写),然后按 Enter 键或者 Ctrl+Enter 快捷键(按快捷键后光标仍然定位在 J3 单元格),计算出第一位员工的应发工资。

(3) 向下拖动 J3 单元格的填充柄至 J13 单元格,计算出所有员工的应发工资,如图 7-6 所示。

(4) 在 J3 单元格输入公式时,也可以在输入"="后,单击 G3 单元格,这时可以看到在

	A	B	C	D	E	F	G	H	I	J	
1	公司员工工资表										
2	序号	姓名	工号	部门	职务	出生年月	基本工资	津贴	奖金	应发工资	个
3	1	Rose	0101	销售部	部长	1984/7/2	4500	1450	1200	7150	
4	2	齐大鹏	0102	销售部	业务员	1972/12/25	3400	1260	890	5550	
5	3	刘波	0103	销售部	业务员	1965/4/16	4000	1320	780	6100	
6	4	韩梅梅	0104	销售部	业务员	1980/8/23	3840	1270	830	5940	
7	5	Tom	0203	财务部	部长	1978/3/6	4000	1350	400	5750	
8	6	张清山	0204	财务部	出纳	1972/9/3	3450	1230	290	4970	
9	7	陆川	0301	技术部	部长	1974/10/3	3380	1210	540	5130	
10	8	郭明丽	0302	技术部	技术员	1976/7/9	3900	1280	350	5530	
11	9	赵路	0303	技术部	工程师	1986/1/23	4600	1540	650	6790	
12	10	黎明	0304	技术部	技术员	1971/3/12	3880	1270	420	5570	
13	11	郑凯旋	0201	财务部	会计	1975/9/28	3950	1290	350	5590	
14	12	李海涛	0106	销售部	业务员	1987/2/12	4300	1400	1000	6700	
15	13	胡志刚	0110	销售部	业务员	1984/4/19	3930	1300	650	5880	
16											

图 7-6　用公式计算

“=”后面自动输入了“G3”，同时 G3 单元格的边框呈现高亮选中状态，如图 7-7 所示，再从键盘输入“+”，然后单击 H3 单元格，再从键盘输入“+”，单击 I3 单元格，最后单击编辑栏前的“✓”(对号)确认。

月	基本工资	津贴	奖金	应发工资	个
7/2	4500	1450	1200	=G3	
/25	3400	1260	890		
/16	4000	1320	780		

图 7-7　单击单元格输入

2. 公式的编辑

如果要对输入的公式重新编辑，可以使用以下方法。

(1) 双击公式所在的单元格，单元格中出现闪烁的光标，用户可以直接在单元格中修改，也可以在编辑栏中单击，将光标定位在编辑栏中修改。

(2) 单击公式所在的单元格，再单击编辑栏，在编辑栏中修改。

(3) 单击公式所在的单元格，按 F2 键，进入公式编辑状态后，在单元格或者编辑栏中修改。

通过上面的练习，希望读者能够掌握：

(1) 在公式中用到单元格引用时，既可以手动输入，输入时字母不必区分大小写，也可以单击要引用的单元格自动输入。后者可以有效提高输入效率，并且能够尽量避免手动输入可能出现的失误。

(2) 输入完成后，按 Enter 键确认后，光标会定位在同一列的下一行的单元格上；按 Ctrl+Enter 快捷键或者单击编辑栏前的“✓”(对号)确认后，光标仍然定位在当前单元格；按 Tab 键确认后，光标会定位在同一行的下一列的单元格上。

(3) 对公式重新编辑的方法。

7.3.2　函数的输入和编辑

Excel 2010 为用户提供了包含几千个函数的函数库，在公式中使用函数能够使运算更加方便，并且能够完成比较复杂的运算。

在本节中不仅要学习如何插入和编辑函数，更要学会如何查找所需函数，以及如何通过帮助学会如何使用函数。

在公式中插入函数的方法主要有以下几种。

（1）单击编辑栏前的"插入函数"按钮 f_x，打开"插入函数"对话框，如图7-8所示。

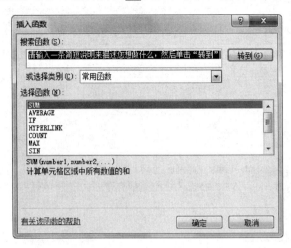

图7-8 "插入函数"对话框

（2）单击"开始"选项卡"编辑"组中的"自动求和"下拉按钮 Σ 自动求和▾，在打开的下拉菜单中选择"其他函数"命令，打开如图7-8所示的"插入函数"对话框。

（3）单击"公式"选项卡"函数库"组中最左边的"插入函数"命令，打开如图7-8的"插入函数"对话框。

（4）单击"公式"选项卡"函数库"组中某个分类按钮，在打开的下拉菜单中选择"插入函数"命令，打开如图7-8所示的"插入函数"对话框。

用户也可以通过以下方法直接插入需要使用的函数。

（1）单击"开始"选项卡"编辑"组中的"自动求和"下拉按钮 Σ 自动求和▾，在打开的下拉菜单中提供了几个常用的函数，直接单击选择某个函数。

（2）单击"公式"选项卡"函数库"组中某个分类按钮，在打开的下拉菜单中选择所需的函数。

选择要使用的函数后，在单元格的公式中会自动出现"＝"，后面是函数名和一对小括号，同时打开"函数参数"对话框，等待用户设置函数的参数，如图7-9所示为选择IF函数后单元格的显示以及出现的"函数参数"对话框。

参数是函数使用的信息，不同的函数要求有不同的参数个数和参数类型（例如数字、文本或是对其他单元格的引用等）。用户可以用以下几种方法输入参数。

（1）在函数名后的一对小括号内直接用键盘手动输入参数。

（2）如果参数是单元格的引用，将光标定位在参数位置，然后用鼠标直接单击参数对应的单元格。如果参数是单元格区域，可以用鼠标拖动选择连续区域，或是按住Ctrl键配合拖动选择不连续区域。

（3）在"函数参数"对话框参数名后的文本框中，用键盘手动输入参数，或者用鼠标在工作表中拖动选择参数区域。

（4）在"函数参数"对话框中，单击文本框后的 按钮，会弹出设置当前参数的"函数参数"对话框，如图7-10所示，在文本框中用键盘手动输入参数，或者用鼠标在工作表中拖动选择参数区域，然后单击文本框后面的 按钮返回。

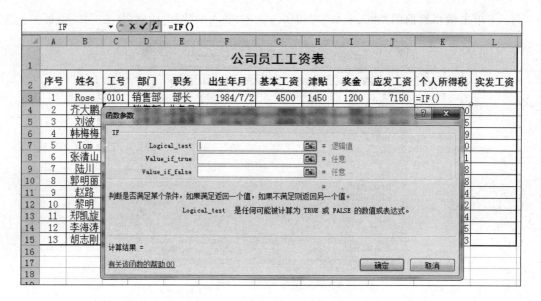

图 7-9　设置"函数参数"对话框

图 7-10　"函数参数"对话框

【任务 7-4】　用函数计算"员工工资表"中的"应发工资"。

（1）打开"第 7 章\任务 7-4\员工工资表"文档，选定 J3 单元格。

（2）单击"开始"选项卡"编辑"组中的"自动求和"命令 **Σ 自动求和 ·**；或者单击命令后面的小三角，在打开的下拉菜单中选择"求和"。单元格中自动出现了"＝SUM（G3：I3）"，如图 7-11 所示。可以看到，像"自动求和"等一些函数非常智能，它会自动将所选单元格左侧或者上方所有默认为数值的单元格区域作为函数的参数。用户可以用前面介绍的方法，修改参加计算的单元格区域。本例中不需要修改，直接确认即可。

（3）拖动 J3 单元格的填充柄，完成所有员工"应发工资"的计算。

☝在"自动求和"下拉菜单 **Σ 自动求和 ·** 中还有"平均值""计数""最大值"和"最小值"等几个命令，如图 7-12 所示，请读者自己练习掌握这几个常用函数的使用。

图 7-11　使用"自动求和"命令　　　　　　　　　　　　　图 7-12　"自动求和"下拉菜单

【任务7-5】 用函数计算"员工工资表"中的"个人所得税"。

预备知识1：个人所得税的计算。

根据我国目前规定，个人所得税起征点为3500元，工资和薪金所得，适用7级超额累进税率，税率为3％～45％，详见表7-2。表中"含税级距"中的"应纳税所得额"，是指"每月收入金额－各项社会保险金－起征点3500元的余额"。

表7-2　7级超额累进税率（适用于工资薪金所得）

级　　数	全月应纳税所得额（含税级距）	税率/％	速算扣除数
1	不超过1500元	3	0
2	超过1500元至4500元的部分	10	105
3	超过4500元至9000元的部分	20	555
4	超过9000元至35 000元的部分	25	1005
5	超过35 000元至55 000元的部分	30	2755
6	超过55 000元至80 000元的部分	35	5505
7	超过80 000元的部分	45	13 505

为简便起见，本例中不考虑各项社会保险金，因此本例中个人所得税的具体计算方法为：

应纳税所得额 ＝ 工资收入金额 － 起征点（3500 元）
应纳税额 ＝ 应纳税所得额 × 税率 － 速算扣除数

预备知识2：通过 Excel 2010 的帮助，学习如何查找函数以及使用函数。

在本任务计算个人所得税时，要根据不同的所得额计算出应纳税额，这时需要用到 Excel 2010 提供的一个逻辑函数 IF。那么，IF 函数是做什么的呢？该怎么使用这个函数呢？

打开"插入函数"对话框，在"或选择类别"中选择"逻辑"，在"选择函数"列表框中选择 IF，这时在"选择函数"列表框下方，会出现该函数的语法格式和简短说明，用户可以了解该函数的作用和用法，从而判断该函数是不是需要使用的函数，如图7-13所示。如果想更加详细地查看该函数的语法和用法，可以单击左下角的"有关该函数的帮助"，打开"Excel 帮助"，如图7-14所示。

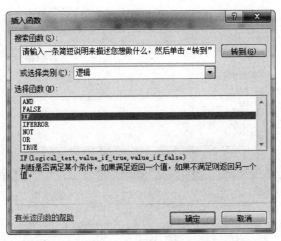

图7-13　在"插入函数"对话框中查看函数说明

图 7-14　"Excel 帮助"窗口

面对 Excel 2010 中数千个函数,用户如何知道当前运算时该选择哪一个函数呢?

在图 7-13"插入函数"对话框最上面的"搜索函数"文本框内,用户可以"输入一条简短说明来描述您想做什么",然后单击后面的"转到"按钮,系统会根据用户的描述将推荐函数显示在"选择函数"列表中。例如,用户在"搜索函数"文本框内输入"排序"后,系统在"选择函数"列表框中显示的推荐函数如图 7-15 所示。

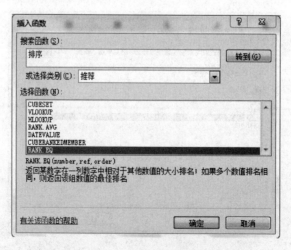

图 7-15　系统为用户推荐的"排序"函数

✋请读者通过查看帮助，学习一下 IF 函数的语法和使用方法。

预备知识 3：IF 函数的语法和使用方法。

通过刚才查看帮助，读者应该知道：IF 函数是常用的一个逻辑函数，它用于判断是否满足某个条件，如果满足，则返回一个值；如果不满足，则返回另一个值。

IF 函数的语法形式为：

```
IF(logical_test,[value_if_true],[value_if_false])
```

其中：

logical_test 参数是必需的，它是计算结果可能为"TRUE"或"FALSE"的任意值或者表达式，此参数可以使用任何比较运算符。

value_if_true 参数是可选的，它是 logical_test 参数的计算结果为"TRUE"时所要返回的值。

value_if_false 参数也是可选的，它是 logical_test 参数的计算结果为"FALSE"时所要返回的值。

例如，"=IF(3<9,"YES","NO")"的运算结果就是"YES"。

IF 函数还允许嵌套，即 IF 函数的参数可以又是一个 IF 函数。

根据个人所得税的计算方法，可以知道，如果"应发工资≤3500 元"，个人所得税为 0；如果"应发工资>3500 元而≤5000 元"，个人所得税为"(应发工资－3500)×3%"；如果"应发工资>5000 元而≤8000 元"，个人所得税为"(应发工资－3500)×10%－105"；依此类推。

由于本任务中应发工资最高不超过 8000 元，为便于初次使用 IF 函数的读者理解，针对本任务，可以写出计算个人所得税的 IF 函数如下："=IF(J3<=3500,0,IF(J3<=5000,(J3-3500)*3%,IF(J3<=8000,(J3-3500)*10%-105)))"。这是一个三层嵌套的 IF 函数。

打开"第 7 章\任务 7-5\员工工资表"文档，选定 K3 单元格，输入上面的公式"=IF(J3<=3500,0,IF(J3<=5000,(J3-3500)*3%,IF(J3<=8000,(J3-3500)*10%-105)))"，确认后计算出该员工的个人所得税；然后向下拖动 K3 单元格的填充柄，计算出所有员工的个人所得税，结果如图 7-16 所示。

	A	B	C	D	E	F	G	H	I	J	K	L
1	公司员工工资表											
2	序号	姓名	工号	部门	职务	出生年月	基本工资	津贴	奖金	应发工资	个人所得税	实发工资
3	1	Rose	0101	销售部	部长	1984/7/2	4500	1450	1200	7150	260	
4	2	齐大鹏	0102	销售部	业务员	1972/12/25	3400	1260	890	5550	100	
5	3	刘波	0103	销售部	业务员	1965/4/16	4000	1320	780	6100	155	
6	4	韩梅梅	0104	销售部	业务员	1980/8/23	3840	1270	830	5940	139	
7	5	Tom	0203	财务部	部长	1978/3/6	4000	1350	400	5750	120	
8	6	张清山	0204	财务部	出纳	1972/9/3	3450	1230	290	4970	44.1	
9	7	陆川	0301	技术部	部长	1974/10/3	3380	1210	540	5130	58	
10	8	郭明丽	0302	技术部	技术员	1976/7/9	3900	1280	350	5530	98	
11	9	赵路	0303	技术部	工程师	1986/1/23	4600	1540	650	6790	224	
12	10	黎明	0304	技术部	技术员	1971/3/12	3880	1270	420	5570	102	
13	11	郑凯旋	0201	财务部	会计	1975/9/28	3950	1290	350	5590	104	
14	12	李海涛	0106	销售部	业务员	1987/2/12	4300	1400	1000	6700	215	
15	13	胡志刚	0110	销售部	业务员	1984/4/19	3930	1300	650	5880	133	
16												

图 7-16　用 IF 函数计算个人所得税

👆请读者按照个人所得税的计算方法,将上面的 IF 函数补充完整,即对"应发工资"超过 8000 元的也能计算出"个人所得税",并在 J 列的空白单元格内输入不同数据,测试公式的正确性。

👆请读者在"员工工资表"中利用公式"实发工资＝应发工资－个人所得税"计算出所有员工的"实发工资"。

7.3.3 在公式中使用名称

在 Excel 2010 中,允许用户将一些单元格、单元格区域、公式或者常量值定义为一个标识符,即"名称"。在公式或者函数中使用"名称"代替要参加运算的数据区域,使公式更为简洁,而且也能够有效地避免错误。

1. 名称的命名规则和适用范围

在 Excel 2010 中定义名称时需要遵守以下语法规则。

(1) 名称的第一个字符必须是中英文字符、下画线(_)或者反斜杠(\),其余字符可以是中英文字符、数字、句点(.)和下画线,下画线和句点通常作为单词分隔符,例如名称 Sales_Tax 或者 First. Quarter。

(2) 名称中不允许使用空格;不能用运算符和函数名作为名称;也不能将大小写字母 C、c、R 或 r 用作已定义名称,因为当在"名称"或"定位"文本框中输入这些字母中的两个时,会将它们作为当前选定的单元格选择行或列的简略表示法。

(3) 一个名称最多可以包含 255 个字符。

(4) 名称中不区分大写字符和小写字符。

所有名称都有一个适用范围,名称的适用范围是指在没有限定的情况下能够识别名称的位置。

例如,如果定义了一个名称(如 Budget_FY08),并且其适用范围为 Sheet1 工作表,则该名称在没有限定的情况下只能在 Sheet1 工作表中被使用,而不能在其他工作表中被使用。如果要在另一个工作表中使用名称 Budget_FY08,可以通过在它前面加上该工作表的名称来限定它,如 Sheet1! Budget_FY08。

名称在其适用范围内必须始终唯一。Excel 2010 不允许在同一适用范围内定义相同的名称,但是,允许在不同的适用范围内使用相同的名称。

2. 创建名称

创建名称的方法比较多,常用的有以下几种方法。

第一种创建名称的方法:选定要定义名称的数据区域,然后在"名称框"中直接输入名称,即可为选定的单元格区域创建一个名称。

例如选定"员工工资表"中"应发工资"列数据区域,即 J3 到 J15 单元格,然后单击"名称框"并输入"应发的工资",即为 J3 到 J15 单元格区域创建了一个名称"应发的工资",如图 7-17 所示。

第二种创建名称的方法:选择要命名的区域,包括行或者列标签,例如选中"员工工资表"的 I2 到 I15 单元格区域,即包含"奖金"列标签的数据区域,然后单击"公式"选项卡"定义的名称"组中的"根据所选内容创建"命令,打开"以选定区域创建名称"对话框,如图 7-18 所示,通过选中"首行""最左列""末行"或"最右列"复选框来指定包含标签的位置,本例中选

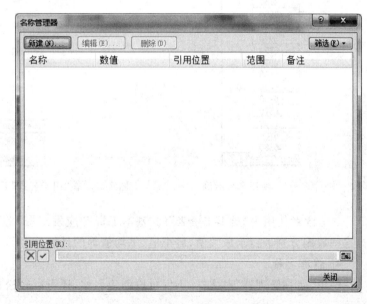

应发的工资　　　▼　　fx　=SUM(G3:I3)

	A	B	C	D	E	F	G	H	I	J	K	L
1						公司员工工资表						
2	序号	姓名	工号	部门	职务	出生年月	基本工资	津贴	奖金	应发工资	个人所得税	实发工资
3	1	Rose	0101	销售部	部长	1984/7/2	4500	1450	1200	7150	260	6890.00
4	2	齐大鹏	0102	销售部	业务员	1972/12/25	3400	1260	890	5550	100	5450.00
5	3	刘波	0103	销售部	业务员	1965/4/16	4000	1320	780	6100	155	5945.00
6	4	韩梅梅	0104	销售部	业务员	1980/8/23	3840	1270	830	5940	139	5801.00
7	5	Tom	0203	财务部	部长	1978/3/6	4000	1350	400	5750	120	5630.00
8	6	张清山	0204	财务部	出纳	1972/9/3	3450	1230	290	4970	44.1	4925.90
9	7	陆川	0301	技术部	部长	1974/10/3	3380	1210	540	5130	58	5072.00
10	8	郭明丽	0302	技术部	技术员	1976/7/9	3900	1280	350	5530	98	5432.00
11	9	赵路	0303	技术部	工程师	1986/1/23	4600	1540	650	6790	224	6566.00
12	10	黎明	0304	技术部	技术员	1971/3/12	3880	1270	420	5570	102	5468.00
13	11	郑凯旋	0201	财务部	会计	1975/9/28	3950	1290	350	5590	104	5486.00
14	12	李海涛	0106	销售部	业务员	1987/2/12	4300	1400	1000	6700	215	6485.00
15	13	胡志刚	0110	销售部	业务员	1984/4/19	3930	1300	650	5380	133	5747.00

图 7-17　直接在"名称框"创建名称示例

择"首行"复选框，最后单击"确定"按钮，即可为 I3：I15 单元格区域创建名称"奖金"。也就是说，使用此方法创建的名称仅引用包含值的单元格，并且不包括现有行和列标签。

还可以用以下几种方法创建名称。

（1）单击"公式"选项卡"定义的名称"组中的"定义名称"命令。

（2）在选定的数据区域处右击，在弹出的快捷菜单中选择"定义名称"命令。

（3）单击"公式"选项卡"定义的名称"组中的"名称管理器"命令，打开"名称管理器"对话框，如图 7-19 所示，单击上方的"新建"按钮。

图 7-18　"以选定区域创建　　　　　　　　　图 7-19　"名称管理器"对话框
名称"对话框

使用以上方法，都可以打开"新建名称"对话框，如图 7-20 所示。在对话框的"名称"文本框中按命名规则输入名称，在"范围"下拉列表中选择名称的适用范围，在"引用位置"中显

示选定的单元格区域,此时也可以修改要定义名称的
单元格区域。

设置完成后单击"确定"按钮,为选定单元格区域
定义的名称就创建完成了。

✍请读者为"员工工资表"的"基本工资""应发工
资"等列的数据区域分别定义名称。

3. 使用名称

创建名称后,就可以使用该名称来代替对应的单
元格区域进行运算。

图 7-20 "新建名称"对话框

例如,假如为"员工工资表"的"应发工资"列的数
据区域(即 J3 到 J15 单元格区域)定义了一个名称"应发的工资",现在想计算所有员工"应
发工资"的最高值并显示在 J16 单元格,则单击 J16 单元格,然后单击"开始"选项卡"编辑"
组中的"自动求和"命令的小三角,在下拉菜单中选择"最大值",可以看到 J16 单元格中自动
出现了公式"=MAX(应发的工资)",如图 7-21 所示,确认后即可计算出所需结果,该公式
等同于"=MAX(J3:J15)"。当然用户也可以直接在 J16 单元格中输入公式"=MAX(应发
的工资)"。

还有一种使用名称的方法是在需要输入名称时,单击"公式"选项卡"定义的名称"组中
的"用于公式"命令,在打开的下拉菜单中选择需要使用的名称,如图 7-22 所示。

应发工资
7150
5550
6100
5940
5750
4970
5130
5530
6790
5570
5590
6700
5880
=MAX(应发的工资)

图 7-21 使用名称示例

图 7-22 在"用于公式"下拉菜单中选择名称示例

✍请读者使用为"员工工资表"的"基本工资""应发工资"等列的数据区域创建的名称,
对这些数据分别进行求最大值、最小值、平均值等的计算。

4. 管理名称

使用"名称管理器"对话框,不仅可以创建名称,还可以轻松管理工作簿中所有已创建的
名称。

单击"公式"选项卡"定义的名称"组中的"名称管理器"命令,打开"名称管理器"对话框,
如图 7-23 所示。对话框中会列出工作簿中所有已创建的名称,单击选中某个名称,然后单
击上方的"编辑"按钮,可以打开"编辑名称"对话框,重新设置名称。单击"删除"按钮,可以
删除选中的名称。在"引用位置"文本框中可以重新设置名称对应的单元格。单击"筛选"按

钮,在打开的下拉菜单中可以进行查找有或者没有错误的名称、确定名称的适用范围等操作。

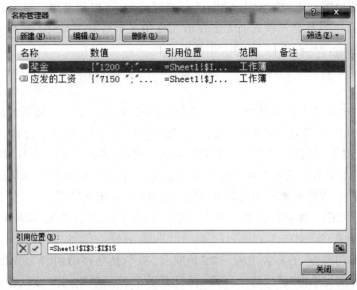

图 7-23　使用"名称管理器"对话框管理名称

7.3.4　公式中常见的错误

1. 用户使用公式和函数时要注意的问题

（1）确保每个公式和函数都以"＝"（等号）开头。例如，如果输入"11/2"，则 Excel 2010会显示一个日期，例如"11 月 2 日"或者"2009 年 11 月 2 日"，而不是"11 除以 2"的运算结果。

（2）确保所有括号都成对出现。公式和函数中的每个括号都必须位于正确的位置，而且所有左括号和右括号一一对应。

（3）确保输入所有必需的参数。有些函数不需要参数，而有些函数则要求具有必需参数。此外，还要确保没有输入过多或者过少的参数。

（4）确保参数的类型正确。参数的类型与函数有关，函数中常用的参数类型包括数字、文本、单元格引用和名称等。

（5）避免除数为零。将某个单元格除以包含"零"或者不包含值的空单元格，会导致"♯DIV/0！"错误。

（6）避免在公式参数中使用带有小数分隔符的数字。因为公式采用"逗号（,）"作为参数的分隔符，如果输入一个逗号作为数字的一部分，则 Excel 2010 会将该逗号解释为参数分隔符，从而将一个值分隔为多个单独的公式参数。如果希望显示公式结果的数字，以便它们显示千位、百万位分隔符或者货币符号，可以在输入使用无格式数字参数的公式之后，设置单元格格式。

（7）公式和函数中使用的等号、运算符、函数名、逗号、冒号、小括号、单引号、双引号等字符，都必须是在西文的半角状态下输入。

2. 常见的错误提示

使用公式和函数时，如果公式无法正确计算结果，Excel 2010 将会显示错误。每种错误类型都有不同的原因和不同的解决方法，了解错误提示，可以帮助用户对公式进行修改。

（1）#####：当某列不够宽而无法在单元格中显示所有字符时；或者单元格包含负的日期或者时间值时，Excel 2010 将显示此错误。

（2）#DIV/0!：当一个数除以"0"或不包含任何值的空单元格时，Excel 2010 将显示此错误。

（3）#N/A：当某个值不可用于函数或者公式时，Excel 2010 将显示此错误。

（4）#NAME?：当 Excel 2010 无法识别公式中的文本时，将显示此错误。

（5）#NULL!：当指定两个不相交的区域的交集时，Excel 2010 将显示此错误。

（6）#NUM!：当公式或者函数包含无效数值时，Excel 2010 将显示此错误。

（7）#REF!：当单元格引用无效时，Excel 2010 将显示此错误。

（8）#VALUE!：如果公式中所包含的单元格有不同的数据类型，Excel 2010 将显示此错误。

在错误提示的左侧，通常会出现一个"感叹号（!）"，光标移动到"!"上，会显示错误的提示，如图 7-24 所示。单击"!"后的小三角，在打开的下拉菜单中用户可以进行选择，来修改错误、忽略错误或者查看关于此错误的帮助等，如图 7-25 所示。

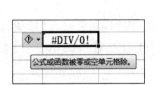

图 7-24　公式错误提示　　　　　图 7-25　错误提示下拉菜单

7.4　综合练习

【综合练习一】　使用公式和函数完成"考试成绩表"的计算。

（1）打开"第 7 章\综合练习一\考试成绩表"文档，即第 6 章综合练习中创建的文档。

（2）计算每个同学的"总分"和"平均分"，并设置"平均分保留 2 位小数"。

（3）在 E23、E24、E25 单元格中分别输入："优秀人数""最高分""最低分"，并设置字体、字号及对齐方式等。

（4）计算每门课程的优秀人数、最高分、最低分，分别显示在对应单元格内。优秀人数为"该门课成绩≥90 分的人数"。

（5）在 K2 单元格输入"等级"，根据平均分和设定的等级标准（例如"平均分≥90"为"优秀"，"90＞平均分≥80"为"良好"，"80＞平均分≥70"为"中等"，"70＞平均分≥60"为"及格"，"平均分＜60"为"不及格"），用函数计算出每名学生的等级。

（6）在 L2 单元格输入"名次"，用函数计算每名学生的名次。

（7）对整个工作表进行美化，完成后的工作表如图 7-26 所示，参考文档见"第 7 章\综合练习一\考试成绩表-计算后"。

序号	学号	姓名	性别	专业	高等数学	大学英语	大学计算机	总分	平均分	等级	名次
				计算机学院学生成绩表							
1	20165003001	王琳琳	女	计算机科学	86	88	98	272	90.67	优秀	3
2	20165003002	王春	男	计算机科学	66	98	44	208	69.33	及格	17
3	20165003003	许丽远	女	计算机科学	73	75	89	237	79.00	中等	11
4	20165003004	李敏慧	女	计算机科学	88	85	90	263	87.67	良好	7
5	20165003005	江家红	女	计算机科学	56	87	89	232	77.33	中等	12
6	20165003006	冯盼盼	女	软件工程	89	67	45	201	67.00	及格	18
7	20165003007	钱多多	女	软件工程	65	78	85	228	76.00	中等	13
8	20165003008	夏雨	男	软件工程	45	52	87	184	61.33	及格	19
9	20165003009	牛志远	男	软件工程	89	94	96	279	93.00	优秀	2
10	20165003010	郑直	男	软件工程	98	94	98	290	96.67	优秀	1
11	20165003011	贺梦梦	女	软件工程	92	84	89	265	88.33	良好	5
12	20165003012	陈国胜	男	软件工程	49	74	92	215	71.67	中等	15
13	20165003013	马思齐	女	物联网	87	96	89	272	90.67	优秀	3
14	20165003014	李云	女	物联网	56	67	48	171	57.00	不及格	20
15	20165003015	唐诗	女	物联网	80	73	56	209	69.67	及格	16
16	20165003016	国强	男	物联网	76	78	67	221	73.67	中等	14
17	20165003017	白玉兰	女	物联网	90	83	76	249	83.00	良好	9
18	20165003018	刘家乐	男	物联网	86	87	92	265	88.33	良好	5
19	20165003019	宋文思	男	物联网	79	67	96	242	80.67	良好	10
20	20165003020	潘大江	男	物联网	82	89	91	262	87.33	良好	8
				优秀人数	3	4	8				
				最高分	98.00	98.00	98.00				
				最低分	45.00	52.00	44.00				

图 7-26　完成的"考试成绩表"示例

【综合练习二】　使用 VLOOKUP 函数，实现根据学号查询学生成绩的功能。VLOOKUP 函数用于搜索某个单元格区域的第一列，然后返回该区域相同行上任何单元格中的值，其详细用法请查看函数帮助。

（1）打开"第 7 章\综合练习二\成绩表"文档，因为要根据学号进行查找，所以将学号放在"成绩表"的第一列。新建一个工作表并重命名为"查询"。

（2）在"查询"工作表中按图 7-27 输入数据，并对工作表适当美化。

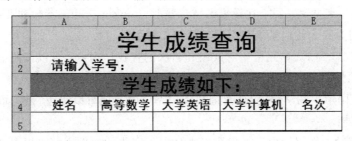

图 7-27　"查询"工作表中数据示例

（3）单击 A5 单元格，然后单击"公式"选项卡"函数库"组中的"查找与引用"命令，在打开的下拉菜单中选择 VLOOKUP 函数，打开"函数参数"对话框。

（4）在对话框中设置函数参数，如图 7-28 所示。Lookup_value 参数表示要查找的数据，即本工作表中 C2 单元格中输入的学号；Table_array 参数表示要查找的数据区域，即"成绩表"的 A3 到 K22 单元格区域；Col_index_num 参数表示要返回的数据在"成绩表"中的列号，本例中要返回的"姓名"是"成绩表"中的第二列；Range_lookup 参数是逻辑值

TRUE 或者 FALSE,分别表示查找方式为近似匹配或者精确匹配。

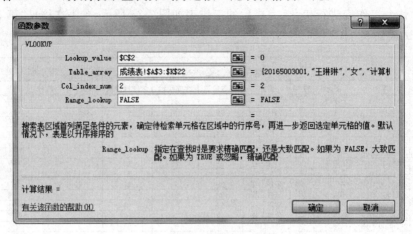

图 7-28 设置函数参数

(5) 单击"确定"按钮,关闭对话框。

(6) 在"查询"工作表的 C2 单元格输入要查找的学号,如"20165003006",可以看到 A5 单元格立即显示出了对应的学生姓名,如图 7-29 所示。

	A	B	C	D	E
1	学生成绩查询				
2	请输入学号:		20165003006		
3	学生成绩如下:				
4	姓名	高等数学	大学英语	大学计算机	名次
5	冯盼盼				

图 7-29 查找"姓名"结果示例

(7) 请读者思考并试一试:在设置函数参数时,Lookup_value 参数和 Table_array 参数中的单元格引用为什么使用了绝对引用?使用相对引用可以吗?

(8) 请完成 B5 到 E5 单元格中对成绩和名次的查找。提示:可以按照上述方法在各单元格中重新输入公式,也可以通过 A5 单元格的填充柄自动完成公式填充。

(9) 输入不同学生的学号,验证查询功能。完成的文档可以参考"第 7 章\综合练习二\成绩表-查询"文档。

【综合练习三】 根据身份证号提取出生日期。完成的示例文档可以参考"第 7 章\综合练习三\考试成绩表-身份证号提取出生日期"文档。

目前我国的身份证号码为 18 位,其中第 7~14 位为出生日期。

需要用到的函数有以下两个。

(1) MID 函数:用于返回文本字符串中从指定位置开始的特定数目的字符。

(2) CONCATENATE 函数:可将最多 255 个文本字符串连接成一个文本字符串,连接项可以是文本、数字、单元格引用或这些项的组合。

请查看帮助学习两个函数的具体使用方法。

（1）打开"第 7 章\综合练习三\考试成绩表"文档,在 M3 单元格输入自己的 18 位身份证号。

（2）在 N3 单元格输入公式"＝CONCATENATE(MID(M3,7,4),"/",MID(M3,11,2),"/",MID(M3,13,2))"。

（3）确认后,可看到 N3 单元格显示的出生日期。

第8章 数据分析和管理

本章学习目标

- 熟练掌握数据的排序、筛选、分类汇总和合并计算；
- 熟练掌握图表的创建和编辑；
- 熟练掌握数据透视表和数据透视图的创建和使用。

本章首先介绍了数据的排序、筛选、分类汇总和合并计算，然后介绍了图表的创建和编辑，最后介绍了数据透视表和数据透视图的创建和使用。

8.1 数 据 排 序

Excel 2010 不仅具有强大的运算功能，还提供了强大的数据分析和数据管理功能，使用户能够方便、快捷地对大量无序的原始数据进行分析处理。

数据排序是指将数据按照一定的规则进行排列，是最常用和最基本的一项操作，很多数据处理操作都要对数据先进行排序。Excel 2010 中提供了多种排序方法，而且可以对数据按升序、降序或用户自定义排序方式进行排序。

8.1.1 单条件排序

Excel 2010 工作表中的数据由行和列组成，每一行数据通常也称为一条"记录"，一列数据通常称为一个"字段"，列标题通常也称为"字段名"。

简单排序就是对某个字段按一定规则进行升序或者降序排列，属于一种单条件排序。

【任务 8-1】 对"员工工资表"中的数据按员工的"出生年月"进行降序排序。

（1）打开"第 8 章\任务 8-1\员工工资表"文档。

（2）单击选中 F2 单元格，即数据为"出生年月"的单元格，如图 8-1 所示。

（3）单击"开始"选项卡"编辑"组中的"排序和筛选"命令，在打开的下拉菜单中选择"降序"命令，如图 8-2 所示。或者单击"数据"选项卡"排序和筛选"组中的"降序"按钮 。

（4）可以看到工作表中的数据按"出生年月"进行了降序排序，排序后的结果如图 8-3 所示。

（5）将"员工工资表"按"序号"进行升序排序，回到表格的初始状态。下面再介绍另外一种排序方法。

（6）选中 F3 到 F15 单元格，然后单击"开始"选项卡"编辑"组中的"排序和筛选"命令，在打开的下拉菜单中选择"降序"命令；或者单击"数据"选项卡"排序和筛选"组中的"降序"

按钮 ，都会打开"排序提醒"对话框，如图 8-4 所示。

			公司员工工资表								
序号	姓名	工号	部门	职务	出生年月	基本工资	津贴	奖金	应发工资	个人所得税	实发工资
1	Rose	0101	销售部	部长	1984/7/2	4500.00	1450.00	1200.00	7150.00	260.00	6890.00
2	齐大鹏	0102	销售部	1972/12/25	3400.00	1260.00	890.00	5550.00	100.00	5450.00	
3	刘波	0103	销售部	业务员	1965/4/16	4000.00	1320.00	780.00	6100.00	155.00	5945.00
4	韩梅梅	0104	销售部	业务员	1980/8/23	3840.00	1270.00	830.00	5940.00	139.00	5801.00
5	Tom	0203	财务部	部长	1978/3/6	4000.00	1350.00	400.00	5750.00	120.00	5630.00
6	张清山	0204	财务部	出纳	1972/9/3	3450.00	1230.00	290.00	4970.00	44.10	4925.90
7	陆川	0301	技术部	部长	1974/10/3	3380.00	1210.00	540.00	5130.00	58.00	5072.00
8	郭明丽	0302	技术部	技术员	1976/7/9	3900.00	1280.00	350.00	5530.00	98.00	5432.00
9	赵路	0303	技术部	工程师	1986/1/23	4600.00	1540.00	650.00	6790.00	224.00	6566.00
10	黎明	0304	技术部	1971/3/12	3880.00	1270.00	420.00	5570.00	102.00	5468.00	
11	郑凯旋	0201	财务部	会计	1975/9/28	3950.00	1290.00	350.00	5590.00	104.00	5486.00
12	李海涛	0106	销售部	业务员	1987/2/12	4300.00	1400.00	1000.00	6700.00	215.00	6485.00
13	胡志刚	0110	销售部	业务员	1984/4/19	3930.00	1300.00	650.00	5880.00	133.00	5747.00

图 8-1 排序前的数据

图 8-2 选择"降序"命令

			公司员工工资表								
序号	姓名	工号	部门	职务	出生年月	基本工资	津贴	奖金	应发工资	个人所得税	实发工资
12	李海涛	0106	销售部	业务员	1987/2/12	4300.00	1400.00	1000.00	6700.00	215.00	6485.00
9	赵路	0303	技术部	工程师	1986/1/23	4600.00	1540.00	650.00	6790.00	224.00	6566.00
1	Rose	0101	销售部	部长	1984/7/2	4500.00	1450.00	1200.00	7150.00	260.00	6890.00
13	胡志刚	0110	销售部	业务员	1984/4/19	3930.00	1300.00	650.00	5880.00	133.00	5747.00
4	韩梅梅	0104	销售部	业务员	1980/8/23	3840.00	1270.00	830.00	5940.00	139.00	5801.00
5	Tom	0203	财务部	部长	1978/3/6	4000.00	1350.00	400.00	5750.00	120.00	5630.00
8	郭明丽	0302	技术部	技术员	1976/7/9	3900.00	1280.00	350.00	5530.00	98.00	5432.00
11	郑凯旋	0201	财务部	会计	1975/9/28	3950.00	1290.00	350.00	5590.00	104.00	5486.00
7	陆川	0301	技术部	部长	1974/10/3	3380.00	1210.00	540.00	5130.00	58.00	5072.00
2	齐大鹏	0102	销售部	业务员	1972/12/25	3400.00	1260.00	890.00	5550.00	100.00	5450.00
6	张清山	0204	财务部	出纳	1972/9/3	3450.00	1230.00	290.00	4970.00	44.10	4925.90
10	黎明	0304	技术部	技术员	1971/3/12	3880.00	1270.00	420.00	5570.00	102.00	5468.00
3	刘波	0103	销售部	业务员	1965/4/16	4000.00	1320.00	780.00	6100.00	155.00	5945.00

图 8-3 排序后的数据

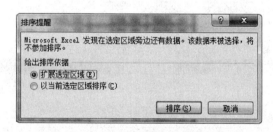

图 8-4 "排序提醒"对话框

（7）在对话框中选择"扩展选定区域"，然后单击"排序"按钮，也可以将工作表中的数据按"出生年月"降序排列。

在上面的排序中，如果遇到有相同的数据，例如有两个以上的员工出生年月相同，可以再设置一个排序规则，例如按"序号"或者"工号"升序排序，这就是多条件排序。

8.1.2 多条件排序

多条件排序，就是用户可以设置多个排序条件，对工作表中的数据按照多个规则进行排序。

【任务 8-2】 对"员工工资表"中的数据进行多条件排序，首先按"部门"进行"降序"排序,然后按"职务"进行"升序"排序,最后按"工号"进行"升序"排序。

(1) 打开"第 8 章\任务 8-2\员工工资表"文档。

(2) 选定要进行排序的数据表区域,或者区域中的任意单元格。

(3) 单击"数据"选项卡"排序和筛选"组中的"排序"按钮,打开"排序"对话框,如图 8-5 所示。

图 8-5 "排序"对话框

(4) 在"主要关键字"下拉列表中选择"部门","排序依据"列表中选择"数值","次序"列表中选择"降序"。然后单击上方的"添加条件"按钮,出现"次要关键字"设置,在"次要关键字"列表中选择"职务","排序依据"列表中选择"数值","次序"列表中选择"升序"。再次单击上方的"添加条件"按钮,在第二个"次要关键字"列表中选择"工号","排序依据"列表中选择"数值","次序"列表中选择"升序",如图 8-6 所示。

图 8-6 设置排序条件

(5) 单击"确定"按钮,弹出如图 8-7 所示的"排序提醒"对话框,选择"分别将数字和以文本形式存储的数字排序",单击"确定"按钮。

(6) 排序后的结果如图 8-8 所示。

在图 8-6 的"排序"对话框中,选择某个排序条件,然后单击上方的"删除条件"按钮,可以删除已添加的排序条件。

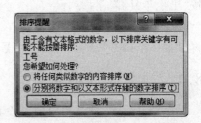

图 8-7 "排序提醒"对话框

	公司员工工资表										
序号	姓名	工号	部门	职务	出生年月	基本工资	津贴	奖金	应发工资	个人所得税	实发工资
1	Rose	0101	销售部	部长	1984/7/2	4500.00	1450.00	1200.00	7150.00	260.00	6890.00
2	齐大鹏	0102	销售部	业务员	1972/12/25	3400.00	1260.00	890.00	5550.00	100.00	5450.00
3	刘波	0103	销售部	业务员	1965/4/16	4000.00	1320.00	780.00	6100.00	155.00	5945.00
4	韩梅梅	0104	销售部	业务员	1980/8/23	3840.00	1270.00	830.00	5940.00	139.00	5801.00
12	李海涛	0106	销售部	业务员	1987/2/12	4300.00	1400.00	1000.00	6700.00	215.00	6485.00
13	胡志刚	0110	销售部	业务员	1984/4/19	3930.00	1300.00	650.00	5880.00	133.00	5747.00
7	陆川	0301	技术部	部长	1974/10/3	3380.00	1210.00	540.00	5130.00	58.00	5072.00
9	赵路	0303	技术部	工程师	1986/1/23	4600.00	1540.00	650.00	6790.00	224.00	6566.00
8	郭明丽	0302	技术部	技术员	1976/7/9	3900.00	1280.00	350.00	5530.00	98.00	5432.00
10	黎明	0304	技术部	技术员	1971/3/12	3880.00	1270.00	420.00	5570.00	102.00	5468.00
5	Tom	0203	财务部	部长	1978/3/6	4000.00	1350.00	400.00	5750.00	120.00	5630.00
6	张清山	0204	财务部	出纳	1972/9/3	3450.00	1230.00	290.00	4970.00	44.10	4925.90
11	郑凯旋	0201	财务部	会计	1975/9/28	3950.00	1290.00	350.00	5590.00	104.00	5486.00

图 8-8 多条件排序结果

在"排序"对话框中,单击上方的"选项"按钮,打开"排序选项"对话框,如图 8-9 所示。在该对话框中,可以设置排序的方向和方法,以及是否区分大小写。

✍在任务 8-2 中对"部门"和"职务"排序时,都是以"字母排序"方法进行的,请读者练习按"笔画排序"方法对"部门"进行"降序"排序,并与按"字母排序"方法的排序结果进行比较。

图 8-9 "排序选项"对话框

8.1.3 自定义排序

除了使用 Excel 2010 中提供的排序规则对数据进行排序,Excel 2010 还允许用户自己定义排序的规则,来满足日常工作中的不同排序要求。

【任务 8-3】 对"员工工资表"中的"部门"列按"技术部、销售部、财务部"的顺序进行排序。

(1) 打开"第 8 章\任务 8-3\员工工资表"文档,并选中 D2(即"部门")单元格。

(2) 单击"数据"选项卡"排序和筛选"组中的"排序"按钮,打开"排序"对话框。在"主要关键字"下拉列表中选择"部门",在"次序"列表中选择"自定义序列",如图 8-10 所示。

图 8-10 选择"自定义序列"排序次序

(3) 在打开的"自定义序列"对话框的"输入序列"列表中,输入自定义序列的内容,如图 8-11 所示,然后单击"添加"按钮,再单击"确定"按钮。

数据分析和管理

图 8-11　"自定义序列"对话框

（4）返回"排序"对话框，可以看到"次序"列表中出现了自定义的排序序列，如图 8-12
所示。

图 8-12　自定义排序序列

（5）单击"确定"按钮，可以看到工作表中的数据按"部门"列自定义的"技术部、销售部、
财务部"的序列进行了排序，排序的结果如图 8-13 所示。

序号	姓名	工号	部门	职务	出生年月	基本工资	津贴	奖金	应发工资	个人所得税	实发工资
					公司员工工资表						
7	陆川	0301	技术部	部长	1974/10/3	3380.00	1210.00	540.00	5130.00	58.00	5072.00
8	郭明丽	0302	技术部	技术员	1976/7/9	3900.00	1280.00	350.00	5530.00	98.00	5432.00
9	赵路	0303	技术部	工程师	1986/1/23	4600.00	1540.00	650.00	6790.00	224.00	6566.00
10	黎明	0304	技术部	技术员	1971/3/12	3880.00	1270.00	420.00	5570.00	102.00	5468.00
1	Rose	0101	销售部	部长	1984/7/2	4500.00	1450.00	1200.00	7150.00	260.00	6890.00
2	齐大鹏	0102	销售部	业务员	1972/12/25	3400.00	1260.00	890.00	5550.00	100.00	5450.00
3	刘波	0103	销售部	业务员	1965/4/16	4000.00	1320.00	780.00	6100.00	155.00	5945.00
4	韩梅梅	0104	销售部	业务员	1980/8/23	3840.00	1270.00	830.00	5940.00	139.00	5801.00
12	李海涛	0106	销售部	业务员	1987/2/12	4000.00	1300.00	1000.00	6700.00	215.00	6485.00
13	胡志刚	0110	销售部	业务员	1984/4/19	3930.00	1300.00	650.00	5880.00	133.00	5747.00
5	Tom	0203	财务部	部长	1978/3/6	4000.00	1350.00	400.00	5750.00	120.00	5630.00
6	张清山	0204	财务部	出纳	1972/9/3	3450.00	1230.00	290.00	4970.00	44.10	4925.90
11	郑凯旋	0201	财务部	会计	1975/9/28	3950.00	1290.00	350.00	5590.00	104.00	5486.00

图 8-13　自定义序列的排序结果

8.2 数据筛选

数据筛选功能可以按用户设置的筛选条件,在工作表中只显示出满足指定条件的数据。筛选条件可以是设定了规则的文本或数值,可以是单元格颜色,也可以由用户自己构建复杂条件进行高级筛选。

8.2.1 自动筛选

自动筛选功能可以简单、快速地筛选出用户所需要的数据。

【任务 8-4】 在"员工工资表"中显示"职务"为"部长"的员工信息。

(1) 打开"第 8 章\任务 8-4\员工工资表"文档,选中数据区域中的任意单元格。

(2) 单击"数据"选项卡"排序和筛选"组中的"筛选"按钮,或者单击"开始"选项卡"编辑"组"排序和筛选"下拉菜单中的"筛选"命令。

(3) 此时各列标题右侧出现向下的小三角按钮,工作表进入筛选模式。

(4) 设置"筛选"内容。单击"职务"列标题后的小三角,打开"筛选"下拉菜单,在筛选内容中默认为全部都选中。根据本任务要求,只勾选"部长",如图 8-14 所示。

(5) 单击"确定"按钮,工作表显示的筛选结果如图 8-15 所示。从左侧的行号中可以看出,不符合条件的数据被暂时隐藏了,注意这些数据并没有被删除。另外,"职务"列标题后的筛选按钮显示为 ,表示该列已应用筛选。

(6) 对于筛选出的满足条件的数据,可以继续进行排序或用其他列标题继续筛选。请读者自己进行练习。

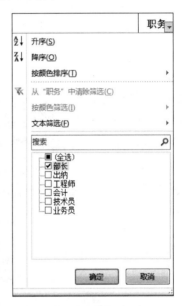

图 8-14 设置筛选内容

	A	B	C	D	E	F	G	H	I	J	K	L
1						公司员工工资表						
2	序	姓名	工	部门	职务	出生年月	基本工资	津贴	奖金	应发工资	个人所得税	实发工资
3	1	Rose	0101	销售部	部长	1984/7/2	4500.00	1450.00	1200.00	7150.00	260.00	6890.00
7	5	Tom	0203	财务部	部长	1978/3/6	4000.00	1350.00	400.00	5750.00	120.00	5630.00
9	7	陆川	0301	技术部	部长	1974/10/3	3380.00	1210.00	540.00	5130.00	58.00	5072.00

图 8-15 筛选结果

(7) 再次单击"数据"选项卡"排序和筛选"组中的"筛选"按钮,或者单击"开始"选项卡"编辑"组"排序和筛选"下拉菜单中的"筛选"命令,可以退出筛选模式。

8.2.2 筛选条件

在打开的"筛选"下拉菜单中,用户可以对该列数据进行"升序""降序"或者"按颜色排序"。用户还可以选择"文本(数字)筛选"(根据该列数据类型是文本还是数字会显示不同菜

数据分析和管理

单项)下一级子菜单中的选项来设置筛选条件进行自定义筛选,如图 8-16 和图 8-17 所示。

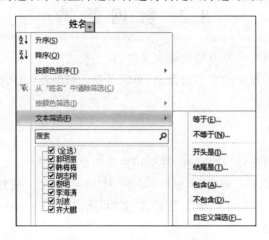

图 8-16 "文本筛选"下级菜单

图 8-17 "数字筛选"下级菜单

请读者练习在"员工工资表"中筛选出"职务"为"某某员",同时"实发工资高于平均值"的数据,并按"实发工资"以"降序"排序,结果如图 8-18 所示。

	A	B	C	D	E	F	G	H	I	J	K	L
1					公司员工工资表							
2	序	姓名	工	部门	职务	出生年月	基本工资	津贴	奖金	应发工资	个人所得税	实发工资
5	12	李海涛	0106	销售部	业务员	1987/2/12	4300.00	1400.00	1000.00	6700.00	215.00	6485.00
6	3	刘波	0103	销售部	业务员	1965/4/16	4000.00	1320.00	780.00	6100.00	155.00	5945.00
14	4	韩梅梅	0104	销售部	业务员	1980/8/23	3840.00	1270.00	830.00	5940.00	139.00	5801.00

图 8-18 自定义筛选条件结果

对于文本类型的数据,Excel 2010 中还允许使用"*"或者"?"通配符进行模糊筛选,使用方法与 Windows 操作系统中通配符的使用相同,请读者自己练习。

8.2.3　高级筛选

对于多组条件的情况，Excel 2010 提供了高级筛选功能。

使用高级筛选功能时，需要在工作表的空白区域建立一个条件区域，用来指定筛选数据应该满足的条件。条件区域与数据区域最少要有一个空行或者空列分隔。条件区域的第一行是筛选条件的字段名，这些字段名必须与数据区域的字段名完全一致。在字段名下面的行中指定筛选条件，同一行的条件是"与"的关系，同一列的条件是"或"的关系。

【任务 8-5】　对"员工工资表"筛选出"部门为销售部并且实发工资＜5500 元，或者部门为技术部并且实发工资＞6000 元"的人员信息。

（1）打开"第 8 章\任务 8-5\员工工资表"文档。

（2）在工作表中与数据区域至少有一行或一列分隔的空白处，例如在 F18 和 G18 单元格，分别输入筛选条件中需要使用的字段名"部门"和"实发工资"。

（3）在 F19 和 G19 单元格分别输入第一个筛选条件："销售部"和"＜5500"，表示要筛选"部门为销售部并且实发工资＜5500 元"的人员信息。这两个单元格中的条件是"与"的关系，也就是要同时满足，所以输入在同一行中。

（4）在 F20 和 G20 单元格分别输入第二个筛选条件："技术部"和"＞6000"，表示要筛选"部门为技术部并且实发工资＞6000 元"的人员信息。它们与上一个条件是"或"的关系，所以输入在上一个条件的下一行。输入筛选条件后的工作表如图 8-19 所示。

序号	姓名	工号	部门	职务	出生年月	基本工资	津贴	奖金	应发工资	个人所得税	实发工资
								公司员工工资表			
1	Rose	0101	销售部	部长	1984/7/2	4500.00	1450.00	1200.00	7150.00	260.00	6890.00
2	齐大鹏	0102	销售部	业务员	1972/12/25	3400.00	1260.00	890.00	5550.00	100.00	5450.00
3	刘波	0103	销售部	业务员	1965/4/16	4000.00	1320.00	780.00	6100.00	155.00	5945.00
4	韩梅梅	0104	销售部	业务员	1980/8/23	3840.00	1270.00	830.00	5940.00	139.00	5801.00
5	Tom	0203	财务部	部长	1978/3/6	4000.00	1350.00	400.00	5750.00	120.00	5630.00
6	张清山	0204	财务部	出纳	1972/9/3	3450.00	1230.00	290.00	4970.00	44.10	4925.90
7	陆川	0301	技术部	部长	1974/10/3	3380.00	1210.00	540.00	5130.00	58.00	5072.00
8	郭明丽	0302	技术部	技术员	1976/7/9	3900.00	1280.00	350.00	5530.00	98.00	5432.00
9	赵路	0303	技术部	工程师	1986/1/23	4600.00	1540.00	650.00	6790.00	224.00	6566.00
10	黎明	0304	技术部	技术员	1971/3/12	3880.00	1270.00	420.00	5570.00	102.00	5468.00
11	郑凯旋	0201	财务部	会计	1975/9/28	3950.00	1290.00	350.00	5590.00	104.00	5486.00
12	李海涛	0106	销售部	业务员	1987/2/12	4300.00	1400.00	1000.00	6700.00	215.00	6485.00
13	胡志刚	0110	销售部	业务员	1984/4/19	3930.00	1300.00	650.00	5880.00	133.00	5747.00
						部门	实发工资				
						销售部	＜5500				
						技术部	＞6000				

图 8-19　输入筛选条件

（5）单击"数据"选项卡"排序和筛选"组中的"高级"命令，打开"高级筛选"对话框。单击"列表区域"后的文本框，将光标定位在文本框中，然后在工作表的数据区域拖动鼠标，选定要进行筛选的数据区域，本任务中为"A2：L15"单元格。再将光标定位在"条件区域"文本框，然后拖动鼠标选中条件区域，本任务中为"F18：G20"单元格，其他选项按默认设置，如图 8-20 所示。

（6）单击"确定"按钮，得到筛选后的工作表如图 8-21所示。

图 8-20　"高级筛选"对话框

数据分析和管理

	A	B	C	D	E	F	G	H	I	J	K	L
1						公司员工工资表						
2	序号	姓名	工号	部门	职务	出生年月	基本工资	津贴	奖金	应发工资	个人所得税	实发工资
4	2	齐大鹏	0102	销售部	业务员	1972/12/25	3400.00	1260.00	890.00	5550.00	100.00	5450.00
11	9	赵路	0303	技术部	工程师	1986/1/23	4600.00	1540.00	650.00	6790.00	224.00	6566.00
16												
17												
18						部门	实发工资					
19						销售部	<5500					
20						技术部	>6000					

图 8-21　高级筛选后的工作表数据

（7）如果要重新显示所有员工信息，可以单击"数据"选项卡"排序和筛选"组中的"清除"命令。

（8）在"高级筛选"对话框中，如果在"方式"中选择了"将筛选结果复制到其他位置"，则"复制到"文本框被激活，用户可以用拖动鼠标的方式选择单元格区域，或者直接输入单元格区域，将筛选结果显示在该区域中。请读者自己练习。

8.3　数据分类汇总

分类汇总功能是将工作表中的数据按照不同的类别进行汇总统计，并且允许用户通过分级显示操作，显示或者隐藏分类汇总的明细行。使用分类汇总功能，可以自动统计出某类数据的总和、平均值、最大（小）值以及记录的条数等。

8.3.1　创建分类汇总

在进行分类汇总前，需要先对工作表中的数据按照分类汇总的类别进行排序，目的是将同一类别的数据集中在一起，以便进行汇总。

【任务 8-6】统计"员工工资表"中各部门的"基本工资"的平均值。

（1）打开"第 8 章\任务 8-6\员工工资表"文档。

（2）按"部门"进行"升序"或者"降序"排序，目的是使同一部门的员工数据集中在一起。如图 8-22 所示是按"部门"进行"升序"排序后的工作表数据。

	A	B	C	D	E	F	G	H	I	J	K	L
1						公司员工工资表						
2	序号	姓名	工号	部门	职务	出生年月	基本工资	津贴	奖金	应发工资	个人所得税	实发工资
3	5	Tom	0203	财务部	部长	1978/3/6	4000.00	1350.00	400.00	5750.00	120.00	5630.00
4	6	张清山	0204	财务部	出纳	1972/9/3	3450.00	1230.00	290.00	4970.00	44.10	4925.90
5	11	郑凯旋	0201	财务部	会计	1975/9/28	3950.00	1290.00	350.00	5590.00	104.00	5486.00
6	7	陆川	0301	技术部	部长	1974/10/3	3380.00	1210.00	540.00	5130.00	58.00	5072.00
7	8	郭明丽	0302	技术部	技术员	1976/7/9	3900.00	1280.00	350.00	5530.00	98.00	5432.00
8	9	赵路	0303	技术部	工程师	1986/1/23	4600.00	1540.00	650.00	6790.00	224.00	6566.00
9	10	黎明	0304	技术部	技术员	1971/3/12	3880.00	1270.00	420.00	5570.00	102.00	5468.00
10	1	Rose	0101	销售部	部长	1984/7/2	4500.00	1450.00	1200.00	7150.00	260.00	6890.00
11	2	齐大鹏	0102	销售部	业务员	1972/12/25	3400.00	1260.00	890.00	5550.00	100.00	5450.00
12	3	刘波	0103	销售部	业务员	1965/4/16	4000.00	1320.00	780.00	6100.00	155.00	5945.00
13	4	韩梅梅	0104	销售部	业务员	1980/8/23	3840.00	1270.00	830.00	5940.00	139.00	5801.00
14	12	李海涛	0106	销售部	业务员	1987/2/12	4300.00	1400.00	1000.00	6700.00	215.00	6485.00
15	13	胡志刚	0110	销售部	业务员	1984/4/19	3930.00	1300.00	650.00	5880.00	133.00	5747.00

图 8-22　按"部门"进行"升序"排序后的数据

（3）将光标定位在数据区域的任一单元格，单击"数据"选项卡"分级显示"组中的"分类汇总"命令，打开"分类汇总"对话框。

（4）在"分类字段"下拉列表中选择"部门"，在"汇总方式"下拉列表中选择"平均值"，在"选定汇总项"中勾选"基本工资"，如图 8-23 所示。

（5）单击"确定"按钮，工作表中显示的分类汇总结果如图 8-24 所示。

图 8-23 "分类汇总"对话框

8.3.2 分级显示汇总结果

创建分类汇总后，用户可以通过分级显示功能显示或者隐藏分类汇总的明细行，以便更加清楚地查看所需的数据。

图 8-24 分类汇总结果

在创建了分类汇总的工作表的左侧，会出现分级显示设置。上方的数字 1 2 3 表示分级的级数和级别，数字越大级别越小，单击某个数字，则表示显示到某个级别。左侧的 + 和 − 用于展开和收缩下一级明细。

单击"数据"选项卡"分级显示"组中的"显示明细数据"或者"隐藏明细数据"命令，也可以展开或者收缩明细数据。

请读者自己练习汇总结果的分级显示。

8.3.3 多重分类汇总

在 Excel 2010 中，还允许用户按照多个分类项对数据进行汇总，即进行多重分类汇总。

进行多重分类汇总时，首先要按分类项的优先级别对工作表中的数据按照对应字段进行排序，然后按照分类项的优先级别多次执行"分类汇总"命令，并在"分类汇总"对话框中分别设置参数。

需要注意的是，从第二次执行"分类汇总"命令开始，在"分类汇总"对话框中一定要取消

数据分析和管理

勾选"替换当前分类汇总"复选框。

【任务 8-7】 统计"员工工资表"中各部门的"基本工资"的平均值,以及各部门"应发工资"的最大值。

(1)打开"第 8 章\任务 8-7\员工工资表"文档。

(2)按"部门"进行"升序"或者"降序"排序。因为本任务中两次都是按部门汇总,所以只对"部门"进行一次排序即可。如果还要按其他字段汇总,则在排序时还要添加"次要关键字"对其他字段进行排序。

(3)将光标定位在数据区域的任一单元格,单击"数据"选项卡"分级显示"组中的"分类汇总"命令,打开"分类汇总"对话框。在"分类字段"下拉列表中选择"部门",在"汇总方式"下拉列表中选择"平均值",在"选定汇总项"中勾选"基本工资"复选框,然后单击"确定"按钮,完成各部门的"基本工资"的平均值的分类汇总,结果如图 8-24 所示。

(4)再次单击"数据"选项卡"分级显示"组中的"分类汇总"命令,打开"分类汇总"对话框。在"分类字段"下拉列表中选择"部门",在"汇总方式"下拉列表中选择"最大值",在"选定汇总项"中勾选"应发工资"复选框,取消勾选"替换当前分类汇总"复选框,如图 8-25 所示。

(5)最后单击"确定"按钮,完成各部门的"应发工资"的"最大值"的分类汇总。

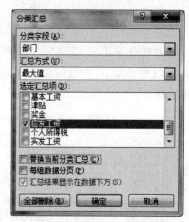

图 8-25　第二次设置分类汇总选项

(6)最后的分类汇总结果如图 8-26 所示。

		A	B	C	D	E	F	G	H	I	J	K	L
	2	序号	姓名	工号	部门	职务	出生年月	基本工资	津贴	奖金	应发工资	个人所得税	实发工资
	3	5	Tom	0203	财务部	部长	1978/3/6	4000.00	1350.00	400.00	5750.00	120.00	5630.00
	4	6	张清山	0204	财务部	出纳	1972/9/3	3450.00	1230.00	290.00	4970.00	44.10	4925.90
	5	11	郑凯旋	0201	财务部	会计	1975/9/28	3950.00	1290.00	350.00	5590.00	104.00	5486.00
	6				财务部 最大值						5750.00		
	7				财务部 平均值			3800.00					
	8	7	陆川	0301	技术部	部长	1974/10/3	3380.00	1210.00	540.00	5130.00	58.00	5072.00
	9	9	赵路	0303	技术部	工程师	1986/1/23	4600.00	1540.00	650.00	6790.00	224.00	6566.00
	10	8	郭明丽	0302	技术部	技术员	1976/7/9	3900.00	1280.00	350.00	5530.00	98.00	5432.00
	11	10	黎明	0304	技术部	技术员	1971/3/12	3880.00	1270.00	420.00	5570.00	102.00	5468.00
	12				技术部 最大值						6790.00		
	13				技术部 平均值			3940.00					
	14	1	Rose	0101	销售部	部长	1984/7/2	4500.00	1450.00	1200.00	7150.00	260.00	6890.00
	15	2	齐大鹏	0102	销售部	业务员	1972/12/25	3400.00	1260.00	890.00	5550.00	100.00	5450.00
	16	3	刘波	0103	销售部	业务员	1965/4/16	4000.00	1320.00	780.00	6100.00	155.00	5945.00
	17	4	韩梅梅	0104	销售部	业务员	1980/8/23	3840.00	1270.00	830.00	5940.00	139.00	5801.00
	18	12	李海涛	0106	销售部	业务员	1987/2/12	4300.00	1400.00	1000.00	6700.00	215.00	6485.00
	19	13	胡志刚	0110	销售部	业务员	1984/4/19	3930.00	1300.00	650.00	5880.00	133.00	5747.00
	20				销售部 最大值						7150.00		
	21				销售部 平均值			3995.00					
	22				总计最大值						7150.00		
	23				总计平均值			3933.08					

图 8-26　多重分类汇总结果

8.3.4　删除分类汇总

当用户不再需要分类汇总表格中的数据时,可以删除分类汇总。

删除分类汇总的方法是打开"分类汇总"对话框,单击下方的"全部删除"按钮,即可将分类汇总的结果删除,工作表中的数据恢复到排序后分类汇总前的状态。

☞请读者练习删除分类汇总。

8.4 合 并 计 算

在日常工作中,经常需要将多个工作表中的数据汇总合并到一张工作表中,Excel 2010 为用户提供了"合并计算"功能。

【任务 8-8】 使用"合并计算"功能统计商品的销售量和销售额。

(1) 打开"第 8 章\任务 8-8\合并计算"文档。

(2) 在文档中有"一月""二月"和"三月"三张工作表,分别是各个月三种商品的销量和销售额,如图 8-27 所示。

商品名	销量(台)	销售额(元)
电视机	50	15000
冰箱	23	46000
洗衣机	36	90000

商品名	销量(台)	销售额(元)
洗衣机	32	80000
电视机	55	165000
冰箱	35	70000

商品名	销量(台)	销售额(元)
冰箱	18	36000
电视机	31	93000
洗衣机	16	40000

图 8-27　工作表数据示例

(3) 新建一张工作表,重命名为"一季度"。

(4) 将光标定位在要存放合并计算结果的起始单元格,如"一季度"工作表的 B3 单元格。

(5) 单击"数据"选项卡"数据工具"组中的"合并计算"命令,打开"合并计算"对话框,如图 8-28 所示。

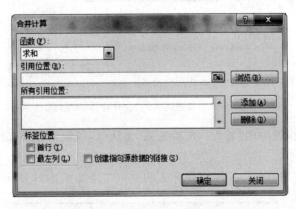

图 8-28　"合并计算"对话框

(6) 在"函数"下拉列表中选择"求和",在"引用位置"文本框中单击鼠标,然后切换到"一月"工作表,拖动鼠标选中"A1:C4"单元格区域,此时"引用位置"文本框中出现选中的单元格区域,如图 8-29 所示。

(7) 单击右侧"添加"按钮,将引用位置添加到"所有引用位置"列表框中。

(8) 切换到"二月"工作表,可以看到"引用位置"文本框中自动出现了要引用的单元格

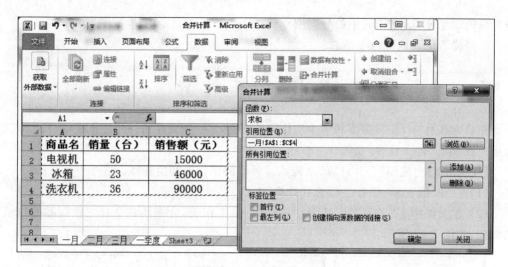

图 8-29　添加"引用位置"

区域,如果与用户想要引用的区域不同,可以在工作表中拖动鼠标选择需要的单元格区域。"引用位置"设置正确后,再次单击右侧"添加"按钮,将其添加到"所有引用位置"列表框中。

　　(9)同样的方法添加第三张工作表即"三月"工作表要合并计算的单元格区域,添加完引用位置的"合并计算"对话框如图 8-30 所示。

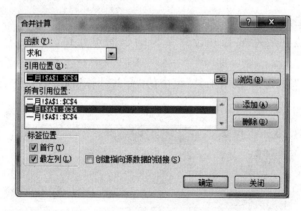

图 8-30　设置完成的"合并计算"对话框

　　(10)勾选标签位置中的"首行"和"最左列"复选框,以便依据各工作表的首行和最左列标签进行合并计算。

　　(11)单击"确定"按钮,"一季度"工作表的显示结果如图 8-31 所示。

图 8-31　"合并计算"结果

在进行合并计算时,数据源可以是同一工作簿中的不同工作表,如任务8-8,也可以是同一张工作表中的不同区域的数据,还可以是不同工作簿中的工作表。

8.5　图表的创建和编辑

图表是数据的一种可视表示形式。为了更加直观形象地表达表格中的数据,可以将数据以图表的形式显示出来,而且当工作表中的源数据发生变化时,Excel 2010的图表具有自动更新的功能。

8.5.1　创建图表

Excel 2010中提供了柱形图、折线图、饼图、条形图、雷达图等多种图表类型,用户可以根据不同的源数据和需要,选择不同的图表类型。

【任务8-9】　根据"员工工资表"中的姓名、基本工资、津贴、奖金4项数据,创建一个"簇状柱形图"。

(1) 打开"第8章\任务8-9\员工工资表"文档。

(2) 选中B2：B15和G2：I15单元格,即姓名、基本工资、津贴、奖金4项数据。

(3) 单击"插入"选项卡"图表"组中的"柱形图",在打开的菜单中选择"二维柱形图"中的"簇状柱形图"子类型,如图8-32所示。

(4) 或者单击"插入"选项卡"图表"组的对话框启动器,打开"插入图表"对话框,在左侧窗口选择图表类型,在右侧窗口选择图表子类型,如图8-33所示;然后单击"确定"按钮。

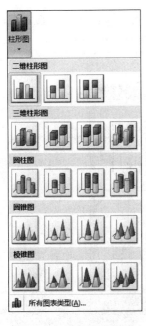

图8-32　选择图表类型

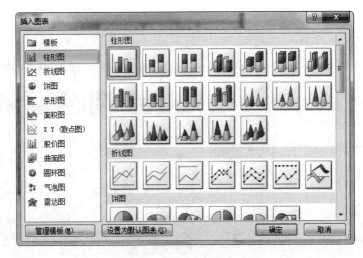

图8-33　"插入图表"对话框

(5) 在工作表中创建了一个如图8-34所示的图表。图表中员工姓名显示在X轴上,每名员工的基本工资、津贴和奖金三项数据以三种不同颜色显示,右侧的图例中显示了每种颜色代表的数据,根据基本工资、津贴和奖金三项数据的值,Y 轴自动以 500 元为一个刻度单位。

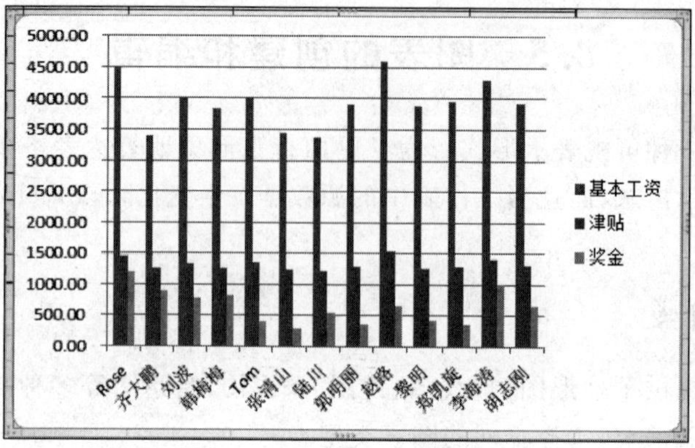

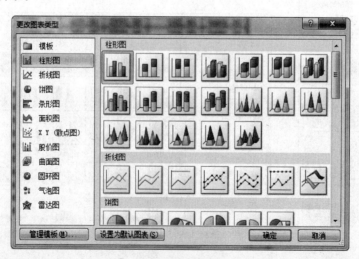

图 8-34　创建的图表

图表创建后,可以拖动到工作表中合适的位置,也可以拖动其边角或边线改变图表大小。

8.5.2　修改和编辑图表

图表创建完成后或者单击选中图表时,会出现"图表工具(设计/布局/格式)"选项卡,可用于修改和编辑图表。

1. 更改图表类型

选中图表,单击"图表工具(设计)"选项卡"类型"组的"更改图表类型"命令;或者在图表上右击,在弹出的快捷菜单中选择"更改图表类型"命令,可以打开"更改图表类型"对话框,如图 8-35 所示。

图 8-35　"更改图表类型"对话框

在对话框中,选择新的图表类型和子类型后,单击"确定"按钮,即可更改图表类型。

☞请读者练习将任务 8-9 中的"簇状柱形图"更改为其他图表类型。

2．切换行/列

切换行/列是指将图表的 X 轴和 Y 轴数据进行交换。

选中图表，单击"图表工具（设计）"选项卡"数据"组中的"切换行/列"命令，图表中的坐标轴的数据会自动改变。

☞请读者练习将任务 8-9 生成的"簇状柱形图"（图 8-34）图表"切换行/列"。

切换后的图表如图 8-36 所示。图表中 X 轴的数据为基本工资、津贴和奖金，不同的颜色代表不同姓名的员工，右侧的图例中显示了每种颜色代表的员工姓名。

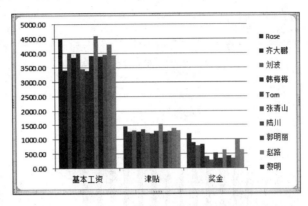

图 8-36　"切换行/列"后的图表

3．修改源数据

在创建图表时，一般都是先在工作表中选中要在图表中显示的数据，即源数据。创建好图表后，用户也可以修改源数据。源数据与图表是紧密相关的，修改源数据，图表会自动随之发生变化。

选中图表，单击"图表工具（设计）"选项卡"数据"组中的"选择数据"命令，打开"选择数据源"对话框，如图 8-37 所示。在"图表数据区域"文本框中，用户可以重新输入和编辑数据区域，即修改源数据。

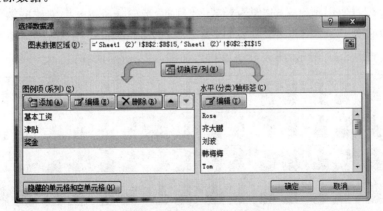

图 8-37　"选择数据源"对话框

☞请读者练习修改任务 8-9 创建的图表的源数据。例如，删除文本框中的 G2：I15 数据区域，然后拖动选中工作表的 L2：L15 数据区域，即"实发工资"列，如图 8-38 所示，最后单击"确定"按钮，自动更新后的图表如图 8-39 所示。

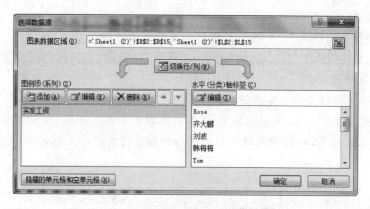

图 8-38　修改后的图表数据区域

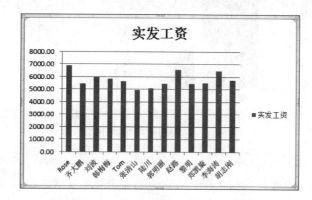

图 8-39　修改源数据后自动更新的图表

4. 图表样式

Excel 2010 中预定义了一些图表样式，方便用户直接应用。选中图表后，在"图表工具（设计）"选项卡"图表样式"列表中单击某个样式，即可应用到图表中。

☞请读者练习使用预定义的"图表样式"。例如，选中任务 8-9 中创建的簇状柱形图，单击"图表工具（设计）"选项卡"图表样式"列表框的"更多"按钮 ，在打开的"图表样式"中选择"样式 26"，如图 8-40 所示，图表自动更新为如图 8-41 所示的样式。

图 8-40　预定义的"图表样式"

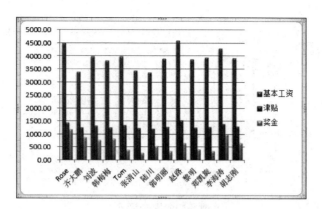

图 8-41　应用样式后的图表

用户也可以自己设置图表的样式。选中图表后,打开"图表工具(格式)"选项卡,在"当前所选内容"下拉列表中选择要设置样式的图表内容,在"形状样式""艺术字样式"组中选择要设置的样式和效果等。

✋请读者练习图表样式的设置。

5. 移动图表

创建的图表可以移动到其他工作表或者新建的工作表中。

单击"图表工具(设计)"选项卡"位置"组中的"移动图表"命令,打开"移动图表"对话框,如图 8-42 所示。在对话框中选择放置图表的位置,选择"新工作表"后,可以使用默认的工作表名 Chart1,也可以在后面的文本框中输入新工作表名,单击"确定"按钮后,工作簿中会新增一个以文本框中名字命名的工作表,创建好的图表从原来位置移动到了该工作表中。选择"对象位于"后,在其后的下拉列表中可以选择一个工作表,单击"确定"按钮后,图表会移动到选择的工作表中。

图 8-42　"移动图表"对话框

✋请读者练习移动图表。

6. 图表布局

Excel 2010 的图表区域是指包含图表中所有元素的整张图表,主要包括绘图区、图表标题、坐标轴标题、图例、网格线等部分,如图 8-43 所示。

下面简单介绍图表区域的各部分。

(1)绘图区:是图表中最主要的部分,通常以坐标轴为界,用户可以为绘图区单独设置不同的背景。

(2)图表标题:相当于文章的标题,对图表起到说明性的作用。

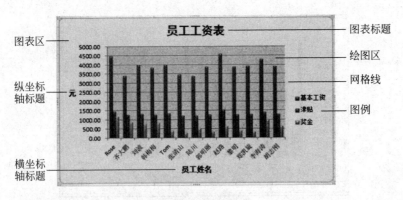

图 8-43　图表组成

（3）坐标轴标题：用于说明坐标轴的名称。

（4）图例：包含图例项和图例项颜色标识，每种图例项颜色与图表中对应数据系列的颜色一致，从而对图表中的数据系列起到区分和识别的作用。

（5）网格线：图表中从坐标轴刻度线延伸并贯穿整个绘图区的线条，用户可以根据需要选择是否显示主要的或次要的网格线等。

Excel 2010 中预定义了几种图表布局，每种图表布局中已经预设了图表中是否包含图表标题、坐标轴标题、图例等部分以及这些部分的显示位置等。单击"图表工具（设计）"选项卡"图表布局"列表框的"更多"按钮▾，打开"图表布局"列表，如图 8-44 所示，在列表中选择一种图表布局即可应用到选定图表中。

☝请读者练习使用预定义的图表布局，为图表添加或取消图表标题、图例、坐标轴标题等。

除了使用预定义的图表布局，用户还可以根据需要修改或者完善图表的各部分，使图表更加直观和美观。

选中图表后，单击"图表工具（布局）"选项卡，在"标签"组中单击"图表标题"命令，在打开的菜单中根据需要选择一种图表标题的显示方式，如图 8-45 所示。选择"居中覆盖标题"或者"图表上方"后，在图表相应位置会出现一个文本框，文本框中显示"图表标题"4 个字，用户可以在文本框中输入图表标题。

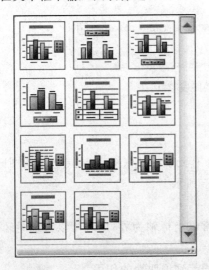

图 8-44　预定义的图表布局

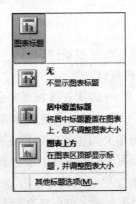

图 8-45　"图表标题"菜单

如果在菜单中选择"其他标题选项"命令，会打开"设置图表标题格式"对话框，如图 8-46 所示。在该对话框中可以设置图表标题的填充效果、边框效果等。

图 8-46　"设置图表标题格式"对话框

　　"坐标轴标题"和"图例"的设置方法与"图表标题"的设置类似。

　　☝请读者练习设置"图表标题""坐标轴标题"和"图例"。

　　为了直观地展示图表中图表元素的实际值，可以为其添加数据标签。打开"图表工具（布局）"选项卡，在"标签"组中单击"数据标签"命令，在打开的菜单中选择一种数据标签的显示方式，如图 8-47 所示。

　　图 8-48 为在"数据标签"菜单中选择"数据标签外"后的图表，可以看到图表绘图区中每个数据元素的值都被标注在了数据柱结尾的外面。

图 8-47　"数据标签"菜单

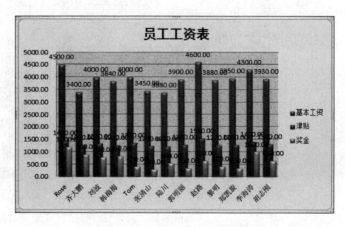

图 8-48　添加"数据标签"后的图表

211

第 8 章

数据分析和管理

👆 在"图表工具(布局)"选项卡的"坐标轴"组中,用户可以设置图表中的坐标轴以及主要和次要网格线。请读者自己进行练习。

单击"图表工具(布局)"选项卡"背景"组中的"绘图区"命令,在打开的菜单中选择"其他绘图区选项"命令,打开"设置绘图区格式"对话框。在对话框中可以设置绘图区的填充方式、边框颜色和边框样式等。例如在"填充"中选择"图片或纹理填充",然后在"纹理"下拉列表中选择一种纹理样式例如"信纸",如图 8-49 所示。

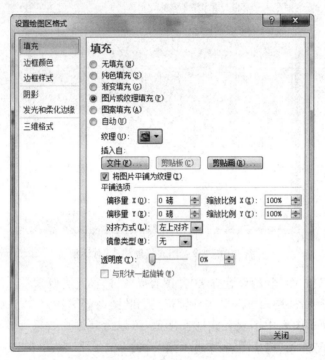

图 8-49 "设置绘图区格式"对话框

单击"关闭"按钮后,绘图区的显示效果如图 8-50 所示。

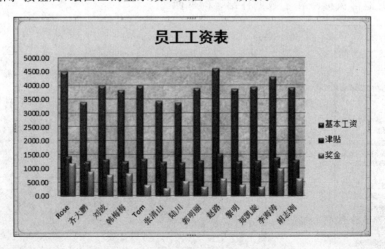

图 8-50 设置"绘图区"背景效果示例

选中图表并右击，在弹出的快捷菜单中选择"设置图表区域格式"命令，打开"设置图表区格式"对话框，如图 8-51 所示。在对话框中可以设置图表区域的填充方式、边框颜色和边框样式等。

图 8-51 "设置图表区格式"对话框

☞请读者练习图表区域的格式设置。

8.5.3 Excel 2010 的图表类型

Excel 2010 中为用户提供了多种图表类型，不同类型的图表，适合不同的源数据以及用户的不同需求。

下面简单介绍一下 Excel 2010 的图表类型，供读者使用时参考。

（1）柱形图：柱形图用于显示一段时间内的数据变化或者说明各项之间的比较情况。在柱形图中，通常沿横坐标轴组织类别，沿纵坐标轴组织值。

（2）折线图：折线图用于显示随时间而变化的连续数据，非常适用于显示在相等时间间隔下数据的趋势。在折线图中，类别数据沿水平轴均匀分布，所有的值数据沿垂直轴均匀分布。如果分类标签是文本并且表示均匀分布的数值（例如月份、季度或财政年度），可以考虑使用折线图。

（3）饼图：饼图用于显示一个数据系列中各项数值的大小，以及各项数值占总和的百分比。因此排列在工作表的一列或者一行中的数据可以绘制到饼图中，但是这些数据不能有负值，而且几乎没有零值。

（4）条形图：条形图经常用于显示持续型数值之间的比较情况。通常沿纵坐标轴组织类别，沿横坐标轴组织值，因此也可以认为是横向的柱形图。

213

第 8 章

数据分析和管理

（5）面积图：面积图能够直观地显示数值的大小和走势范围，强调数量随时间而变化的程度，也可用于引起人们对总值趋势的注意。通过显示所绘制的值的总和，面积图还可以显示部分与整体的关系。

（6）XY散点图：散点图显示若干数据系列中各数值之间的关系，或者将两组数字绘制为 XY 坐标的一个系列。散点图有两个数值轴，沿横坐标轴（X 轴）方向显示一组数值数据，沿纵坐标轴（Y 轴）方向显示另一组数值数据。散点图将这些数值合并到单一数据点并按不均匀的间隔或者簇来显示它们。散点图通常用于显示和比较数值，例如科学数据、统计数据和工程数据。

（7）股价图：顾名思义，股价图通常用来显示股价的波动。不过，股价图也可以用于科学数据。例如，可以使用股价图来说明每天或者每年温度的波动。股价图数据在工作表中的组织方式非常重要，必须按正确的顺序来组织数据才能创建股价图。例如，若要创建一个简单的盘高-盘低-收盘股价图，应根据按盘高、盘低和收盘次序输入的列标题来排列数据。

（8）曲面图：曲面图可以找到两组数据之间的最佳组合。就像在地形图中一样，颜色和图案表示处于相同数值范围内的区域。当类别和数据系列都是数值时，可以使用曲面图。

（9）圆环图：像饼图一样，圆环图也可以显示各个部分与整体之间的关系，但是它可以包含多个数据系列。

（10）气泡图：气泡图用于比较成组的三个值而非两个值，第三个值确定气泡数据点的大小。

（11）雷达图：雷达图用于比较几个数据系列的聚合值。

8.6　数据透视表和数据透视图

数据透视表是一种交互的、交叉制表的 Excel 报表，用于对多种来源的数据进行汇总和分析。数据透视表不仅可以转换行和列以查看源数据的不同汇总结果，也可以实现显示不同页面、根据需要显示数据细节以及设置报告格式等功能，它还会自动将源数据中的数据按用户设置的布局进行分类，从而方便用户分析表中的数据。

使用数据透视表功能能够将筛选、排序和分类汇总等操作依次完成，并生成交互式的汇总表格，是 Excel 强大数据处理能力的具体体现。合理巧妙地运用数据透视表，能够使许多复杂的数据处理问题简单化，大大提高工作效率。

8.6.1　数据透视表的用途

如果要分析相关的汇总值，尤其是在要合计较大的数字列表并对每个数字进行多种比较时，通常使用数据透视表。

数据透视表是专门针对以下用途设计的。

（1）以多种用户友好方式查询大量数据。

（2）对数值数据进行分类汇总和聚合，按分类和子分类对数据进行汇总，创建自定义计算和公式。

（3）展开或者折叠要关注结果的数据级别，查看感兴趣区域汇总数据的明细。

（4）将行移动到列或者将列移动到行，以查看源数据的不同汇总。

（5）对最有用和最关注的数据子集进行筛选、排序、分组和有条件地设置格式，使用户能够关注所需的信息。

（6）提供简明、有吸引力并且带有批注的联机报表或者打印报表。

8.6.2 创建和使用数据透视表

【任务 8-10】 为"员工工资表"创建数据透视表。

（1）打开"第 8 章\任务 8-10\员工工资表"文档。

（2）单击"插入"选项卡"表格"组中的"数据透视表"命令；或者单击"插入"选项卡"表格"组中的"数据透视表"命令后的小三角，在打开的下拉菜单中选择"数据透视表"命令，打开"创建数据透视表"对话框，如图 8-52 所示。

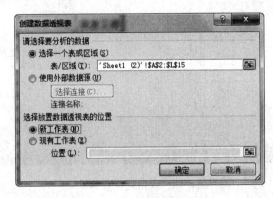

图 8-52 "创建数据透视表"对话框

（3）在对话框的"请选择要分析的数据"组中默认选择了"选择一个表或区域"，并且在"表/区域"文本框中默认选择了"员工工资表"的所有数据区域"A2：L15"（此时"员工工资表"相应数据区域呈被选中状态）。用户可以修改选定的数据区域，也可以选择"使用外部数据源"并"选择连接"的数据源。本任务中使用默认选择。

（4）在"选择放置数据透视表的位置"组中选择"新工作表"或者是"现有工作表"。本任务中选择"新工作表"，将要生成的数据透视表放在一个新工作表中。

（5）单击"确定"按钮，在工作簿中会新增加一个工作表，同时生成数据透视表编辑区，左侧为数据透视表的生成区域，右侧为"数据透视表字段列表"窗格，用于字段设置和选择区域，上方出现"数据透视表工具"选项卡，如图 8-53 所示。

（6）在右侧的"数据透视表字段列表"窗格的"选择要添加到报表的字段"列表中勾选"姓名"，在左侧的数据透视表编辑区中出现了"行标签"字段标题以及员工姓名，如图 8-54 所示。单击"数据透视表工具（选项）"选项卡"显示"组中的"字段标题"命令，可以取消或显示字段的标题。

（7）在"选择要添加到报表的字段"列表中继续勾选"部门""职务""基本工资""津贴""奖金"等项，随着勾选，注意观察数据透视表编辑区的变化。最后创建的数据透视表如图 8-55 所示。

（8）在"选择要添加到报表的字段"列表中勾选或取消勾选某个字段名，即可在数据透视表中添加或删除某个字段。或者在"数值"列表中单击要删除字段后面的小三角，在打开

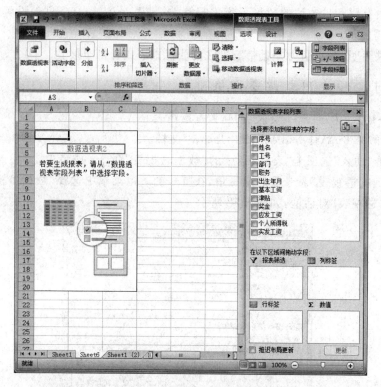

图 8-53　数据透视表编辑区

图 8-54　在数据透视表中添加"姓名"字段

的下拉菜单中选择"删除字段",也可以从数据透视表中删除对应字段。请读者练习添加和删除字段,并观察数据透视表的变化。

（9）单击数据透视表中某些项前面的"＋"或者"－"号,可以展开或者折叠显示项目。请读者练习展开或折叠显示项目。

（10）在"在以下区域间拖动字段"的"列标签""行标签"和"数值"列表中,单击某个字段后面的小三角,打开如图 8-56 所示的下拉菜单。在菜单中可以设置该字段在本列表中的显示顺序,还可以选择将该字段移动到其他某个列表中。选中某个字段后直接拖动到某个列表中,也可以将该字段移动到其他列表。请读者练习将"部门"字段从"行标签"移动到"列标签",再移回"行标签",并注意观察数据透视表的变化。

行标签	求和项:基本工资	求和项:津贴	求和项:奖金
⊟Rose	4500	1450	1200
⊟销售部	4500	1450	1200
部长	4500	1450	1200
⊟Tom	4000	1350	400
⊟财务部	4000	1350	400
部长	4000	1350	400
⊟郭明丽	3900	1280	350
⊟技术部	3900	1280	350
技术员	3900	1280	350
⊟韩梅梅	3840	1270	830
⊟销售部	3840	1270	830
业务员	3840	1270	830
⊟胡志刚	3930	1300	650
⊟销售部	3930	1300	650
业务员	3930	1300	650
⊟黎明	3880	1270	420
⊟技术部	3880	1270	420
技术员	3880	1270	420
⊟李海涛	4300	1400	1000
⊟销售部	4300	1400	1000
业务员	4300	1400	1000
⊟刘波	4000	1320	780
⊟销售部	4000	1320	780
业务员	4000	1320	780
⊟陆川	3380	1210	540
⊟技术部	3380	1210	540
部长	3380	1210	540
⊟齐大鹏	3400	1260	890
⊟销售部	3400	1260	890
业务员	3400	1260	890
⊟张青山	3450	1230	290
⊟财务部	3450	1230	290
出纳	3450	1230	290
⊟赵洛	4600	1540	650
⊟技术部	4600	1540	650
工程师	4600	1540	650
⊟郑凯旋	3950	1290	350
⊟财务部	3950	1290	350
会计	3950	1290	350
总计	51130	17170	8350

图 8-55　创建的数据透视表

图 8-56　字段下拉菜单

（11）单击"行标签"的"部门"字段后的小三角,在下拉菜单中选择"字段设置"命令,打开"字段设置"对话框,在"分类汇总和筛选"选项卡"分类汇总"中选择"自定义",并在"选择一个或多个函数"列表中选择"计数",如图 8-57 所示。最后单击"确定"按钮,可以看到数据透视表最后出现了对部门人员的"计数"统计数据,如图 8-58 所示。请读者练习将"数值"列表中的"津贴"字段设置为"最大值",并观察数据透视表的变化。

（12）在"选择要添加到报表的字段"列表中右击"部门"字段,从弹出的菜单中选择"添加到报表筛选"命令;或者用上面移动字段的方法,将"行标签"列表中的"部门"字段移动到"报表筛选"列表中。此时在数据透视表最上方的单元格中出现了"部门"和"（全部）"两个名称,单击"（全部）"后面的小三角,在打开的用于筛选的菜单的下方勾选"选择多项"后,在上面各部门名称前会出现复选框,勾选想要显示的部门名称,例如"销售部",如图 8-59 所示。

数据分析和管理

图 8-57　"字段设置"对话框

37	⊟赵路		4600	1540	650
38		⊟工程师	4600	1540	650
39		技术部	4600	1540	650
40	⊟郑凯旋		3950	1290	350
41		⊟会计	3950	1290	350
42		财务部	3950	1290	350
43	技术部 计数		4	4	4
44	销售部 计数		6	6	6
45	财务部 计数		3	3	3
46	总计		51130	17170	8350

图 8-58　对"部门"字段设置"计数"

单击"确定"按钮,刚才的"(全部)"变成了"销售部",同时在数据透视表中只显示了"部门"为"销售部"的员工的数据,如图 8-60 所示。

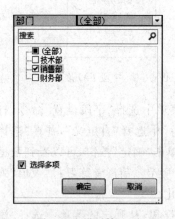

图 8-59　设置筛选项

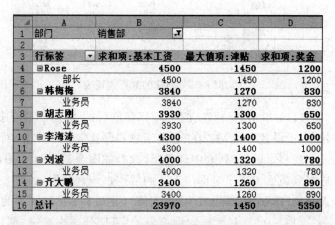

	A	B	C	D
1	部门	销售部		
2				
3	行标签	求和项:基本工资	最大值项:津贴	求和项:奖金
4	⊟Rose	4500	1450	1200
5	部长	4500	1450	1200
6	⊟韩梅梅	3840	1270	830
7	业务员	3840	1270	830
8	⊟胡志刚	3930	1300	650
9	业务员	3930	1300	650
10	⊟李海涛	4300	1400	1000
11	业务员	4300	1400	1000
12	⊟刘波	4000	1320	780
13	业务员	4000	1320	780
14	⊟齐大鹏	3400	1260	890
15	业务员	3400	1260	890
16	总计	23970	1450	5350

图 8-60　报表筛选结果示例

(13) 单击"数据透视表工具(选项)"选项卡"操作"组中的"清除"命令,在打开的菜单中选择"清除筛选"命令,可以清除筛选结果。

(14) 使用切片器,能够以交互方式让用户更快速轻松地在数据透视表中筛选出所需数据。单击"数据透视表工具(选项)"选项卡"排序和筛选"组中的"插入切片器"命令,打开"插入切片器"对话框,勾选要进行筛选的字段名,例如"职务",如图 8-61 所示,然后单击"确定"按钮。在工作表中出现"职务"切片器,如图 8-62 所示,同时出现"切片器工具(选项)"选项卡,在该选项卡的"切片器样式"列表中可以设置切片器的样式。在"职务"切片器中单击"部长",数据透视表中即筛选出"职务"为"部长"的员工数据,如图 8-63 所示。单击切片器右上角的"清除筛选器"按钮 ，可以取消筛选。选中切片器按 Delete 键,可以删除切片器。

图 8-61 "插入切片器"对话框

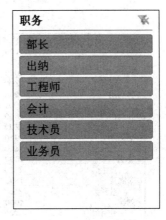

图 8-62 "职务"切片器

	A	B	C	D	E	F	G
1	部门	(全部)				职务	
2							
3	行标签	求和项:基本工资	最大值项:津贴	求和项:奖金		部长	
4	Rose	4500	1450	1200		出纳	
5	部长	4500	1450	1200		工程师	
6	Tom	4000	1350	400		会计	
7	部长	4000	1350	400		技术员	
8	陆川	3380	1210	540		业务员	
9	部长	3380	1210	540			
10	总计	11880	1450	2140			
11							
12							

图 8-63 切片器筛选结果示例

(15) 在数据透视表中还可以进行计算。单击"数据透视表工具(选项)"选项卡"计算"组中的"域、项目和集"命令,在打开的下拉菜单中选择"计算字段"命令,打开"插入计算字段"对话框,在"名称"文本框中输入"津贴奖金",在"公式"文本框中输入"=津贴+奖金"(在"="号后单击,然后单击"字段"列表中的"津贴"后再单击"插入字段"按钮,"津贴"字段名会自动出现在"="号后,再输入"+"号,同样方法再插入"奖金"字段,也可以输入公式),如图 8-64 所示。最后单击"确定"按钮,在数据透视表中新增了一个"津贴奖金"字段并自动完成了计算,如图 8-65 所示。

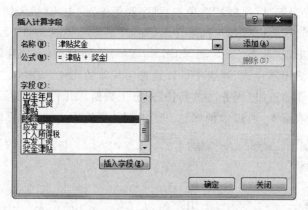

图 8-64 "插入计算字段"对话框

行标签	求和项:基本工资	最大值项:津贴	求和项:奖金	求和项:津贴奖金
⊟Rose	4500	1450	1200	2650.00
部长	4500	1450	1200	2650.00
⊟Tom	4000	1350	400	1750.00
部长	4000	1350	400	1750.00
⊟郭明丽	3900	1280	350	1630.00
技术员	3900	1280	350	1630.00
⊟韩梅梅	3840	1270	830	2100.00
业务员	3840	1270	830	2100.00
⊟胡志刚	3930	1300	650	1950.00
业务员	3930	1300	650	1950.00
⊟黎明	3880	1270	420	1690.00
技术员	3880	1270	420	1690.00
⊟李海涛	4300	1400	1000	2400.00
业务员	4300	1400	1000	2400.00
⊟刘波	4000	1320	780	2100.00
业务员	4000	1320	780	2100.00
⊟陆川	3380	1210	540	1750.00
部长	3380	1210	540	1750.00
⊟齐大鹏	3400	1260	890	2150.00
业务员	3400	1260	890	2150.00
⊟张清山	3450	1230	290	1520.00
出纳	3450	1230	290	1520.00
⊟赵路	4600	1540	650	2190.00
工程师	4600	1540	650	2190.00
⊟郑凯旋	3950	1290	350	1640.00
会计	3950	1290	350	1640.00
总计	51130	1540	8350	25520.00

图 8-65 数据透视表的计算功能示例

(16) 在"数据透视表工具(设计)"选项卡"布局"组中,可以设置"分类汇总"是否显示以及显示在组的底部或者顶部,可以调整"报表布局"的显示方式,在"数据透视表样式"列表中可以选择应用内置的数据透视表样式。请读者练习设置数据透视表的布局和样式。

8.6.3 创建和使用数据透视图

数据透视图可以看作是数据透视表和图表的结合,是以图形的形式来展示数据透视表中的数据。与标准图表一样,数据透视图显示数据系列、类别、数据标记和坐标轴。用户还可以更改图表类型及其他选项,如标题、图例位置、数据标签和图表位置等。

在 Excel 2010 中,既可以根据已有数据透视表创建数据透视图,也可以直接创建数据透视图。

1. 根据已有数据透视表创建数据透视图

如果要根据数据透视表创建数据透视图，则在"数据透视表工具（选项）"选项卡"工具"组中单击"数据透视图"命令，在打开的"插入图表"对话框中选择一种图表类型，然后单击"确定"按钮，就可以插入一个数据透视图，如图 8-66 所示。

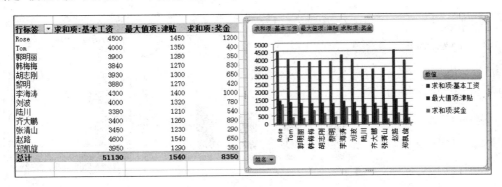

图 8-66　数据透视图

在"数据透视表字段列表"中选择字段或者移动字段，数据透视表和数据透视图都会随之进行更新。另外，在"数据透视图工具"选项卡中可以修改和设置数据透视图的图表类型、布局、样式、标签、背景等，与普通图表的设置基本相同。

☞请读者练习根据数据透视表创建和修改数据透视图。

2. 直接创建数据透视图

【**任务 8-11**】　为"员工工资表"的"实发工资"字段创建数据透视图。

（1）打开"第 8 章\任务 8-11\员工工资表"文档，并选择 Sheet1 工作表。

（2）单击"插入"选项卡"表格"组中的"数据透视表"后的小三角，在打开的菜单中选择"数据透视图"命令，打开"创建数据透视表及数据透视图"对话框，如图 8-67 所示。在"选择一个表或区域"文本框中默认选择了工作表的所有数据区域，"选择放置数据透视表及数据透视图的位置"默认选项为"新工作表"，单击"确定"按钮。

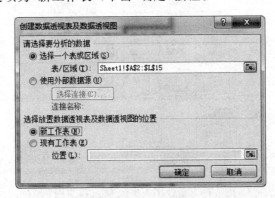

图 8-67　"创建数据透视表及数据透视图"对话框

（3）工作簿中新增加一个工作表，工作表中同时出现了"数据透视表"和"数据透视图"编辑区，同时出现了"数据透视图工具"选项卡。

（4）在右侧"数据透视表字段列表"窗格的"选择要添加到报表的字段"列表中勾选"姓

名"和"实发工资"字段,数据透视表和数据透视图自动进行了创建。

（5）在"数据透视表字段列表"窗格的"选择要添加到报表的字段"列表中勾选"部门"字段,并将该字段移动到"报表筛选"列表中,然后在数据透视表中筛选出"技术部",此时数据透视表和数据透视图如图 8-68 所示。

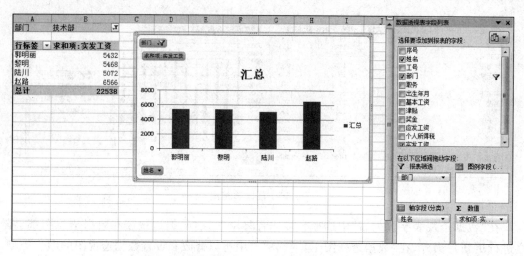

图 8-68　"技术部"员工的"实发工资"数据透视图

（6）选中"数据透视图",单击"数据透视图工具（设计）"选项卡"类型"组中的"更改图表类型"命令,打开"更改图表类型"对话框,选择"饼图"下的"三维饼图"子类型,如图 8-69 所示,可以修改数据透视图的图表类型。

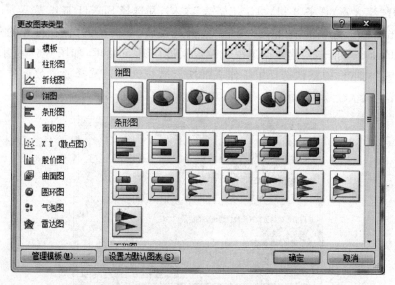

图 8-69　更改图表类型为"三维饼图"

（7）单击"确定"按钮,更改后的数据透视图如图 8-70 所示。

（8）可以为数据透视图添加图表标题和数据标签。将图表标题修改为"技术部员工实发工资"并放置在"图表上方"。单击"数据透视图工具（布局）"选项卡"标签"组中的"数据标签"命令,在下拉菜单中选择"最佳匹配"命令,可以看到饼图中出现了数据值（即实发工资）。

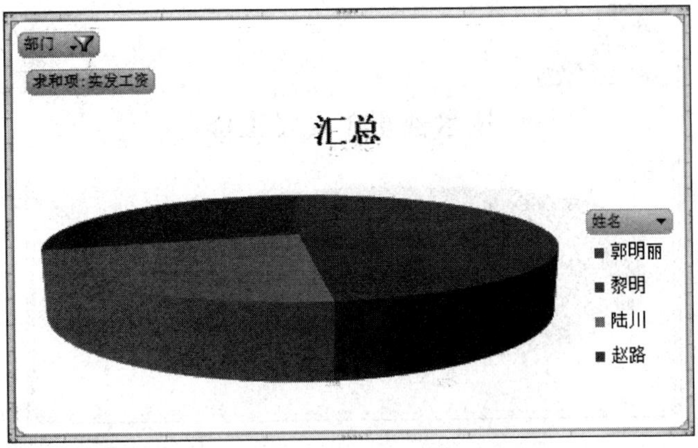

图 8-70　更改为"三维饼图"的数据透视图

单击"数据透视图工具（布局）"选项卡"标签"组中的"数据标签"命令下拉菜单中的"其他数据标签选项"命令，打开"设置数据标签格式"对话框，如图 8-71 所示。在左侧窗格中选择"标签选项"，在右侧窗格的"标签包括"中勾选"值""百分比"和"显示引导线"，在"标签位置"组中选择"数据标签内"，最后单击"关闭"按钮。

图 8-71　"设置数据标签格式"对话框

（9）修改后的数据透视图如图 8-72 所示。从该三维饼图中可以很直观地看到技术部 4 名员工的实发工资数值以及所占百分比，右侧的图例说明了每个颜色对应的员工姓名。

（10）在"数据透视图工具"选项卡中还可以对数据透视图进行其他设置，设置方法与图表的设置方法基本相同，请读者进行练习。

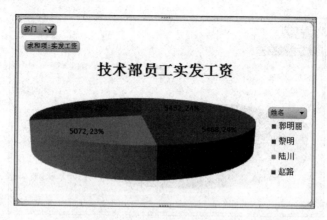

图 8-72 添加了"数据标签"的数据透视三维饼图

8.7 综 合 练 习

【综合练习】 对第 7 章完成的"考试成绩表"中的数据进行分析和管理。

(1) 打开第 7 章创建的"考试成绩表"文档；或者打开"第 8 章\综合练习\考试成绩表"文档。

(2) 对"考试成绩表"中的数据按"大学计算机"成绩进行"降序"排序。

(3) 对"考试成绩表"中的数据按"总分"进行"降序"排序,总分相同的情况下,再按"专业"进行"升序"排序；如果专业也相同,再按"学号"进行"升序"排序。

(4) 筛选出各专业等级为"优秀"的学生。

(5) 筛选出三门课成绩都">85"的学生。

(6) 按"专业"对各门课程的成绩进行分类汇总,汇总方式为"求平均值"。

(7) 创建图表,图表中显示学生姓名和三门课程的成绩,并对图表进行编辑和美化。

(8) 根据需要创建数据透视表和数据透视图。

(9) 完成的文档可以参考"第 8 章\综合练习\考试成绩表-数据分析和管理"文档。

第 9 章　PowerPoint 2010 基本操作

本章学习目标

- 熟练掌握演示文稿的基本操作；
- 熟练掌握幻灯片的基本操作；
- 熟练掌握幻灯片的编辑和母版的使用。

本章首先向读者介绍了 PowerPoint 2010 的工作界面和演示文稿的操作，然后介绍了幻灯片的基本操作，最后介绍了幻灯片的编辑以及母版的使用。

9.1　PowerPoint 2010 工作界面和设计原则

作为 Office 2010 三大办公软件的另外一个重要组件，PowerPoint 2010 主要用于制作集文字、图形、图像、音频以及视频等多媒体元素为一体的演示文稿，广泛应用于教学、演讲、报告、产品展示等多种场合。通过演示文稿展示所要讲解的内容，会给观众带来视觉震撼力，能够更加有效地进行表达和交流。

9.1.1　PowerPoint 2010 的工作界面

从"开始"菜单启动 PowerPoint 2010 程序后，会默认进入"普通视图"方式。此时 PowerPoint 2010 的工作窗口由标题栏、快速访问工具栏、选项卡和功能区、演示文稿编辑区、状态栏、视图模式及显示比例等部分组成，如图 9-1 所示。

在"普通视图"方式下，PowerPoint 2010 的编辑区包括幻灯片/大纲缩略图窗格、幻灯片编辑窗格和备注编辑窗格。拖动窗格之间的分隔线可以调整各窗格的大小。

（1）幻灯片/大纲缩略图窗格：该窗格包含"幻灯片"和"大纲"两个选项卡。打开"幻灯片"选项卡，可以显示每张幻灯片的缩略图，单击某张幻灯片的缩略图，会在幻灯片编辑窗格显示该张幻灯片。打开"大纲"选项卡，可以显示每张幻灯片中的文本信息，用于对文本信息的快速编辑，如图 9-2 所示。

（2）幻灯片编辑窗格：用户主要在该窗格编辑幻灯片，幻灯片中的虚线框（虚线框中通常会显示"单击此处添加标题/副标题/文本"等字样）称为"占位符"。用户可以在"占位符"中按提示添加文本、图形等元素，也可以在"占位符"以外的幻灯片其他位置添加文本框、图形等元素。没有添加内容的空"占位符"在幻灯片放映时是不显示的。

（3）备注编辑窗格：该窗格主要用于让用户添加对幻灯片的解释、说明等不想让观众看到的备注信息，供用户在放映时给自己提示。

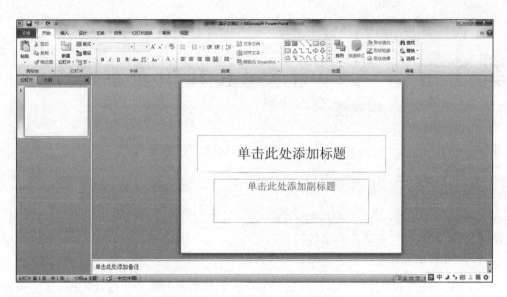

图 9-1　PowerPoint 2010 的工作窗口

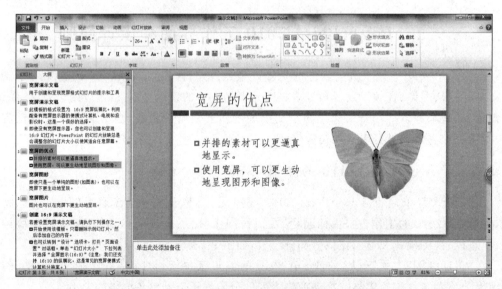

图 9-2　大纲缩略图界面

9.1.2　演示文稿的设计原则

　　一个演示文稿就是一个独立的文件，PowerPoint 2010 演示文稿的默认文件类型是pptx，演示文稿通常也称为 PPT。一个 PPT 中可以包含若干张幻灯片，每张幻灯片中可以根据需要插入文本、图形、音频视频等元素。

　　在进行 PPT 设计时要突出主题、简洁直观、视觉效果美观，但是设计 PPT 的目的并不仅仅是让它看起来更漂亮，而是要实现更清晰表达的目的。因而在设计 PPT 时要精心选取内容，色彩搭配要和谐，在需要的时候设置合适的动画和切换效果。过多的特效会干扰观众的视线、分散注意力，有时反而会适得其反。

在 Robin Williams 编著的《写给大家看的 PPT 设计书》中，提出了 PPT 设计的 4 个基本原则：对比、重复、对齐和亲密性。有兴趣的读者可以详细阅读该书了解细节。

9.2　演示文稿的基本操作

演示文稿的基本操作包括演示文稿的创建、保存、打开、关闭等，与 Word 2010 和 Excel 2010 文档的操作基本相同，因此本节主要介绍演示文稿的创建和保存以及 PowerPoint 2010 的视图方式。

9.2.1　演示文稿的创建

PowerPoint 2010 提供了多种创建演示文稿的方法，本节主要介绍新建空白演示文稿、基于模板创建演示文稿和根据已有的演示文稿创建演示文稿三种方法。

1. 新建空白演示文稿

新建空白演示文稿的方法主要有以下几种。

（1）在打开的 PowerPoint 2010 程序中，按 Ctrl＋N 快捷键，即可新建一个空白的演示文稿。

（2）单击"开始"选项卡中的"新建"命令，在"可用的模板和主题"中选择"空白演示文稿"，如图 9-3 所示，然后单击右侧窗格预览下的"创建"命令，即可新建一个空白的演示文稿。

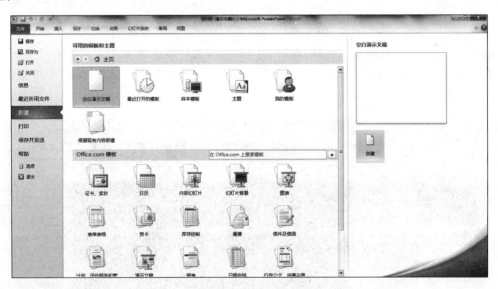

图 9-3　新建空白演示文稿

☞请读者自己练习空白演示文稿的创建。

2. 基于模板创建演示文稿

模板可以包含版式、主题颜色、主题字体、主题效果和背景样式，甚至还可以包含内容。用户可以创建自己的自定义模板，然后存储、重用以及与他人共享。此外还可以在 Office. com 和其他合作伙伴网站上获取多种不同类型的 PowerPoint 免费模板应用于演示文稿。

单击"开始"选项卡中的"新建"命令,在"可用的模板和主题"中选择一个模板,然后单击右侧窗格中的"创建"命令,即可基于所选模板创建一个演示文稿。

【任务 9-1】 基于"样本模板"创建一个演示文稿。

(1)启动 PowerPoint 2010 程序。

(2)单击"开始"选项卡中的"新建"命令,在"可用的模板和主题"中单击"样本模板",在打开的模板中选择一种合适的模板,例如"宽屏演示文稿",如图 9-4 所示。

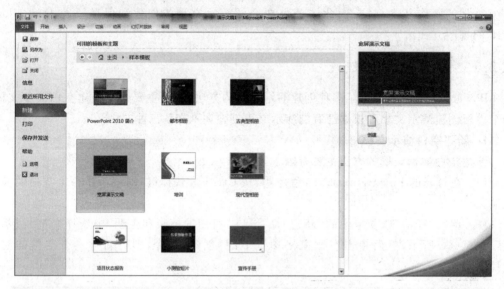

图 9-4 选择"样本模板"

(3)单击右侧窗格预览下的"创建"命令,基于所选样本模板创建了一个演示文稿。演示文稿中包含若干张幻灯片,幻灯片中已经自动应用了版式甚至包含文本、图形等元素,如图 9-5 所示。

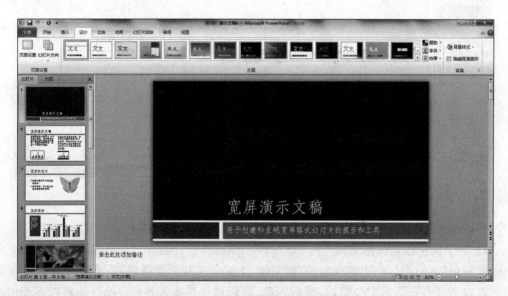

图 9-5 基本模板创建的演示文稿

3. 根据已有的演示文稿创建演示文稿

单击"开始"选项卡中的"新建"命令,在"可用的模板和主题"中单击"根据现有内容创建",打开"根据现有演示文稿新建"对话框,如图9-6所示。在对话框中选择一个已有的演示文稿,单击下方的"新建"按钮,即可新建一个演示文稿,该演示文稿会自动套用刚才选择的已有演示文稿的幻灯片页数和每一页的版式等。

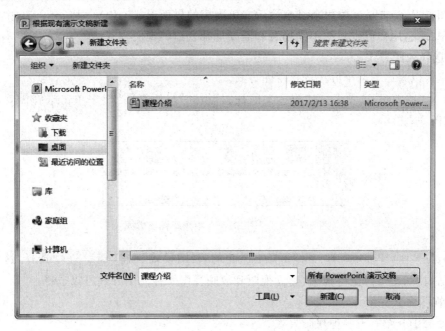

图 9-6 "根据现有演示文稿新建"对话框

9.2.2 演示文稿的保存

演示文稿的"保存"和"另存为"方法与 Word 和 Excel 文档的保存和另存为方法相同,不同的是演示文稿的默认"保存类型"为"PowerPoint 演示文稿",即文件的扩展名为"pptx"。

除了可以保存为 pptx 类型的文档,在"保存类型"中选择 PDF,还可以将演示文稿保存为 PDF 格式的文档。PDF 是 Portable Document Format 的简称,意为"便携式文档格式",是由 Adobe Systems 用于与应用程序、操作系统、硬件无关的方式进行文件交换所发展出的一种文件格式。Adobe 公司设计 PDF 文件格式的目的是为了支持跨平台的、多媒体集成的信息出版和发布,尤其是提供对网络信息发布的支持。为了达到此目的,PDF 格式文档具有许多其他电子文档格式无法相比的优点。PDF 文件格式可以将文字、字型、格式、颜色及独立于设备和分辨率的图形图像等封装在一个文件中,该格式文件还可以包含超文本链接、声音和动态影像等电子信息,支持特长文件,集成度和安全可靠性都比较高。越来越多的电子图书、产品说明、公司文告、网络资料、电子邮件等都在开始使用 PDF 格式文件。对于演示文稿来说,保存为 PDF 格式,可以避免幻灯片中精心选择使用的字体在其他没有安装该字体的设备中播放时字体无法显示的问题。PDF 格式的文档需要专门的阅读软件如 Adobe Acrobat Reader 打开或者编辑。

还有一种保存类型为"Windows Media 视频",即可以直接把演示文稿保存为一个视频文件。

☞请读者练习演示文稿的"保存"和"另存为"。

9.2.3 PowerPoint 2010 的视图方式

视图是 PowerPoint 中用来显示演示文稿内容的界面形式。PowerPoint 2010 中提供了多种视图方式,用户可以根据不同场合和需要选择合适的视图方式。

1. 选择视图方式

通常可以有以下两个方法选择视图方式。

(1) 单击"视图"选项卡,在"演示文稿视图"组和"母版视图"组中单击选择需要的视图方式,如图 9-7 所示。

图 9-7 在"视图"选项卡中选择视图方式

(2) 在 PowerPoint 2010 工作窗口右下角的"视图模式"栏 中选择,这里通常只有普通视图、幻灯片浏览视图、阅读视图和放映视图 4 种视图方式可以选择。

2. 视图方式介绍

下面分别介绍一下各种视图方式。

(1) 普通视图:普通视图是 PowerPoint 2010 的默认视图,用于演示文稿的编辑和设计。

(2) 幻灯片浏览视图:幻灯片浏览视图是以缩略图形式显示幻灯片。在此视图下,所有幻灯片都显示为缩略图,按顺序排列在窗口中便于用户迅速浏览、排序、复制、移动、添加或删除等。用户能够通过拖动幻灯片轻松地对演示文稿中的幻灯片的顺序进行排列和组织。用户还可以在幻灯片浏览视图中添加"节",并按不同的类别或节对幻灯片进行排序。但是要注意:幻灯片浏览视图下不能对单张幻灯片的内容局部修改和编排。幻灯片浏览视图如图 9-8 所示。

图 9-8 幻灯片浏览视图

（3）备注页视图：在普通视图下，备注窗格位于幻灯片窗格下。在"视图"选项卡"演示文稿视图"组中单击"备注页"，可以切换到备注页视图，此时可以以整页格式查看和使用备注，如图 9-9 所示。在备注栏中可为对应的幻灯片添加备注信息。播放演示文稿时，备注栏的内容对演讲者起提示作用，观众看不到。

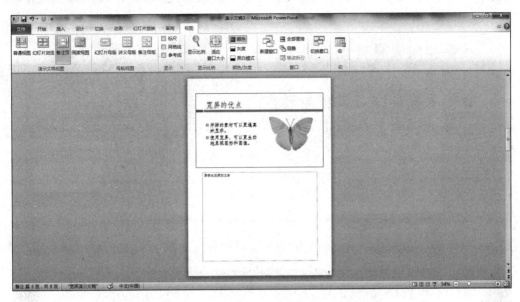

图 9-9　备注页视图

（4）幻灯片放映视图（包括演示者视图）：幻灯片放映视图用于向观众放映演示文稿，在放映时幻灯片会占据整个计算机屏幕，观众可以看到幻灯片编辑时设置的动画效果和切换效果等实际放映效果，如图 9-10 所示。按 Esc 键可退出幻灯片放映视图。演示者视图是一种可在演示期间使用的基于幻灯片放映的关键视图。借助两台监视器，用户可以运行其他程序并查看演示者备注，而这些是观众所无法看到的。若要使用演示者视图，应确保计算机具有多监视器功能，同时也要打开多监视器支持和演示者视图。

（5）阅读视图：如果希望在一个设有简单控件以方便审阅的窗口中查看演示文稿，而不想使用全屏的幻灯片放映视图，则可以在自己的计算机上使用阅读视图，如图 9-11 所示。切换到阅读视图后，幻灯片将从当前页开始按顺序全屏幕显示，用户可预览幻灯片的内容、动画效果、视频及声音效果等。单击鼠标或按 Enter 键显示下一张幻灯片，按 Esc 键退出演示，放映完所有幻灯片后自动结束放映。

（6）母版视图：母版视图包括幻灯片母版、讲义母版和备注母版三种视图。使用母版视图的一个主要优点在于，在幻灯片母版、备注母版或讲义母版上，可以对与演示文稿关联的每个幻灯片、备注页或讲义的样式进行全局更改和设置。

3. 设置默认视图方式

默认情况下，打开 PowerPoint 2010 时会显示普通视图。但是用户也可以根据需要指定 PowerPoint 2010 在打开时显示另一种视图方式，例如幻灯片浏览视图、幻灯片放映视图、备注页视图以及普通视图的各种变体。

设置默认视图方式的方法如下。

PowerPoint 2010 基本操作

图 9-10　幻灯片放映视图

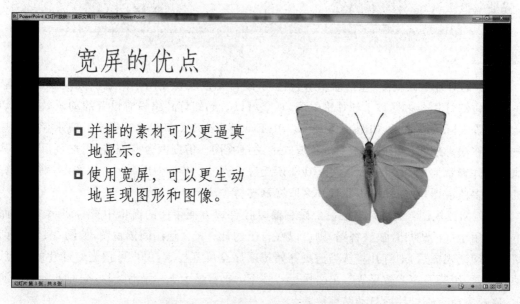

图 9-11　阅读视图

（1）单击"文件"选项卡中的"选项"命令，打开"PowerPoint 选项"对话框。

（2）单击左侧导航窗格中的"高级"命令，在右侧窗格"显示"下的"用此视图打开全部文档"列表中，选择要设置为新默认视图的视图方式，如图 9-12 所示。

（3）最后单击"确定"按钮。

用户将默认视图更改为所需视图方式后，PowerPoint 2010 以后将在该视图中打开演示文稿。

图 9-12　设置默认视图方式

9.3　幻灯片的基本操作

一个演示文稿由若干张幻灯片组成,用户在制作演示文稿时,可以根据需要对演示文稿中的幻灯片进行添加、删除、隐藏、复制、移动等操作。

9.3.1　幻灯片的添加

一个演示文稿中可以包含若干张幻灯片。新建一个演示文稿或者启动 PowerPoint 2010 应用程序后,文件中会自动建立一张幻灯片,用户可以根据需要添加幻灯片。

添加幻灯片的方法主要有以下几种。

(1) 在幻灯片缩略图窗格选中某张幻灯片,然后按 Enter 键,即可在当前选定幻灯片后面添加一张新幻灯片。

(2) 在幻灯片缩略图窗格选中某张幻灯片,单击“开始”选项卡“幻灯片”组中的“新建幻灯片”命令,在当前选定幻灯片后面会添加一张新幻灯片。

(3) 在幻灯片缩略图窗格选中某张幻灯片,单击“开始”选项卡“幻灯片”组中的“新建幻灯片”命令后的小三角,在打开的下拉菜单中选择一种幻灯片的版式,如图 9-13 所示,在当前选定幻灯片后面会添加一张该版式的新幻灯片。

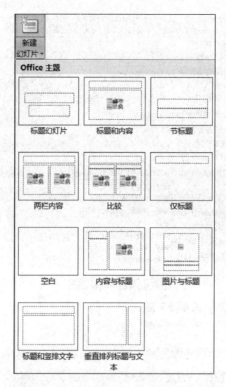

图 9-13　选择新建幻灯片的版式

（4）在幻灯片缩略图窗格右击某张幻灯片，在弹出的快捷菜单中选择"新建幻灯片"，在当前选定幻灯片后面会添加一张新幻灯片。

9.3.2　幻灯片的隐藏和删除

演示文稿中的有些幻灯片，在幻灯片放映时如果不想放映出来，可以将其隐藏。确定不需要的幻灯片，可以将其删除。

1. 隐藏幻灯片

隐藏幻灯片的方法主要有以下几种。

（1）在幻灯片缩略图窗格选中想要隐藏的幻灯片，单击"幻灯片放映"选项卡"设置"组中的"隐藏幻灯片"命令。

（2）在幻灯片缩略图窗格右击想要隐藏的幻灯片，在弹出的快捷菜单中选择"隐藏幻灯片"命令。

将幻灯片设置为隐藏后，幻灯片缩略图窗格中该幻灯片左上角的幻灯片编号上将显示一条斜删除线，如图 9-14 所示，编号为 3 的幻灯片设置为隐藏。

幻灯片被隐藏后，在幻灯片放映时就不会被放映出来。重复设置隐藏的操作，即可取消对幻灯片的隐藏。

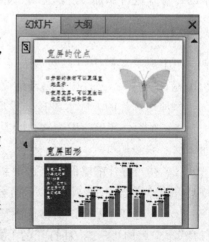

图 9-14　设置为隐藏的幻灯片

2．删除幻灯片

删除幻灯片的方法主要有以下两种。

（1）在幻灯片缩略图窗格选中想要删除的幻灯片，按 Delete 键或者 Back Space 键删除。

（2）在幻灯片缩略图窗格右击想要删除的幻灯片，在弹出的快捷菜单中选择"删除幻灯片"命令。

9.3.3 幻灯片的选定

在普通视图的幻灯片缩略图窗格或者大纲缩略图窗格，或者在幻灯片浏览视图中，单击某张幻灯片，即可选定该张幻灯片。

如果要选择连续的多张幻灯片，首先单击选择第一张，然后按住 Shift 键单击最后一张，这两张幻灯片之间的所有幻灯片（包括隐藏的幻灯片）会被同时选中。

如果要选择不连续的多张幻灯片，按住 Ctrl 键，然后依次单击需要选定的幻灯片。

按 Ctrl＋A 快捷键，可以选中当前演示文稿中所有的幻灯片。

9.3.4 幻灯片的复制和移动

PowerPoint 2010 支持以整张幻灯片为对象进行复制和移动，从而重用幻灯片，或是调整幻灯片的顺序。复制或者移动幻灯片后，演示文稿中的所有幻灯片会自动重新进行编号。

1．复制幻灯片

复制幻灯片最便捷的方法，是在幻灯片浏览视图中，选定要复制的一张或多张幻灯片，然后按住 Ctrl 键拖动幻灯片到目标位置，目标位置处显示一条竖直线时松手。

也可以选定要复制的一张或多张幻灯片，使用"开始"选项卡"剪贴板"组中的"复制"和"粘贴"命令进行复制。

2．移动幻灯片

移动幻灯片主要是为了调整幻灯片在演示文稿中的顺序。

在幻灯片浏览视图中，选定要移动的幻灯片，然后拖动到目标位置，目标位置处显示一条竖直线时松手。例如要将第三张幻灯片移动到第一张和第二张幻灯片之间，则在幻灯片浏览视图中，拖动第三张幻灯片到第一张和第二张幻灯片之间，待第一张和第二张幻灯片之间出现一条竖直线时松手，如图 9-15 所示。

图 9-15　在幻灯片浏览视图中移动幻灯片

移动后的三张幻灯片在浏览视图中的显示如图 9-16 所示。

在普通视图的幻灯片缩略图窗格中，也可以通过拖动移动幻灯片，目标位置会出现一条水平直线，如图 9-17 所示。

图 9-16　移动后浏览视图中的显示

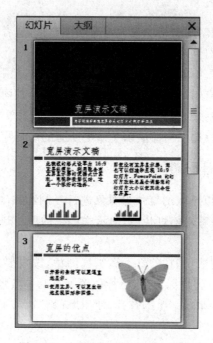

图 9-17　在普通视图中移动幻灯片

也可以使用"剪切"和"粘贴"操作进行幻灯片的移动。

9.4　幻灯片的外观设计

在幻灯片编辑前,建议用户首先设置幻灯片的页面并考虑要使用的幻灯片主题和版式。如果在幻灯片中先添加文本、图形、表格和图表等元素并进行编辑,后期再设置页面或使用一些主题和版式时,很有可能会出现幻灯片中原来精心调整好的元素的布局出现错乱,文本出现错行,以及字体颜色与主题颜色相同或相近而无法很清晰地显示和放映等问题,从而达不到理想的播放效果,浪费用户的时间和精力。

9.4.1　页面设置

在制作幻灯片时,要考虑幻灯片的播放设备,根据不同的播放设备进行页面设置,以取得最佳的播放效果,避免出现播放时不能占据设备的整个屏幕而在幻灯片两边出现黑框,或者播放时文本等对象出现错行等情况。

例如将同一张幻灯片的页面分别设置为"全屏显示(4：3)"和"全屏显示(16：9)"时,在同一显示器下的播放效果如图9-18和图9-19所示。可以看到页面设置为"全屏显示(4：3)"时播放并未能占据全屏幕,幻灯片两边有黑框,而且幻灯片中的文本换行也不在同一个位置。

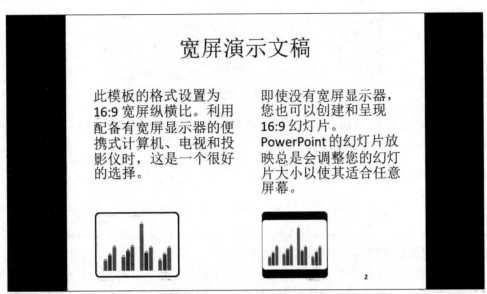

图 9-18　页面设置为"全屏显示(4：3)"的播放效果

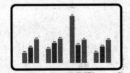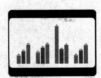

图 9-19　页面设置为"全屏显示(16：9)"的播放效果

页面设置的方法是:单击"设计"选项卡"页面设置"组中的"页面设置"命令,打开"页面设置"对话框,在"幻灯片大小"列表中选择适合的大小,例如"全屏显示(16：9)",如图9-20所示。根据选择的幻灯片大小,在"宽度"和"高度"文本框中会自动出现对应的数值。也可以在"宽度"和"高度"文本框中输入数值自定义幻灯片大小。在该对话框中,还可以设置幻灯片方向以及幻灯片编号起始值等。

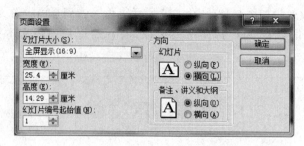

图 9-20　"页面设置"对话框

单击"设计"选项卡"页面设置"组中的"幻灯片方向"命令,在打开的下拉菜单中也可以选择幻灯片方向为"横向"或者"纵向"。

9.4.2　幻灯片主题

PowerPoint 2010 为用户提供了多种主题。主题是主题颜色、主题字体和主题效果三者的组合,可以作为一套独立的选择方案应用于文件中。使用主题可以简化演示文稿的创建过程,同时使演示文稿具有专业设计师水准。

主题颜色是文件中使用的颜色的集合。主题字体是应用于文件中的主要字体和次要字体的集合。主题效果是应用于文件中元素的视觉属性的集合。

在"设计"选项卡"主题"列表中指向某个主题,即可看到当前指向的主题应用到幻灯片上的效果。在选定的主题上单击,该主题就会应用于幻灯片。

【任务 9-2】　对基于"宽屏演示文稿"模板创建的演示文稿应用"波形"主题。

（1）基于"宽屏演示文稿"样本模板创建一个演示文稿。

（2）打开"设计"选项卡,光标指向"主题"列表中的"波形"主题,可以看到幻灯片编辑窗格中的幻灯片显示了当前幻灯片使用该主题的效果,但是幻灯片缩略图窗格中仍然显示的是未应用该主题的效果,如图 9-21 所示。

图 9-21　指向"波形"主题的界面

（3）在"设计"选项卡"主题"列表中单击"波形"主题，可以看到演示文稿中所有的幻灯片都应用了该主题，如图 9-22 所示。

图 9-22　应用"波形"主题后的演示文稿

（4）设置主题颜色。单击"设计"选项卡"主题"组中的"颜色"命令，打开"颜色"菜单，如图 9-23 所示。在"内置"颜色列表中移动鼠标，可以看到幻灯片应用不同主题颜色的效果。单击某个主题颜色，即可在幻灯片中应用该主题颜色。选择"新建主题颜色"命令，打开"新建主题颜色"对话框，如图 9-24 所示，用户可以在对话框中设置自己喜爱的颜色并保存。

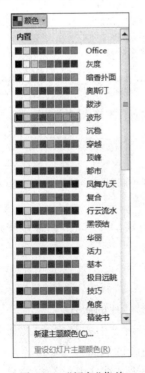

图 9-23　"颜色"菜单

图 9-24　"新建主题颜色"对话框

PowerPoint 2010 基本操作

（5）设置主题字体和主题效果。分别单击"设计"选项卡"主题"组中的"字体"和"效果"命令，可以在拉开的菜单中设置"主题字体"和"主题效果"，请读者自己练习主题字体和主题效果的设置。

（6）设置幻灯片背景。单击"设计"选项卡"背景"组中的"背景样式"命令，在打开的菜单中可以设置幻灯片的背景，如图 9-25 所示。在菜单中选择"设置背景格式"命令，或者单击"设计"选项卡"背景"组中的对话框启动器，可以打开"设置背景格式"对话框，如图 9-26 所示，在对话框中也可以设置幻灯片的背景。设置完成后单击"关闭"按钮，则设置的背景只应用于当前选定的幻灯片；单击"全部应用"按钮，则将设置的背景应用于当前文件中所有幻灯片；单击"重置背景"按钮，则可以取消当前设置，重新进行设置。在"设计"选项卡"背景"组中勾选"隐藏背景图形"复选框，会将幻灯片中的背景图形进行隐藏。请读者自己练习幻灯片背景的设置。

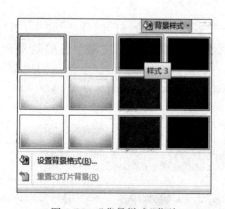

图 9-25　"背景样式"菜单

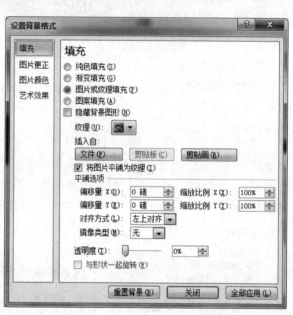

图 9-26　"设置背景格式"对话框

9.4.3　幻灯片版式

版式是幻灯片上标题和副标题文本、列表、图片、表格、图表、形状和视频等元素的排列方式。

在新建幻灯片时，可以在"开始"选项卡"幻灯片"组中的"新建幻灯片"下拉菜单中选择新添加的幻灯片的版式。

对于演示文稿中已有的幻灯片，也可以更改其版式。

选定要更改版式的幻灯片，单击"开始"选项卡"幻灯片"组中的"版式"命令，在打开的下拉菜单中选择一种需要的版式，如图 9-27 所示，即可更改选定幻灯片的版式。

一般来说，演示文稿的第一张幻灯片通常是文件的标题，相当于书的封面，因此通常可以使用"标题幻灯片"版式。其余的幻灯片可以根据内容选择适合的版式。

大部分版式中都提供了"占位符"以及一些与元素对应的图标，通过占位符中的提示或

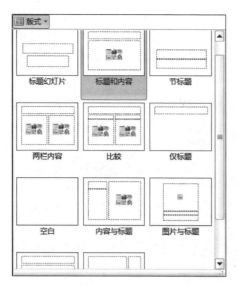

图 9-27　设置幻灯片版式

者单击占位符中的图标可以插入相应的元素,用户也可以在幻灯片中自己添加文本框等元素,并对占位符和文本框等元素调整大小和位置,还可以删除不需要的占位符。

9.4.4　幻灯片母版

在制作具有统一效果的演示文稿时,可以使用母版。母版用于存储有关演示文稿的主题和幻灯片版式的信息,包括背景、颜色、字体、效果、占位符大小和位置等。

使用母版的主要优点是方便用户对幻灯片进行全局更改和设置,如设置统一背景、配色方案、标题字体、占位符布局、项目符号、页眉和页脚等内容,并使更改和设置应用于演示文稿的所有幻灯片,包括以后添加到演示文稿中的幻灯片,而不必在每张幻灯片上进行重复的设置,从而能够节省演示文稿的制作时间,提高制作效率。

最好是在开始构建各张幻灯片之前创建幻灯片母版,而不要在构建了幻灯片之后再创建母版。如果先创建了幻灯片母版,则添加到演示文稿中的所有幻灯片都会基于该幻灯片母版和相关联的版式。如果在构建了各张幻灯片之后再创建幻灯片母版,则幻灯片上的某些项目可能不符合幻灯片母版的设计风格,从而还需要再进行设置和调整。

演示文稿母版有三种:幻灯片母版、讲义母版和备注母版。

(1) 幻灯片母版:幻灯片母版是最常用的母版,用于控制演示文稿中的大部分幻灯片,以保证整体风格统一,并能将每张幻灯片中固定出现的内容进行一次性编辑。

(2) 讲义母版:讲义母版用来控制讲义的打印格式,利用讲义母版可将多张幻灯片制作在一张幻灯片中,即设置打印时一张纸上安排多少张幻灯片,方便打印。

(3) 备注母版:备注母版用来设置备注格式,让大部分备注具有统一外观。备注母版作为演示者在演示文稿中的提示和参考,可以单独打印出来。

【任务 9-3】 "幻灯片母版"的使用。

(1) 新建一个空白演示文稿。

(2) 在演示文稿中添加几张不同版式的新幻灯片。

（3）选中某张幻灯片，例如第一张幻灯片（通常为标题幻灯片），单击"视图"选项卡"母版视图"组中的"幻灯片母版"命令，进入"幻灯片母版"视图，同时在选项卡区域会出现"幻灯片母版"选项卡并自动被选中，如图9-28所示。根据选定的幻灯片的不同版式，幻灯片母版视图左侧窗格显示的幻灯片缩略图会有所差别。

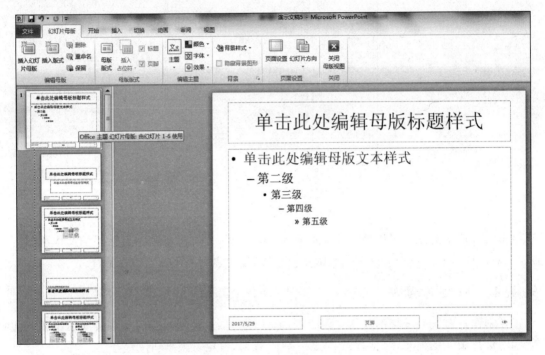

图9-28 "幻灯片母版"视图

（4）在左侧窗格中选中要设置统一格式的一种幻灯片版式，在右侧窗格中选择占位符或其他内容，然后切换到"开始"或者其他选项卡，可以设置其字体、字号、字形、对齐方式等，也可以在某个位置添加占位符、文字或图片（例如公司标识）等内容，在"幻灯片母版"选项卡中还可以设置主题、背景和页面等。

（5）设置完成后，单击"幻灯片母版"选项卡"关闭"组中的"关闭母版视图"命令，关闭母版视图，刚才的设置会应用于使用该版式的所有幻灯片。

（6）单击"开始"选项卡"幻灯片"组中的"新建幻灯片"命令的小三角，选择刚才进行过母版设置的幻灯片版式，可以看到新添加的幻灯片也直接应用了刚才的母版设置。

9.5 幻灯片的内容设计

在幻灯片中可以插入文本、图形、表格、图表、音频和视频等多种媒体元素，方便用户制作出精美的富有表现力的演示文稿。

在制作幻灯片时，为了更好地定位或者对齐幻灯片中的元素，可以在"视图"选项卡"显示"组中勾选"标尺""网格线"或"参考线"。

（1）标尺：在幻灯片编辑窗格上方和左侧显示水平标尺和垂直标尺，根据标尺可以帮助用户准确地放置对象。

（2）网格线：是位于幻灯片区域纵横交错的虚线，能够帮助用户排列幻灯片上的对象，线条间距固定，不可调整。这些线条只是位置参照线，放映幻灯片时不会显示，也不会打印出来。

（3）参考线：是显示在幻灯片区域的绘图参考线，以幻灯片的水平中轴和垂直中轴为坐标参照，可上下左右拖动调整位置，便于对齐和调整幻灯片上的对象。

单击"显示"组的对话框启动器，打开"网格线和参考线"对话框，如图 9-29 所示，可以对网格线和参考线进行具体设置。

图 9-29 "网格线和参考线"对话框

9.5.1 在幻灯片中添加文本等元素

在幻灯片中可以插入文本、图片、SmartArt 图形、各种形状、图表、表格等元素，也可以使用艺术字以及项目符号和编号。

在 PowerPoint 2010 中，不能直接在幻灯片中输入文字，只能在"占位符"或者"文本框"中输入文字。

选择"插入"选项卡，如图 9-30 所示，在各组中选择要插入的元素，并根据需要进行设置，即可将该元素插入到幻灯片中。

图 9-30 "插入"选项卡

关于文本、图片、SmartArt 图形、各种形状、图表、表格、艺术字、公式以及项目符号和编号的插入和使用，与在 Word 2010 和 Excel 2010 中的使用方法一样，在此不再赘述。

🖐请读者自己练习在幻灯片中添加以上各种元素。

9.5.2 插入和设置音频

通过添加音频，可以在演示文稿放映时配备背景音乐或者内容讲解，增强展示效果。

单击"插入"选项卡"媒体"组中的"音频"命令的小三角，在打开的菜单中可以选择三种音频：文件中的音频、剪贴画音频和录制音频，如图 9-31 所示。

1. 插入和设置文件中的音频

选中要添加音频的幻灯片，然后打开"音频"菜单并选择"文件中的音频"，或者直接单击"插入"选项卡"媒体"组中的"音频"命令，打开"插入音频"对话框，如图 9-32 所示。在对话框中选择要插入的音频文件，单击"插入"按钮。

图 9-31 插入"音频"
菜单

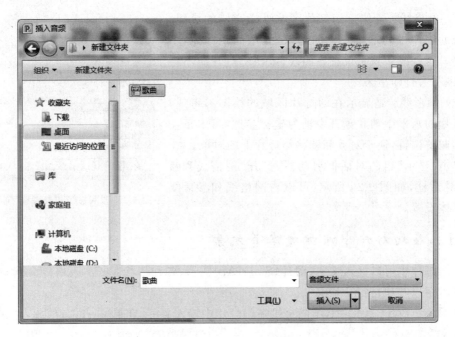

图 9-32　"插入音频"对话框

幻灯片中会出现一个"喇叭"图标 和播放工具栏，如图 9-33 所示。在幻灯片中拖动"喇叭"图标，可以调整其在幻灯片中的位置。

图 9-33　插入音频文件的幻灯片

在幻灯片编辑状态时单击播放工具栏中的"播放"按钮 ，可以播放音频。或者在幻灯片放映时单击"喇叭"图标，也可以播放音频。

在幻灯片编辑状态选中"喇叭"图标，出现"音频工具（格式/播放）"选项卡。在"音频工具（播放）"选项卡中可以对音频进行播放设置。单击"音频工具（播放）"选项卡中的"剪裁音频"命令，打开"剪裁音频"对话框，如图 9-34 所示。拖动绿色滑块（表示开始时间）和红色滑块(表示结束时间)到需要的位置,然后单击"确定"按钮,可以对音频进行简单的裁剪。

在"音频工具(播放)"选项卡"音频选项"组中单击"开始"下拉列表框,可以设置播放音频的开始方式,如图 9-35 所示。

图 9-34 "剪裁音频"对话框

图 9-35 设置播放开始方式

在"音频工具(播放)"选项卡"音频选项"组中勾选"放映时隐藏""循环播放,直到停止"或"播完返回开头"复选框,可以在音频播放时隐藏图标以及设置音频播放的时长。

☞请读者练习在幻灯片中插入音频并进行播放设置。

2. 插入剪贴画音频

在"音频"菜单中选择"剪贴画音频"命令,PowerPoint 2010 会自动打开"剪贴画"任务窗格,并在窗格中显示能够使用的剪贴画音频,如图 9-36 所示,单击某个音频文件,即可将该剪贴画音频文件插入到幻灯片中。

3. 插入录制音频

在"音频"菜单中选择"录制音频"命令,会打开"录音"对话框,如图 9-37 所示。单击"录音"按钮 ● 开始使用麦克风输入声音,单击"停止"按钮 ■ 结束录制,在"名称"文本框中可以输入录制的音频文件名,"声音总长度"显示录制的音频时间。最后单击"确定"按钮,即可将录制的音频插入到幻灯片中。

图 9-36 "剪贴画"窗格

图 9-37 "录音"对话框

剪贴画音频和录制的音频,可以和文件中的音频一样进行设置。

9.5.3 插入和设置视频

PowerPoint 2010 中插入的视频文件主要包括"剪贴画视频"和"文件中的视频"。"剪贴画视频"是由系统提供的,非常简单和短小;"文件中的视频"则可以是用户自己制作或者从他人和网络等渠道获取的视频文件。

单击"插入"选项卡"媒体"组中的"视频"命令的小三角,在打开的菜单中选择"剪贴画视频",会自动打开"剪贴画"任务窗格并显示出能够使用的"剪贴画视频",单击某个剪贴画视频文件,即可将该视频插入到幻灯片中,如图 9-38 所示。拖动调整其位置和大小,在幻灯片放映视图可以显示视频的播放效果。

图 9-38　插入"剪贴画视频"

单击"插入"选项卡"媒体"组中的"视频"命令;或者单击"视频"命令后的小三角,在打开的菜单中选择"文件中的视频",会打开"插入视频文件"对话框,如图 9-39 所示。在对话框中选择要插入的视频文件,然后单击"插入"按钮,即可将选择的视频文件插入到幻灯片中。

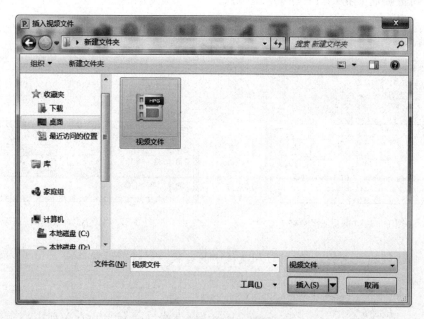

图 9-39　"插入视频文件"对话框

此时幻灯片中出现视频文件的缩略图和播放工具栏,如图 9-40 所示。选中视频文件的缩略图,可以调整其位置和大小,同时会出现"视频工具(格式/播放)"选项卡。在"视频工具(播放)"选项卡中可以对视频进行简单的剪裁,以及对视频的播放进行设置。

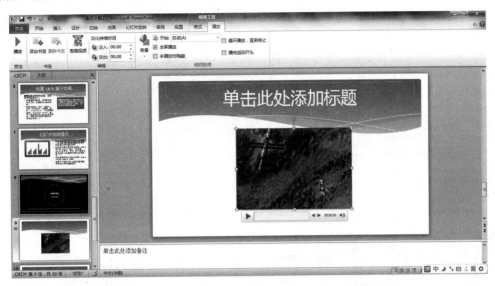

图 9-40　插入视频文件的幻灯片示例

请读者练习在幻灯片中插入一段视频文件并进行播放设置。

9.5.4　页眉和页脚设置

在幻灯片的页眉和页脚位置,可以添加幻灯片编号、备注页编号、日期和时间等,也可以根据需要自己设置内容,例如添加公司或者演讲者个人的信息等。

1. 添加幻灯片编号或备注页编号

在幻灯片编辑状态下,单击"插入"选项卡"文本"组中的"幻灯片编号"命令;或者单击"插入"选项卡"文本"组中的"页眉和页脚"命令,都会打开"页眉和页脚"对话框,如图 9-41 所示。

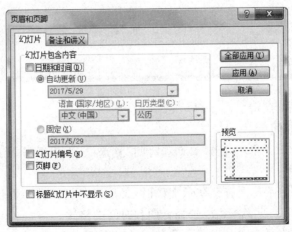

图 9-41　"页眉和页脚"对话框

在对话框的"幻灯片"选项卡中的"幻灯片包含内容"下勾选"幻灯片编号"复选框,单击"应用"按钮,可以在当前选定幻灯片中添加幻灯片编号;如果单击"全部应用"按钮,则在当前演示文稿的所有幻灯片中都会添加幻灯片编号。

如果在对话框最下方勾选了"标题幻灯片中不显示"复选框,则在标题幻灯片中不显示编号。

在"页眉和页脚"对话框的"备注和讲义"选项卡中,勾选"页码"复选框,单击"全部应用"按钮,即可为备注页添加编号,如图 9-42 所示。

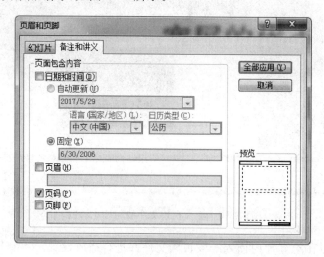

图 9-42　为备注页添加页码

如果要更改起始幻灯片的编号,单击"设计"选项卡"页面设置"组中的"页面设置"命令,打开"页面设置"对话框,在"幻灯片编号起始值"文本框中修改数值,例如修改为"0",如图 9-43 所示,然后单击"确定"按钮,幻灯片第一页的编号修改为"0",之后的幻灯片编号会自动根据该值进行更新。

图 9-43　设置幻灯片编号起始值

2. 添加日期和时间

在"页眉和页脚"对话框中勾选"日期和时间"复选框,再根据需要选择"自动更新"或者"固定"单选项。其中:

(1)"自动更新"表示每次打开演示文稿时,日期和时间都自动更新为当前的日期和时间。选择"自动更新"后,再根据需要选择日期和时间的格式。

(2)"固定"表示将日期和时间设置后,每次打开演示文稿时,该日期和时间是固定不变的。选择"固定"后,在"固定"文本框中输入要显示的日期。

设置完成后单击"应用"或者"全部应用"按钮,将应用于当前幻灯片或者演示文稿中的全部幻灯片。

3. 添加自定义内容

在"页眉和页脚"对话框的"幻灯片"选项卡中,勾选"页脚"复选框,在对应的文本框中输入想要添加的内容,例如"计算机学院",如图 9-44 所示,然后单击"应用"或者"全部应用"按钮,会在当前幻灯片或者所有幻灯片的"页脚"位置添加文字"计算机学院",如图 9-45 所示。

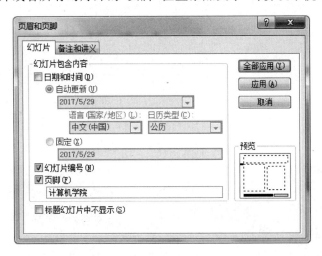

图 9-44 在幻灯片"页脚"添加自定义内容

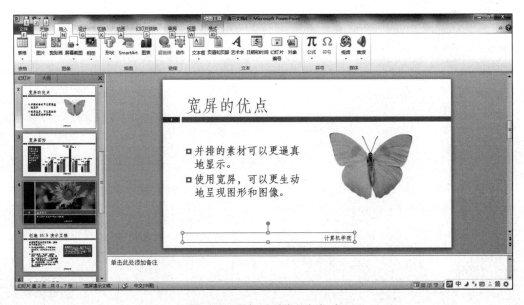

图 9-45 添加了页脚的幻灯片

同样的方法可以在"备注和讲义"中添加自定义的"页眉"或者"页脚"内容。

☞请读者自己练习幻灯片页眉和页脚的设置。

9.6 综 合 练 习

【综合练习】 以"个人介绍""我的家乡"或者"我的校园生活"为演讲主题,也可以自选演讲主题,设计制作一个 10 页左右的演示文稿,要求文字简洁清晰,色彩搭配和谐,有适当的图片、表格、音频或者视频等,有幻灯片编号或者日期等,在幻灯片页脚要有自己的姓名,在幻灯片适当位置统一添加一个图片作为个人标识。

第 10 章　设计切换和动画效果

本章学习目标

- 熟练掌握幻灯片的切换效果设置；
- 熟练掌握幻灯片的动画效果设置；
- 熟练掌握动作按钮和超链接的使用。

本章向读者介绍了幻灯片的切换效果和动画效果的设置，以及幻灯片中动作按钮和超链接的使用。

10.1　设计幻灯片的切换效果

幻灯片切换效果是指在幻灯片放映时，从一张幻灯片离开到下一张幻灯片出现时的动画效果。幻灯片的切换效果可以使幻灯片播放时的过渡和衔接更加自然，增强演示的效果。

在 PowerPoint 2010 中，可以为一组幻灯片设置同一种切换方式，也可以为每张幻灯片设置不同的切换方式。用户还可以控制切换效果的速度以及添加切换声音。

10.1.1　向幻灯片添加切换效果

在幻灯片普通视图的"幻灯片"缩略图窗格中，选中要添加切换效果的幻灯片。单击"切换"选项卡"切换到此幻灯片"组的切换方案列表中的某个切换方式；或者单击"切换"选项卡"切换到此幻灯片"组切换方案列表的"其他"按钮 ⊽，打开切换方案列表框，如图 10-1，在列表中选择一种切换方案。

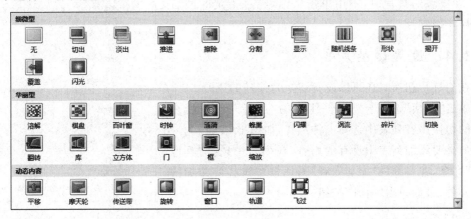

图 10-1　切换方案列表

10.1.2 设置效果选项

为幻灯片设置了某些切换方案后,单击"切换"选项卡"切换到此幻灯片"组中的"效果选项"命令,可以在打开的下拉菜单中设置切换效果选项。如图 10-2 所示是"涟漪"切换方案的"效果选项"下拉菜单。

有些切换方案的"效果选项"命令是灰色的,即不能再进行效果选项的设置。

10.1.3 设置换片方式和时间

PowerPoint 2010 中可以设置幻灯片的切换方式以及切换的持续时间。

若要设置上一张幻灯片与当前幻灯片之间的切换效果的持续时间,可以在"切换"选项卡"计时"组的"持续时间"文本框中,输入或者调整所需的时间,如图 10-3 所示。

图 10-2 "效果选项"菜单示例

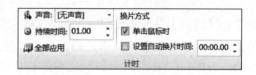

图 10-3 设置切换效果的计时

在"切换"选项卡"计时"组"换片方式"下勾选"单击鼠标时"复选框,表示在放映幻灯片时,当用户单击鼠标时才切换幻灯片。

在"切换"选项卡"计时"组"换片方式"下勾选"设置自动换片时间"复选框,然后在文本框中输入或调整时间,则在放映幻灯片时,不用单击鼠标,经过指定时间后自动切换幻灯片。

10.1.4 设置切换声音

在幻灯片切换时还可以设置切换时伴随的声音。

单击"切换"选项卡"计时"组中的"声音"列表框,在打开的切换声音列表中选择一种声音,如图 10-4 所示。

如果要添加列表中没有的声音,在列表中选择"其他声音"命令,在打开的"添加音频"对话框中选择要添加的声音文件,最后单击"打开"按钮。

图 10-4 设置切换声音

10.1.5　预览和应用切换效果

设置好切换效果后,幻灯片编辑窗格中的幻灯片会应用该切换效果并展示切换效果。

单击"切换"选项卡"预览"组中的"预览"命令,也可以预览设置的切换效果。

设置完成的切换效果通常只应用于选定的幻灯片,如果想要使演示文稿中的所有幻灯片都应用设置好的切换效果,可以单击"切换"选项卡"计时"组中的"全部应用"命令。

10.1.6　删除切换效果

选择要删除切换效果的幻灯片,在"切换"选项卡"切换到此幻灯片"组的切换方案列表中单击"无",即可删除切换效果。

【任务 10-1】　练习使用幻灯片的切换效果。

10.2　设计幻灯片的动画效果

动画是给幻灯片中的文本或者其他对象添加特殊的视觉或者声音效果。PowerPoint 2010 演示文稿中的文本、图片、形状、表格、SmartArt 图形和其他对象都可以设计成动画,赋予它们进入、退出、大小或颜色变化甚至移动等视觉效果以及声音效果。

PowerPoint 2010 中有以下 4 种不同类型的动画效果。

(1) 进入:可以使对象逐渐淡入焦点、从边缘飞入幻灯片或者跳入视图中等。

(2) 退出:可以使对象飞出幻灯片、从视图中消失或者从幻灯片旋出等。

(3) 强调:可以使对象缩小或放大、更改颜色或沿着其中心旋转等。

(4) 动作路径:可以使对象上下移动、左右移动或者沿着某个图案和用户设置的路线移动。

10.2.1　向对象添加动画

选择要添加动画的对象,单击"动画"选项卡"动画"组中的动画样式列表的"其他"按钮 ,在打开的动画样式列表中选择所需的动画效果,如图 10-5 所示。

单击"更多进入效果""更多强调效果""更多退出效果"或"其他动作路径",可以看到更多的进入、退出、强调或动作路径动画效果。

在为幻灯片上的对象添加动画后,该对象会被标上不可打印的编号标记。仅当用户选择"动画"选项卡或者打开"动画窗格"任务窗格时,才会在"普通视图"中显示该标记,如图 10-6 所示。

幻灯片中的对象可以单独使用任何一种动画样式,也可以将多种动画样式组合在一起用于一个对象。

如果要对单个对象应用多个动画样式,选择已添加了动画样式的对象,然后单击"动画"选项卡"高级动画"组中的"添加动画"命令,在打开的菜单中再次选择动画样式。例如,可以对一行文本应用"飞入"进入效果及"放大/缩小"强调效果,使它在飞入的同时逐渐放大。

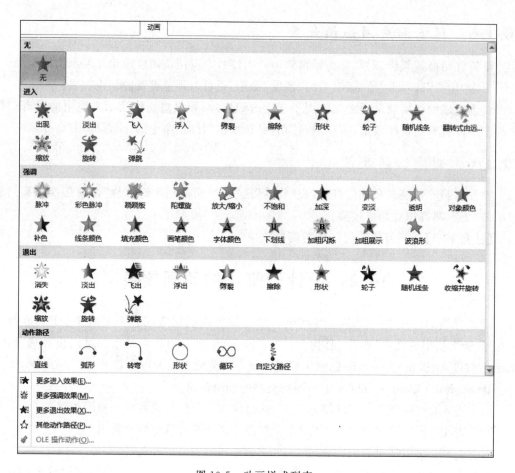

图 10-5　动画样式列表

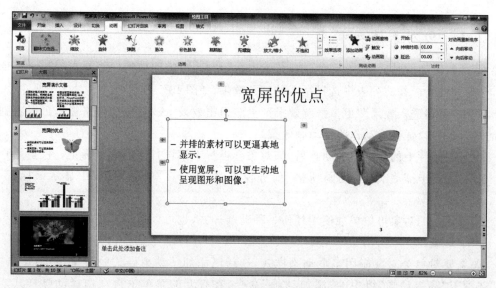

图 10-6　添加动画后的对象编号标记

10.2.2 为动画设置效果选项

向对象添加动画后,还可以根据添加的动画样式设置不同的动画效果选项。

在幻灯片中选定添加了动画样式的对象,单击"动画"选项卡"动画"组中的"效果选项"命令,在下拉菜单中选择一种效果。如图 10-7 所示是为对象添加"飞入"动画样式后的"效果选项"菜单,用户可以选择飞入的方向。

10.2.3 为动画设置开始方式和计时

在幻灯片中选定已添加了动画的对象,单击"动画"选项卡"计时"组中的"开始"列表框,在列表中选择一种开始方式,如图 10-8 所示。

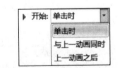

图 10-7　添加"飞入"动画后的"效果选项"菜单　　　图 10-8　开始方式列表

设置了开始方式后,对象的动画编号可能会有所变化。

在"计时"组的"持续时间"文本框中设置的时间,表示动画将要运行的持续时间。

在"计时"组的"延迟"文本框中设置的时间,表示动画开始前的延时。

10.2.4 对动画重新排序

如果想改变幻灯片中对象的播放顺序,选中该对象,然后在"动画"选项卡"计时"组中,单击"对动画重新排序"下的"向前移动"命令或者"向后移动"命令,即可使该对象动画提前或推后播放,幻灯片中对象的动画编号会随之发生变化。

10.2.5 动画窗格的使用

"动画窗格"任务窗格显示有关动画效果的重要信息,如效果的类型、多个动画效果之间的相对顺序、受影响对象的名称以及效果的持续时间等。

　　使用动画窗格，不仅可以查看幻灯片中所有动画的列表，而且能够对动画效果进行设置，有些比在"动画"选项卡中进行设置更加便捷。

　　在"动画"选项卡的"高级动画"组中单击"动画窗格"命令，即可打开"动画窗格"任务窗格，如图 10-9 所示。

　　动画窗格中的编号表示动画效果的播放顺序，该编号与幻灯片上显示的不可打印的编号标记相对应。编号后面的图标代表动画效果的类型。图标后面是与幻灯片中的对象对应的项目。项目后面的矩形是时间线，代表动画效果的持续时间，光标移动到矩形时会显示出时间。选择列表中的项目后，会出现相应的菜单图标（即小三角），单击该小三角可打开相应的菜单，如图 10-10 所示。

图 10-9　动画窗格

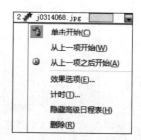

图 10-10　项目对应的菜单示例

　　在菜单中可以设置动画开始方式和计时等，开始方式包括以下几种。

　　(1) 单击开始：动画效果在单击鼠标时开始。

　　(2) 从上一项开始：动画效果开始播放的时间与列表中上一个动画效果的时间相同。

　　(3) 从上一项之后开始：动画效果在列表中上一个动画效果完成播放后开始。

　　在菜单中选择"效果选项"命令，会打开与对象和添加的动画效果相对应的对话框。在对话框的"效果""计时"或者"正文文本动画"3 个选项卡中，可以设置动画播放时伴随的声音、开始方式、时间以及动画中的多段文本以哪种级别出现等，如图 10-11～图 10-13 所示。根据对象内容和添加的动画效果，对话框中的选项卡以及选项卡中的设置内容会有所不同。

　　单击"动画窗格"下方"重新排序"左侧和右侧的"向上箭头"按钮和"向下箭头"按钮，可以调整选中对象的播放顺序。

图 10-11 "效果"选项卡示例

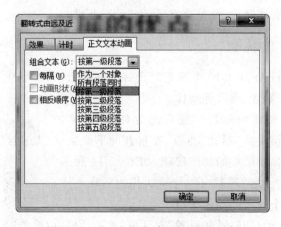

图 10-12 "计时"选项卡示例

图 10-13 "正文文本动画"选项卡示例

设计切换和动画效果

10.2.6 触发器和动画刷

触发是动画开始的一个特殊条件。使用触发器功能,可以设置当单击某个对象时播放某个动画,即某个对象触发某个动画。触发对象可以是幻灯片中的文本、图形等任何对象。

单击"动画"选项卡"高级动画"组中的"触发"命令;或者在"效果选项"对话框的"计时"选项卡中单击"触发器"按钮,都可以根据需要设置触发条件。

在为一个对象添加了动画效果后,如果想为其他对象设置同样的动画效果,可以使用"动画"选项卡"高级动画"组中的"动画刷"命令。"动画刷"的使用方法与"格式刷"类似,首先单击设置好动画效果的对象,然后单击或者双击"动画刷",再去单击要设置同样动画效果的对象。

10.2.7 预览动画效果和删除动画效果

在添加一个或多个动画效果后,如果想测试动画效果,可以进行预览。

(1)单击"动画"选项卡"预览"组中的"预览"命令,可以测试设置的动画效果。

(2)单击"动画"选项卡"预览"组中的"预览"命令的小三角,在打开的下拉菜单中勾选"自动预览"后,则在每次设置动画效果后都直接给用户展示预览效果。

(3)单击"动画窗格"上方的"播放"按钮,也可以预览动画效果。

如果想要删除动画效果,选中对象后,在"动画"选项卡"动画"组的动画样式列表中选择"无",即可删除选中对象的动画效果。

【任务 10-2】 练习使用幻灯片的动画效果。

10.3 设计幻灯片的交互

在 PowerPoint 2010 中,可以在幻灯片中添加动作按钮和设置超链接,当放映幻灯片时,可以从一张幻灯片链接到同一演示文稿中的另一张幻灯片,也可以链接到不同演示文稿中另一张幻灯片、到电子邮件地址、网页或其他文件。这就使得演示文稿不再是从第一张到最后一张进行线性的顺序播放,而是具有了一定的交互性。

10.3.1 添加动作按钮

动作按钮是 PowerPoint 2010 中预先设置好的一组形状,形状上的图标非常形象地表示了向前、向后、文档、影片、声音等动作。

选择要添加动作按钮的幻灯片或者幻灯片母版,单击"插入"选项卡"插图"组中的"形状"命令,在打开的下拉菜单的"动作按钮"组中选择要添加的动作按钮,如图 10-14 所示,此时光标指针将变为"十字"形状➕,与绘制其他形状一样,拖动鼠标即可绘制一个选中的动作按钮。

图 10-14 动作按钮

绘制完成后,会自动打开"动作设置"对话框,该对话框有"单击鼠标"和"鼠标移过"两个选项卡,如图 10-15 和图 10-16 所示,分别表示当单击动作按钮或者鼠标经过动作按钮时进行的操作。

图 10-15 "动作设置"对话框"单击鼠标"选项卡　　　图 10-16 "动作设置"对话框"鼠标移过"选项卡

　　以"单击鼠标"选项卡为例,在"单击鼠标时的动作"组中选择需要的动作,例如"超链接到",然后在"超链接到"下拉列表中选择要链接到的目标位置,如图 10-17 所示。设置完成后单击"确定"按钮。

图 10-17　选择"超链接到"的目标位置

　　当演示文稿播放到该张幻灯片时,单击幻灯片中的动作按钮,就会按照设置转到同一演示文稿其他幻灯片、其他演示文稿或者其他文件等。

　　动作按钮是一个形状,在幻灯片编辑状态选中动作按钮时,会出现"绘图工具"选项卡,可以与其他形状的设置一样,设置动作按钮的形状样式和形状效果等。

10.3.2　设置超链接

　　不仅可以为动作按钮设置超链接,幻灯片中的文本、图形、形状或艺术字等对象都可以设置超链接。

1. 创建超链接

选中要创建超链接的对象,单击"插入"选项卡"链接"组中的"超链接"命令;或者选中要创建超链接的对象,在对象上右击,在弹出的快捷菜单中选择"超链接"命令,都可以打开"插入超链接"对话框,如图 10-18 所示。

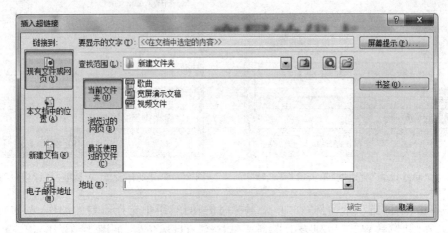

图 10-18 "插入超链接"对话框

在对话框左侧的"链接到"中选择一个位置,其中:

(1)"现有文件或网页"表示要链接到其他文件或者网页。如果要链接到某个文件,通过"查找范围"找到要链接到的文件所在的文件夹,然后在下面的列表框中选择要链接到的文件。如果要链接到某个网页,在下方的"地址"栏中直接输入网址。

(2)"本文档中的位置"表示要链接到同一演示文稿的其他幻灯片,如图 10-19 所示。在"请选择文档中的位置"列表框中选择要链接到的幻灯片。

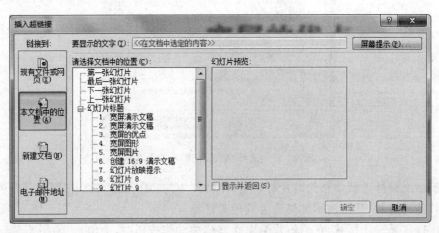

图 10-19 链接到"本文档中的位置"

(3)新建文档表示要链接到一个新建文档。在"新建文档名称"框中,输入要创建并链接到的文件的名称。如果要在另一文件夹创建文档,请在"完整路径"下单击"更改"按钮,浏览到要创建文件的文件夹,然后单击"确定"按钮。在"何时编辑"下,单击相应选项以确定是现在"开始编辑新文档"还是"以后再编辑新文档",如图 10-20 所示。

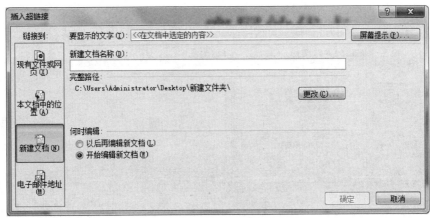

图 10-20　链接到"新建文档"

（4）电子邮件地址表示要链接到电子邮件地址。在"电子邮件地址"文本框中,输入要链接到的电子邮件地址；或者在"最近用过的电子邮件地址"文本框中,单击选择电子邮件地址。在"主题"文本框中,可以输入电子邮件的主题,如图 10-21 所示。

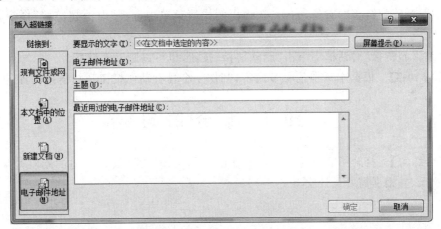

图 10-21　链接到"电子邮件地址"

单击"插入超链接"对话框右上方的"屏幕提示"按钮,打开"设置超链接屏幕提示"对话框,在"屏幕提示文字"文本框中输入文字,例如"打开数据文件",如图 10-22 所示,然后单击"确定"按钮。则当放映幻灯片时,当光标指向创建了该链接的对象时,会显示在文本框中输入的内容,给用户起到一个提示的作用。

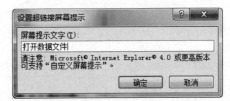

图 10-22　设置"屏幕提示文字"

设置完成后单击"插入超链接"对话框中的"确定"按钮,则超链接创建完成。

2. 编辑超链接

选中设置了超链接的对象,再次单击"插入"选项卡"链接"组中的"超链接"命令,打开

设计切换和动画效果

"编辑超链接"对话框,如图 10-23 所示,在对话框中可以对超链接重新编辑。

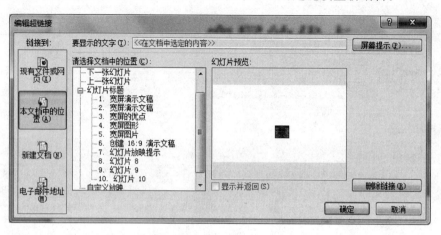

图 10-23 "编辑超链接"对话框

选中设置了超链接的对象,在对象上右击,在弹出的快捷菜单中选择"编辑超链接"命令,也可以打开"编辑超链接"对话框。

3. 删除超链接

选中要删除超链接的对象,右击,在弹出的快捷菜单中选择"取消超链接"命令,可以删除超链接。

在"编辑超链接"对话框中单击"删除链接"按钮,也可以删除超链接。

【任务 10-3】 根据本章中某一节内容,制作一个具有动作按钮和超链接的课件。

10.4 综 合 练 习

【综合练习】 打开第 9 章综合练习制作的演示文稿,为其设计合适的幻灯片切换效果和动画效果,并根据需要设计交互。

第 11 章　演示文稿的放映和打印

本章学习目标
- 熟练掌握演示文稿的放映；
- 熟练掌握演示文稿的打包和打印。

本章首先向读者介绍了演示文稿放映前要进行的准备工作，然后介绍了如何放映演示文稿，最后介绍了演示文稿的打包、打印以及几种常用的保存类型。

11.1　放映前的准备

制作演示文稿的最终目的是将幻灯片展示给观众，也就是放映幻灯片。放映时一般会通过投影仪或者显示器等设备，以全屏模式将一张张幻灯片按预先设计好的顺序和效果进行播放，通常还会有演讲者的讲解。

为了取得理想的播放效果，可以在正式放映前进行一些放映前的设置。

11.1.1　排练计时

在正式放映演示文稿之前，利用 PowerPoint 2010 提供的"排练计时"功能，可以预先统计出播放每张幻灯片所需的时间，以便提前掌握和控制幻灯片讲解和放映的进度，取得最佳的放映效果。

单击"幻灯片放映"选项卡"设置"组中的"排练计时"命令，会自动开始放映幻灯片，与直接放映幻灯片不同的是，在屏幕上会出现"录制"工具栏，如图 11-1 所示。

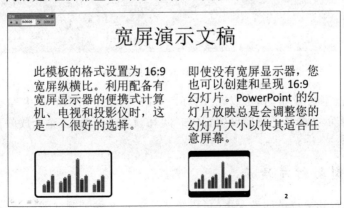

图 11-1　开始"排练计时"的页面示例

此时用户可以开始根据演讲进度切换幻灯片,录制工具栏中会记录下每张幻灯片放映的时间。

在屏幕上右击,在弹出的快捷菜单中选择"暂停录制"命令,会弹出显示"录制已暂停"的提示对话框,如图 11-2 所示,单击"继续录制"按钮可以继续录制。

最后一张幻灯片播放完毕;或者用户单击"录制"工具栏的"关闭"按钮;或者用户在屏幕上右击,在弹出的快捷菜单中选择"结束放映"命令,都会弹出显示幻灯片放映的总时间,并询问是否保留幻灯片排练时间的对话框,如图 11-3 所示。

图 11-2　暂停录制提示　　　　　　　　　图 11-3　排练计时结束时弹出的对话框

单击"是"按钮,保存排练时间,自动进入幻灯片浏览视图,如图 11-4 所示。可以看到在幻灯片的下方显示了该幻灯片放映的时间。

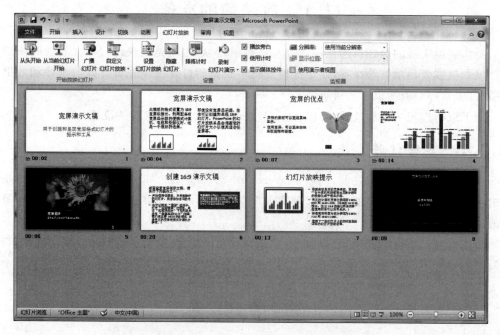

图 11-4　排练计时结束的界面示例

以后在放映该演示文稿时,可以在"幻灯片放映"选项卡"设置"组中勾选"使用计时"复选框,则可以使演示文稿自动按照设置好的时间和顺序进行播放,整个放映过程不需要人工干预。

11.1.2　录制幻灯片演示

在没有演讲者和解说员的情况下,可以事先为演示文稿录制好旁白,对演示文稿中的正文内容进行补充说明,增强演示文稿的播放效果。

单击"幻灯片放映"选项卡"设置"组中的"录制幻灯片演示"命令的小三角，在打开的下拉菜单中选择"从头开始录制"或者"从当前幻灯片开始录制"命令，如图11-5所示，打开"录制幻灯片演示"对话框，如图11-6所示。

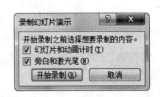

图11-5　"录制幻灯片演示"命令菜单　　　图11-6　"录制幻灯片演示"对话框

在对话框中根据需要勾选要录制的内容，然后单击"开始录制"按钮。此时幻灯片开始放映，并在屏幕上出现"录制"工具栏，记载录制的时间，同时会通过音频输入设备录下讲解内容，如图11-7所示。

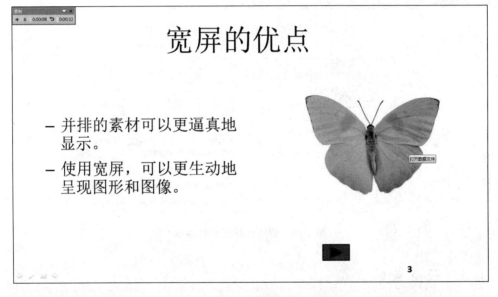

图11-7　开始录制时的界面示例

单击"录制"工具栏中的"关闭"按钮；或者在演示文稿放映结束后，将完成旁白录制，并自动切换到幻灯片浏览视图。在录制了旁白的幻灯片的右下角会出现一个"喇叭"标识，同时在幻灯片下方会显示出该张幻灯片在录制时的放映时间，如图11-8所示。图中上边4张幻灯片录制了旁白，下边4张幻灯片未录制旁白。

如果想清除当前幻灯片或者所有幻灯片的计时或者旁白，单击"幻灯片放映"选项卡"设置"组中的"录制幻灯片演示"命令的小三角，在打开的下拉菜单中选择"清除"命令，打开下一级子菜单，如图11-9所示，在其中选择需要执行的命令。

"录制幻灯片演示"功能不仅能够记录播放时间，还可以录制旁白和激光笔，以后可以脱离演讲者进行播放。

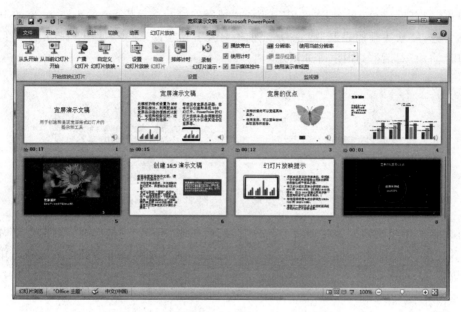

图 11-8　录制结束的幻灯片浏览视图示例

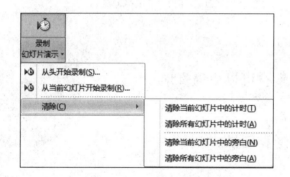

图 11-9　清除计时或旁白菜单

11.1.3　设置放映方式

设置放映方式主要包括设置放映类型、放映幻灯片的数量、换片方式以及设置一些放映选项等。

单击"幻灯片放映"选项卡"设置"组中的"设置幻灯片放映"命令,打开"设置放映方式"对话框,如图 11-10 所示。

1. 放映类型

PowerPoint 2010 的放映类型有以下三种。

(1) 演讲者放映(全屏幕):这是 PowerPoint 2010 默认的放映类型,也是最常用的放映类型。放映时幻灯片全屏显示,在放映过程中,演讲者具有完全的控制权。

(2) 观众自行浏览(窗口):在标准 Windows 窗口放映幻灯片,便于观众自行观看幻灯片。

(3) 在展台浏览(全屏幕):在放映过程中用户不能干预,因此通常需要预先设置好每张幻灯片的放映时间,否则可能会长时间停留在某张幻灯片上。

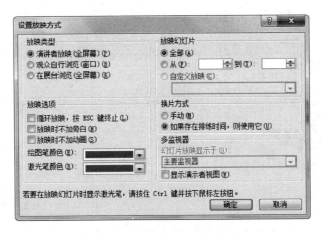

图 11-10　"设置放映方式"对话框

2. 放映选项

在"放映选项"组中有三个复选框,分别表示是否设置为循环放映、是否在放映时添加旁白和是否在放映时播放动画。

在"绘图笔颜色"和"激光笔颜色"下拉列表框中可以选择一种颜色,用于在放映幻灯片时,用选定颜色在幻灯片上书写或者做标记。

3. 放映幻灯片的数量

在"放映幻灯片"组中可以设置需要放映的幻灯片数量,可以选择放映演示文稿中所有的幻灯片(即"全部"),或者在"从"和"到"文本框中设置开始和结束的幻灯片编号,还可以选择"自定义放映"。

4. 换片方式

在"换片方式"组中,选择"手动"表示在放映过程中手动切换幻灯片和演示动画效果;选择"如果存在排练时间,则使用它"则表示在放映时将按照幻灯片的排练时间自动切换幻灯片和动画。

5. 多监视器

如果用于进行演示的计算机支持使用多台监视器,则可以通过在"多监视器"组进行设置,使得演讲者在一台计算机(例如便携式计算机)上观看演示文稿和演讲者备注,同时让观众在另一台监视器(例如投影到大屏幕上的监视器)上观看不带备注的演示文稿。

11.1.4　自定义幻灯片放映

自定义幻灯片放映功能可以使用户根据需要,选取演示文稿中的部分幻灯片,组合为一个新的幻灯片放映序列并进行单独命名,从而可以更加灵活地放映一个演示文稿。

单击"幻灯片放映"选项卡"开始放映幻灯片"组中的"自定义幻灯片放映"命令,在打开的下拉菜单中选择"自定义放映"命令,打开"自定义放映"对话框,如图 11-11 所示。

图 11-11　"自定义放映"对话框

在对话框中单击"新建"按钮,打开"定义自定义放映"对话框,如图 11-12 所示。

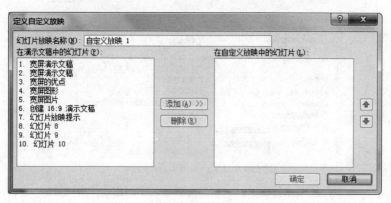

图 11-12　"定义自定义放映"对话框

在对话框的"幻灯片放映名称"文本框中输入放映名称或者使用默认的名称,在"在演示文稿中的幻灯片"列表中单击需要放映的幻灯片,然后单击中间的"添加"按钮,该幻灯片会出现在"在自定义放映中的幻灯片"列表中。单击"在自定义放映中的幻灯片"列表中的某张幻灯片,然后单击中间的"删除"按钮,可以将其从本次自定义放映中删除。单击右侧的"向上箭头(⬆)"和"向下箭头(⬇)",可以调整选中幻灯片的播放顺序,如图 11-13 所示。

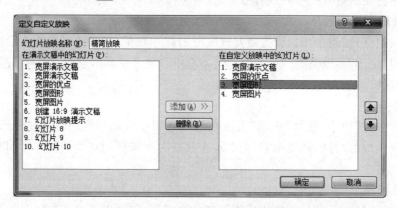

图 11-13　设置"自定义放映"选项

设置完成后单击"确定"按钮,返回到"自定义放映"对话框,在"自定义放映"列表中显示自定义的幻灯片放映名称,单击右侧的"编辑"按钮可以重新进入"定义自定义放映"对话框中修改,也可以对自定义放映进行"删除"或者"复制",如图 11-14 所示。

单击"放映"按钮,可以播放选中的自定义放映观看效果。单击"关闭"按钮,完成本次自定义放映设置。

如果想放映自定义幻灯片,单击"幻灯片放映"选项卡"开始放映幻灯片"组中的"自定义幻灯片放映"命令,在打开的下拉菜单中选择要放映的幻灯片放映名称,如图 11-15 所示。或者单击"幻灯片放映"选项卡"设置"组中的"设置幻灯片放映"命令,打开"设置放映方式"对话框,在"放映幻灯片"组中选择"自定义放映",然后在下拉列表中选择要放映的自定义放映名称,如图 11-16 所示。

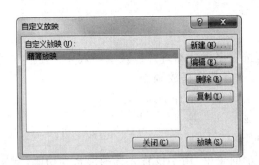

图 11-14 返回的"自定义放映"对话框

图 11-15 "自定义幻灯片放映"命令菜单

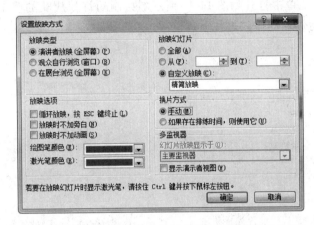

图 11-16 在"设置放映方式"对话框中选择"自定义放映"

【任务 11-1】 打开自己创建的一个演示文稿,练习排练计时、自定义幻灯片放映等功能的使用,有条件的可以录制幻灯片演示。

11.2 放映幻灯片

完成放映前的设置后,就可以开始按设置放映幻灯片了。在放映过程中,可以进行定位和标记等控制操作。

11.2.1 放映幻灯片

在 PowerPoint 2010 的"幻灯片放映"选项卡"开始放映幻灯片"组中提供了以下 4 种放映方法。

(1) 从头开始:从演示文稿的第一张幻灯片开始放映。

(2) 从当前幻灯片开始:从当前选定的幻灯片开始放映。

(3) 广播幻灯片:向可以通过 Web 浏览器观看的远程观众放映幻灯片。

(4) 自定义幻灯片放映:创建和播放自定义幻灯片放映。

除了单击"幻灯片放映"选项卡"开始放映幻灯片"组中的对应命令开始放映幻灯片外,按 F5 快捷键,可以从头开始放映幻灯片。按 Shift＋F5 快捷键;或者单击状态栏中的"幻灯片放映"按钮 ,可以从当前幻灯片开始放映。

演示文稿的放映和打印

11.2.2 控制幻灯片的放映

手动放映幻灯片时，一般是通过单击鼠标，按顺序播放幻灯片以及动画效果。在播放过程中，也可以根据需要切换或定位到某张幻灯片或者某个播放画面。

在幻灯片放映时，光标移动到屏幕左下角，会出现一个控制菜单，菜单中有如下 4 个按钮，光标移动到哪一个按钮上，该按钮会呈高亮显示。

（1）向前（◀）：单击回到上一个播放画面。

（2）电子笔（✎）：单击打开如图 11-17 所示的菜单，用于设置光标的形状和功能，例如将光标设置为"笔"，并选择一种"墨迹颜色"，可以在播放的幻灯片上做标记或者进行书写。

（3）菜单（☰）：单击打开如图 11-18 所示的控制幻灯片放映的菜单，用于切换或者定位幻灯片，以及对幻灯片的播放进行一些控制。

图 11-17　设置光标菜单

图 11-18　幻灯片放映菜单

（4）向后（▶）：单击播放下一个动画或下一页幻灯片。

在播放幻灯片时，右击，会弹出如图 11-19 所示的快捷菜单。该右键快捷菜单比单击屏幕左下角控制菜单中的"菜单"按钮 ☰ 出现的菜单多了一个"指针选项"命令，光标指向该命令，打开的下一级子菜单与在幻灯片放映时单击屏幕左下角控制菜单的"电子笔"按钮 ✎ 出现的菜单相同，也用于放映幻灯片时设置光标的形状和功能。

将鼠标指向图 11-18 或者图 11-19 菜单中的"定位至幻灯片"命令，打开下一级子菜单，如图 11-20 所示，在列出的所有幻灯片中选择某一张，即可切换到该张幻灯片进行放映。

图 11-19　幻灯片放映右键菜单

图 11-20　定位至幻灯片

在放映过程中还可以通过键盘来切换和定位到某一张幻灯片。

（1）切换到上一张幻灯片或上一个动画：按 Page Up 键或者 Back Space 键或者←键。

（2）切换到下一张幻灯片或下一个动画：按 Page Down 键或者 Enter 键或者→键。

放映完最后一张幻灯片后，会出现一个黑屏并在屏幕的正上方显示"放映结束，单击鼠标退出"的提示信息，此时单击鼠标即可结束放映。

在放映过程中，在控制幻灯片放映菜单中选择"结束放映"命令；或者按 Esc 键，可以随时结束放映。

11.2.3　放映时进行标记和书写

在幻灯片放映过程中，为了更好地帮助观众理解幻灯片内容或者引起观众注意，有时需要在幻灯片上书写或者进行标记。

在幻灯片放映时单击屏幕左下角控制菜单中的"电子笔"按钮 ✐；或者在幻灯片放映时右击打开快捷菜单，将鼠标指向菜单中的"指针选项"命令，在打开的下一级子菜单中选择"笔"。然后再次打开菜单指向"墨迹颜色"并在下一级子菜单中选择一种颜色，例如"红色"，此时光标变成一个红点，拖动鼠标，即可在幻灯片上书写或者进行标记，如图 11-21 所示，在放映的幻灯片的"优点"两个字上画了一个红色的圈。

图 11-21　在放映时标记和书写示例

在打开的如图 11-17 所示的菜单中选择"荧光笔"，然后再次打开菜单指向"墨迹颜色"并在下一级子菜单中选择一种颜色，例如"浅黄色"，此时光标变成一个浅黄色的小矩形，拖动鼠标，即可在幻灯片上进行标记，如图 11-22 所示，在"并排的素材"几个字上进行了标记。

在打开的如图 11-17 所示的菜单中选择"橡皮擦"命令，光标会变成橡皮形状，在进行了标记或者书写的地方单击，即可擦除书写和标记。在菜单中选择"擦除幻灯片上的所有墨

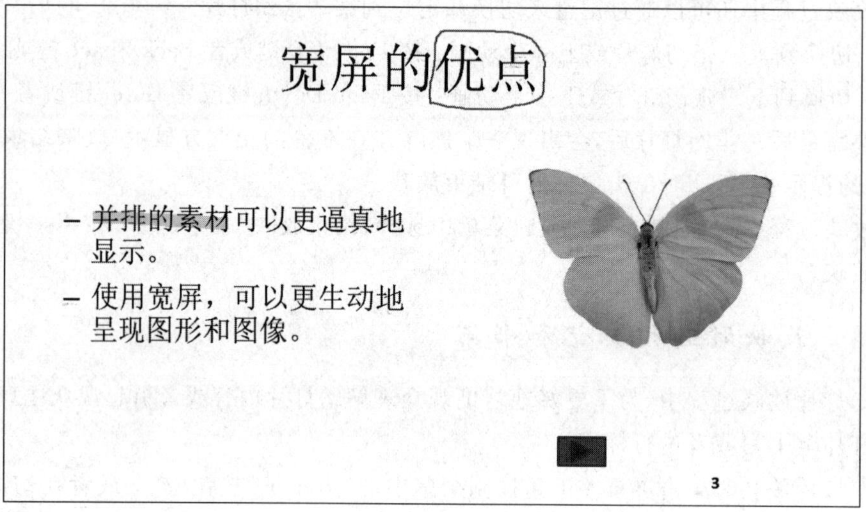

宽屏的优点

- 并排的素材可以更逼真地
  显示。
- 使用宽屏，可以更生动地
  呈现图形和图像。

3

图 11-22 使用"荧光笔"标记示例

迹"命令，即可擦除幻灯片上所有的书写和标记。

如果幻灯片放映时进行了书写和标记，在结束放映时，会弹出"是否保留墨迹注释"的提示对话框，如图 11-23 所示，用户可以根据需要选择单击"保留"或者"放弃"按钮。

图 11-23 "是否保留墨迹注释?"
提示对话框

11.2.4 使用黑屏和白屏书写

在幻灯片放映时，除了可以在幻灯片上进行标记和书写，还可以使用"黑屏"或者"白屏"功能，在放映时模拟出黑板或者白板，方便用户对幻灯片内容进行讲解和补充。

在放映时使用黑屏或者白屏进行书写，首先将鼠标指针设置为"笔"，然后选择一种"墨迹颜色"。接下来在屏幕上再次右击；或者在屏幕左下角控制菜单中单击 ▤ 按钮，在菜单中指向"屏幕"命令，在下一级子菜单中选择"黑屏"或者"白屏"命令，如图 11-24 所示，屏幕即切换到黑屏或者白屏模式。

按住鼠标左键在屏幕上拖动，即可使用选择的墨迹颜色进行书写，如图 11-25 所示为在"黑屏"上用"红色"笔进行书写的示例。

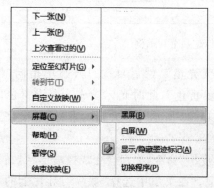

图 11-24 启动"黑屏"或者"白屏"功能

图 11-25 在"黑屏"上书写示例

不用退出"黑屏"或者"白屏"模式,可以继续放映幻灯片。与在幻灯片上书写不同的是,在黑屏或者白屏上书写的内容是不会保存到演示文稿中的。

【任务 11-2】 打开自己创建的一个演示文稿进行放映练习,在放映时练习控制幻灯片并在放映时练习书写和标记。

11.3 演示文稿的打包

如果想在没有安装 PowerPoint 软件的计算机上播放演示文稿,可以将演示文稿打包,然后将整个文件包复制到计算机上或者刻录到 CD 上。打包后的演示文稿在放映时不再依赖 PowerPoint 软件,而且在没有安装幻灯片中使用的某些字体的情况下也可以正常放映。

在安装了 PowerPoint 软件的计算机上打开要打包的演示文稿,单击"文件"选项卡中的"保存并发送"命令,在中间窗格"文件类型"下单击"将演示文稿打包成 CD"命令,再单击右侧窗格的"打包成 CD"按钮,如图 11-26 所示,打开"打包成 CD"对话框,如图 11-27 所示。在"保存与发送"选项界面中双击中间窗格的"将演示文稿打包成 CD"命令,也可以打开"打包成 CD"对话框。

图 11-26 "保存并发送"选项

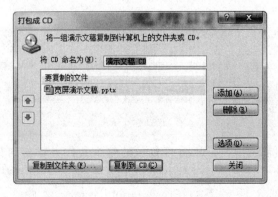

图 11-27 "打包成 CD"对话框

演示文稿的放映和打印

在对话框"将 CD 命名为"文本框中输入要打包的 CD 名称,如果还有要一起打包的其他文件,单击右侧的"添加"按钮,在打开的"添加文件"对话框中查找并选择文件后单击"打开"按钮。在"要复制的文件"列表中如果有多个文件,选择某个文件,可以调整顺序或者将其从列表中"删除"。

单击"选项"按钮,打开"选项"对话框,如图 11-28 所示。在"选项"对话框中可以设置打开或者修改每个演示文稿时所用的密码;勾选"嵌入的 TrueType 字体"复选框,可以在没有安装演示文稿中所用字体的计算机上正常播放出该字体;勾选"检查演示文稿中是否有不适宜信息或个人信息"复选框,可以检查和删除一些隐私信息。设置完成后单击"确定"按钮保存设置并返回。

在"打包成 CD"对话框中单击"复制到文件夹"命令,打开"复制到文件夹"对话框,如图 11-29 所示。单击"位置"后的"浏览"按钮,选择文件夹要保存的位置,或者直接在"位置"文本框中输入保存位置。勾选"完成后打开文件夹"复选框,可以在打包完成后直接打开文件夹。

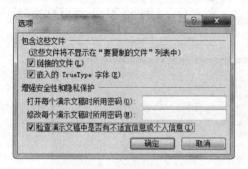

图 11-28 "选项"对话框

图 11-29 "复制到文件夹"对话框

单击"确定"按钮,会根据情况弹出几个提示框,如图 11-30 和图 11-31 所示,用户根据需要选择相应的命令按钮即可。

图 11-30 提示框 1

图 11-31 提示框 2

系统自动完成打包后,用户可以将打包后的整个文件夹复制到其他计算机进行播放。如果要在没有安装 PowerPoint 软件的计算机上播放,需要下载并安装 PowerPointViewer 组件。打开打包后的文件夹下的 PresentationPackage 文件夹,双击该文件夹下的

PresentationPackage.html 文件,在打开的网页上单击 Download Viewer 按钮,会链接到微软网站下载并安装 PowerPointViewer 组件。

如果计算机中安装有刻录机,可以在图 11-27 的"打包成 CD"对话框中单击"复制到 CD"按钮,直接将打包文件刻录成 CD。

11.4　演示文稿的几种常用保存类型

PowerPoint 2010 的演示文稿不仅可以保存为默认的 pptx 类型文档,在第 9 章还介绍过可以将演示文稿另存为 PDF 类型文档或者"Windows Media 视频"类型文档。此外,还可以将演示文稿保存为放映文件或者图片文件。

11.4.1　保存为 PDF 类型文档或者"Windows Media 视频"类型文档

单击"文件"选项卡中的"保存与发送"命令,在中间窗格"文件类型"下双击"创建 PDF/XPS 文档"命令或者"创建视频"命令;或者单击"创建 PDF/XPS 文档"命令或者"创建视频"命令,再在右侧窗格单击"创建 PDF/XPS"或者"创建视频"按钮,也可以将演示文稿保存为"PDF"类型文档或者"Windows Media 视频"类型文档。

11.4.2　保存为"PowerPoint 放映"类型文档

单击"文件"选项卡中的"保存与发送"命令,在中间窗格"文件类型"下单击"更改文件类型"命令,在右侧窗格"更改文件类型"列表中选择"PowerPoint 放映"选项,如图 11-32 所示,然后单击下方的"另存为"按钮。

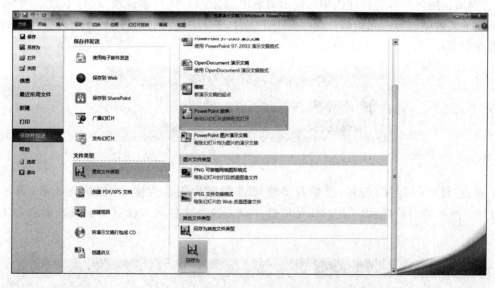

图 11-32　保存为"PowerPoint 放映"类型文档

在弹出的"另存为"对话框中选择文件存放位置,并输入文件名,在"保存类型"列表框中显示的是"PowerPoint 放映"类型,单击"保存"按钮。

双击"PowerPoint 放映"类型文档,会直接开始播放演示文稿。

演示文稿的放映和打印

11.4.3 保存为图片类型文档

单击"文件"选项卡中的"保存与发送"命令，在中间窗格"文件类型"下单击"更改文件类型"命令，在右侧窗格"更改文件类型"列表中选择"图片文件类型"下的"PNG 可移植网络图形格式"，如图 11-33 所示，然后单击下方的"另存为"按钮。

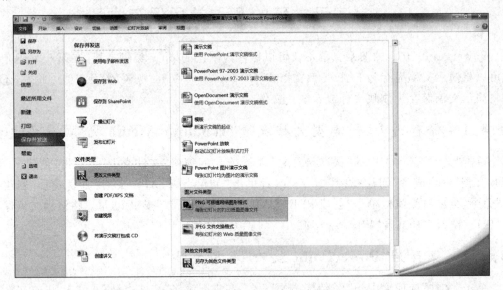

图 11-33　保存为"PNG 可移植网络图形格式"类型文档

在弹出的"另存为"对话框中选择文件存放位置，并输入文件名，单击"保存"按钮。此时，会弹出让用户选择幻灯片范围的提示对话框，如图 11-34 所示。选择"每张幻灯片"表示要将演示文稿中的每一张幻灯片保存为一个图片，选择"仅当前幻灯片"表示只将当前幻灯片保存为图片。

图 11-34　选择幻灯片提示对话框

单击"每张幻灯片"按钮，开始自动将每张幻灯片创建为图片，创建完成后，弹出如图 11-35 所示的对话框，提示用户每张幻灯片都以独立文件方式保存到了用户指定的文件夹中。

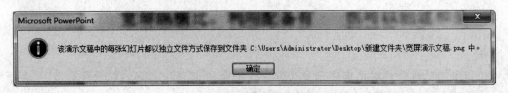

图 11-35　创建完成后的提示对话框

打开文件夹,可以看到每张幻灯片都以 PNG 图形格式保存在了文件夹中,如图 11-36 所示。

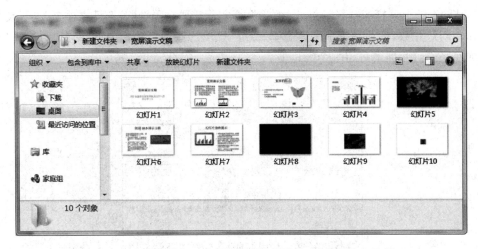

图 11-36　保存为"PNG 可移植网络图形格式"的文件夹示例

除了"PNG 可移植网络图形格式"类型文档,在"保存并发送"的"更改文件类型"中还可以选择将演示文稿保存为"JPEG 文件交换格式"图片文件类型。

11.5　演示文稿的打印

演示文稿可以根据用户设置进行打印,以便分发给观众或者在演讲时进行参考。

11.5.1　页面设置

在打印演示文稿之前,先要进行页面设置,以便设置纸张大小、页面方向和起始幻灯片编号等。

单击"设计"选项卡"页面设置"组中的"页面设置"命令,打开"页面设置"对话框,如图 11-37 所示。在"幻灯片大小"列表中,选择要打印的纸张的大小,在"幻灯片编号起始值"和"方向"中根据需要进行设置。设置完成后单击"确定"按钮。

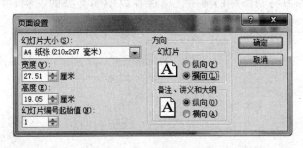

图 11-37　"页面设置"对话框

11.5.2　打印设置和预览

单击"文件"选项卡中的"打印"命令,在"设置"组的"打印全部幻灯片"列表中选择要打印的幻灯片范围,并根据需要在"幻灯片"文本框中输入要打印的幻灯片编号或者范围。

在"整页幻灯片"列表中,可以设置打印版式,如图 11-38 所示。为了节约纸张,一般很少在一张 A4 纸上只打印一张幻灯片,而是根据实际需要选择"讲义"下的对应选项,设置每页打印的幻灯片数,以及是按水平还是垂直顺序显示这些幻灯片。勾选"幻灯片加框"选项,可以在每张幻灯片周围打印一个细边框。

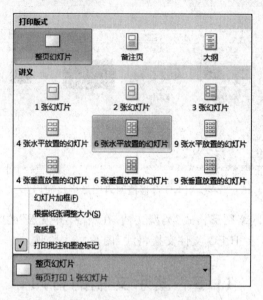

图 11-38　设置打印版式

在"颜色"列表中可以设置打印时的颜色,单击"编辑页眉和页脚"可以对页眉和页脚进行编辑,在右侧的预览窗格可以看到打印效果。

在中间窗格中设置"打印份数"和"打印机",最后单击中间窗格上方的"打印"按钮,即可按设置打印演示文稿。

11.6　综合练习

【综合练习】　练习将制作好的演示文稿保存为不同类型的文档,并进行放映。有条件的可以将演示文稿打印出来。

第 12 章　Office 2010 组件的协同操作

本章学习目标

- 熟练掌握 Office 2010 三大办公软件的协同操作;
- 熟练掌握邮件合并。

本章介绍了 Office 2010 三大办公软件 Word 2010、Excel 2010 和 PowerPoint 2010 的协同操作,协同是指程序序间数据的交互和调用。Office 2010 中的三大办公软件除了独立使用外,还能够进行协同操作,进一步提高办公效率。

12.1　Word 2010 与 Excel 2010 的协同

在 Word 2010 文档中可以使用 Excel 2010 表格和图表,Excel 2010 中也可以插入 Word 2010 文档。文档之间可以建立超链接。使用邮件合并功能还能够批量制作格式相同的文档。

12.1.1　Word 2010 中使用 Excel 2010 表格

Word 2010 中有自己的表格,但是如果需要在表格中进行一些较为复杂的数据运算等操作,可以在 Word 2010 文档中使用 Excel 表格,协同作业,各取所长,大大提高用户的工作效率。

1. 将 Excel 表格复制到 Word 文档中

在 Excel 2010 中选择并复制 Excel 2010 表格后,可以直接粘贴在 Word 2010 文档中,此时 Excel 表格会被自动转换成 Word 表格形式。在 Word 文档中当光标定位在该表格中时,会出现"表格工具"选项卡,可以对表格进行编辑,方法与在 Word 中直接制作的表格编辑方法一样,如图 12-1 所示。

2. 在 Word 文档中插入 Excel 表格

在 Word 文档中也可以直接插入 Excel 表格,方法是在 Word 文档中将光标定位在要插入 Excel 表格的位置,然后单击"插入"选项卡"表格"组中的"表格"命令,在打开的下拉菜单中选择"Excel 电子表格"命令,如图 12-2 所示。

此时 Word 文档中出现一张 Excel 工作表,同时 Word 文档窗口中的选项卡会变成与 Excel 文档中相同的选项卡,如图 12-3 所示。这样插入的表格就可以执行 Excel 中具有的功能,如公式运算、数据管理等,同时,插入的表格还可以采用样式库中的格式进行美化处理。也就是说,可以像在 Excel 中操作表格一样对 Word 文档中插入的 Excel 电子表格进行

图 12-1　将 Excel 表格复制到 Word 文档中

操作。

对表格操作完成后，在表格之外的区域中单击鼠标，可退出表格编辑状态，继续进行 Word 文档的编排。在表格区域双击，可以再次进入 Excel 的表格编辑状态。

3. 将 Excel 表格链接到 Word 文档中

从 Excel 中复制表格到 Word 文档后，表格会成为 Word 文档的一部分，它不会随着 Excel 源文档的改变而改变，在 Office 中称之为"嵌入对象"。

Word 2010 提供了与插入其中的对象（包括 Excel 表格）内容保持同步更新的功能，Office 中称之为"链接对象"。

在 Word 2010 文档中单击"插入"选项卡"文本"组中的"对象"命令，打开"对象"对话框并选择"由文件创建"选项卡，如图 12-4 所示。单击"文件名"文本框后的"浏览"按钮，在打开的对话框中选择要链接的 Excel 文档，然后勾选"链接到文件"复选框，单击"确定"按钮；另外还有一个复选框"显示为图标"，如果勾选它，则会在文档中只显示一个文档图标，双击该图标，可以启动源文档进行编辑。

图 12-2　选择"Excel 电子表格"命令

在 Word 文档中就插入了 Excel 文档中建立好的表格，如图 12-5 所示。

选中表格并双击，可以打开源 Excel 文档。两个文档此时是链接的关系，在 Excel 文档中进行的一切操作，Word 文档中表格都会随之更新。例如，在 Excel 文档中计算"应发工资"后，Word 文档中对应的单元格中也会出现计算结果，如图 12-6 所示。在 Excel 中合并 A1 到 L1 单元格，Word 文档中也会进行同样的合并操作。

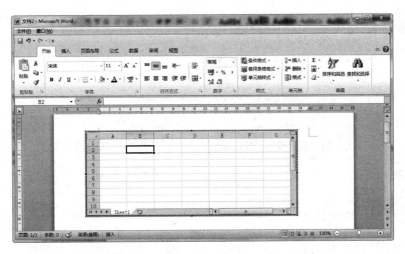

图 12-3　Word 文档中插入 Excel 电子表格后的界面

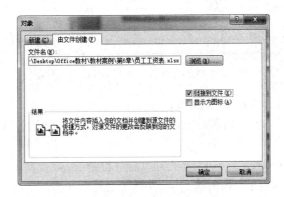

图 12-4　"对象"对话框的"由文件创建"选项卡

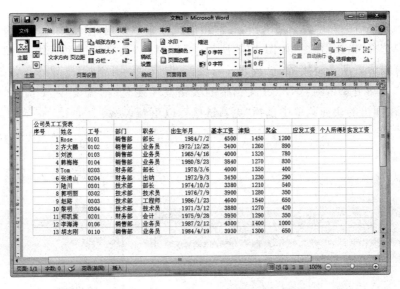

图 12-5　Word 文档中插入的 Excel 表格

第12章

Office 2010 组件的协同操作

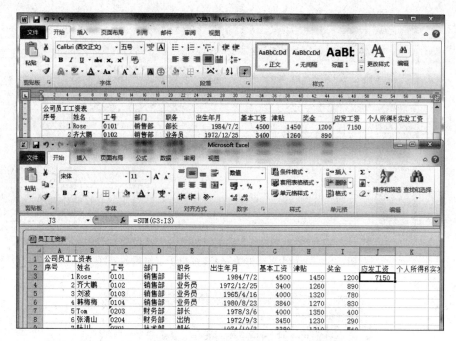

图 12-6　Word 文档中表格的数据与 Excel 中的数据同步更新

用户在对上述两个文档进行操作时：

（1）当 Excel 与 Word 文档都处于打开状态时，对 Excel 文档的操作，Word 文档会进行同步更新。

（2）在 Word 文档中双击表格时，会自动打开链接的 Excel 文档，供用户对表格进行操作。

（3）如果在关闭 Word 文档的情况下，修改了 Excel 文档，当再次打开 Word 文档时，会弹出如图 12-7 所示的对话框，提示用户是否要使 Word 文档的表格内容与修改后的 Excel 表格保持同步。

在 Word 文档中选中表格后右击，在弹出的快捷菜单中选择"链接的工作表对象"，在下一级菜单中选择"链接"命令，如图 12-8 所示，可以打开"链接"对话框，如图 12-9 所示。在对话框中可以设置所选链接的"更新方式"，也可以进行"断开链接"等操作。如果将"更新方式"设置为"手动更新"，则当 Excel 文档中的表格发生变化时，需要在 Word 文档中选中表格后右击，在弹出的快捷菜单中选择"更新链接"，以更新表格。

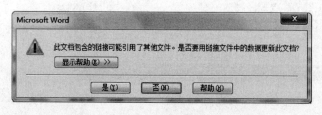

图 12-7　提示用户确认更新的对话框

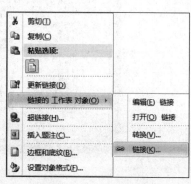

图 12-8　打开"链接"对话框

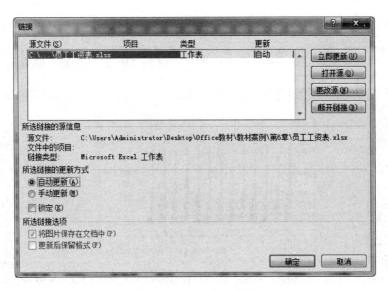

图 12-9　"链接"对话框

12.1.2　Word 2010 中使用 Excel 2010 图表

1. 将 Excel 图表复制到 Word 文档中

在 Excel 2010 中制作好图表后,选中图表进行"复制"操作,然后在 Word 2010 文档中选择"选择性粘贴",打开"选择性粘贴"对话框,可以选择粘贴为"Microsoft Excel 图表对象"或者"Microsoft Office 图形对象",如图 12-10 所示。

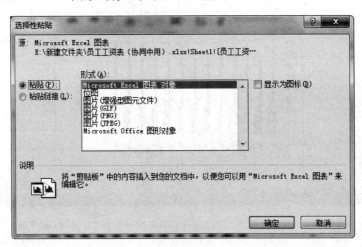

图 12-10　对 Excel 图表进行"选择性粘贴"

如果选择粘贴为"Microsoft Excel 图表对象",则图表会被嵌入到 Word 文档中,双击图表会出现"图表工具"选项卡,可以像在 Excel 中一样对图表进行编辑,如图 12-11 所示。在图表区域之外的任意区域单击,可退出图表编辑状态。

如果选择粘贴为"Microsoft Office 图形对象",则图表会作为图片插入到 Word 文档中,如图 12-12 所示。双击图表会出现"图片工具"选项卡,只能把图表作为图片一样编辑。

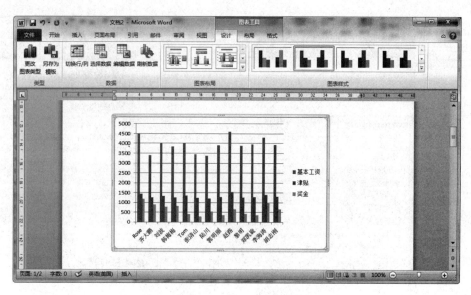

图 12-11   选择粘贴为"Microsoft Excel 图表对象"后的 Word 界面

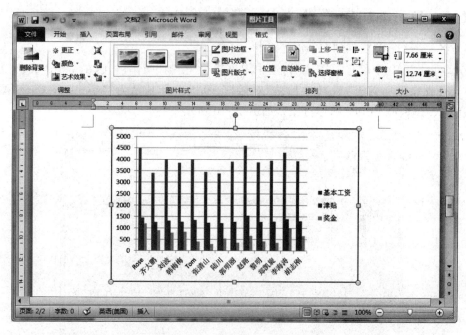

图 12-12   选择粘贴为"Microsoft Office 图形对象"后的 Word 界面

2. 在 Word 文档中插入 Excel 图表

如果在 Word 中需要用图表展示的数据并不多也不复杂,而且这些数据不需要存档,例如展示某个数据在某段时间的变化,或者商品价格随时间的走势等,如果在 Excel 中制作表格并输入数据,再生成图表粘贴到 Word 文档中,就有些烦琐。这时可以直接在 Word 文档中使用"插入图表"操作来制作图表。

在 Word 文档中定位光标在要插入图表的地方,单击"插入"选项卡"插图"组中的"图表"命令,打开"插入图表"对话框,如图 12-13 所示。在其中选择一种图表类型,如"折线图"

中的"折线图"。

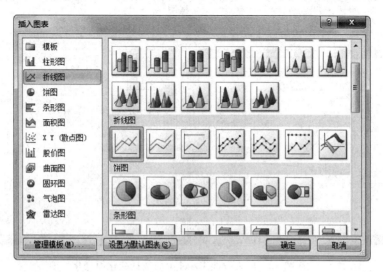

图 12-13　"插入图表"对话框

此时会在 Word 文档中出现一个折线图样式的图表，同时自动打开一个"Microsoft Word 中的图表"的 Excel 文档，该 Excel 文档中已经有与图表对应的数据，如图 12-14 所示。

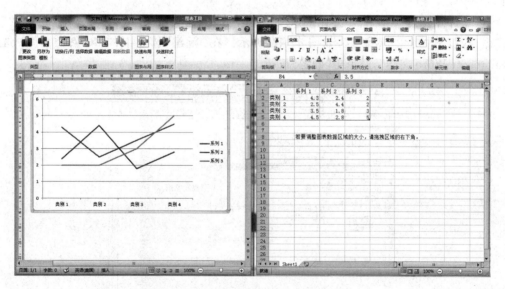

图 12-14　在 Word 文档中直接"插入图表"

用户只需要在 Excel 文档中修改这些数据，可以看到随着修改，Word 文档中的图表会跟着发生相应变化，如图 12-15 所示。

在 Word 文档中选中图表，会出现"图表工具"选项卡，能够对图表类型和图表布局进行修改和美化。关闭 Excel 文档后，单击"图表工具（设计）"选项卡"数据"组中的"编辑数据"命令，可以再次打开 Excel 文档对数据进行修改，而且这些源数据的变化会实时地反映在图表上。

Office 2010 组件的协同操作

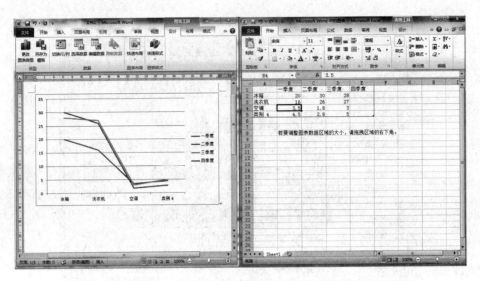

图 12-15　图表跟随 Excel 中的数据变化而变化

12.1.3　Excel 2010 中插入 Word 2010 文档

使用 Excel 2010 中的插入对象功能，可以很容易地在 Excel 2010 中插入 Word 2010 文档。

首先打开要插入 Word 文档的 Excel 文件，然后单击"插入"选项卡"文本"组中的"对象"命令，打开"对象"对话框，如图 12-16 所示。在"新建"选项卡的"对象类型"中选择"Microsoft Word 文档"，并单击"确定"按钮。

图 12-16　"对象"对话框

在 Excel 中会出现一个 Word 文档编辑框，同时编辑区上方会出现 Word 文档的选项卡和功能区，此时的操作方法与在 Word 中编辑文档完全相同，如图 12-17 所示。拖动编辑框四周的控点可以调整编辑框的大小，也可以移动编辑框到需要的位置。

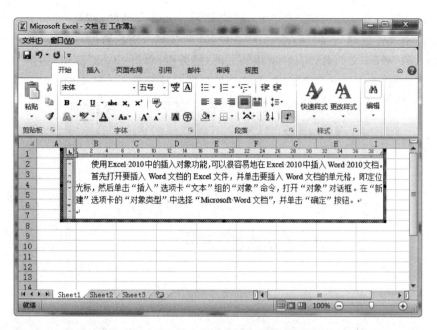

图 12-17　在 Excel 文档中插入 Word 文档对象

Word 文档编辑完成后,在文档编辑区域之外任意位置单击鼠标,可退出 Word 文档编辑状态,再次双击 Word 文档编辑区域,可以再次进入编辑 Word 文档状态。

单击选中 Word 文档编辑区域,编辑框四周会出现控点,可以调整编辑框的大小,以及移动编辑框,如图 12-18 所示。同时 Excel 窗口的名称框中显示"对象 1"(如果插入的有多个 Word 文档,依次显示为对象 2、对象 3 等),并且出现"绘图工具"选项卡用于对编辑区进行设置或美化。

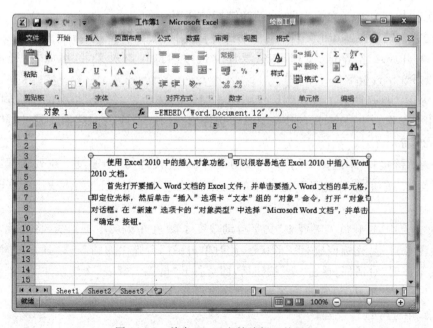

图 12-18　单击 Word 文档编辑区的界面

Office 2010 组件的协同操作

也可以用前面介绍的方法,建立 Excel 文档与 Word 文档的链接。在打开"对象"对话框时,选择"由文件创建"选项卡,然后在"文件名"框中输入或者通过后面的"浏览"按钮查找到需要插入的 Word 文档名,勾选"链接到文件"复选框,单击"确定"按钮,如图 12-19 所示。建立链接后,当修改 Word 源文档时,源文档的更改会反映到 Excel 文档中。

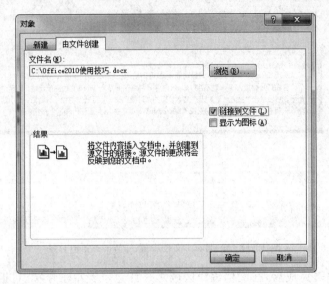

图 12-19　Excel 文档链接到一个 Word 文档

12.1.4　超链接

在 Office 2010 的三大办公文档中,还可以通过"超链接"建立文档之间的链接,或者链接到需要的网页等位置。而且,对文字、图片、形状等对象都可以设置超链接。

下面以 Word 2010 文档为例,介绍超链接的使用。

【任务 12-1】　在 Word 文档中通过超链接打开"员工工资表"Excel 文档以及某个网页。

(1)打开或新建 Word 文档,在需要建立链接的位置输入文字,例如"打开员工工资表",可以对文字设置字体、字号等。

(2)选中"打开员工工资表"几个字,单击"插入"选项卡"链接"组中的"超链接"命令;或者选中文字后右击,在弹出的快捷菜单中选择"超链接"命令,打开"插入超链接"对话框,如图 12-20 所示。

(3)在"链接到"中选择"现有文件或网页",在"查找范围"中通过下拉列表框或者后面的"浏览文件"按钮 🗁 等选择要链接到的文件,例如"第 6 章\员工工资表"。单击"确定"按钮。

(4)文档中"打开员工工资表"文字自动改变了颜色并出现了下画线,将光标定位在文字中,按住 Ctrl 键,光标变成"手"形状 🖑,此时单击鼠标会弹出如图 12-21 所示的"Microsoft Word 安全声明"对话框,单击"是"按钮后,即可打开"员工工资表"文档。

(5)下面对"形状"设置超链接到一个网页。在 Word 文档中插入一个形状,可以对形状的轮廓、填充等进行设置。

(6)选中形状并打开"插入超链接"对话框,在"链接到"中仍然选择"现有文件或网页",

图 12-20 "插入超链接"对话框

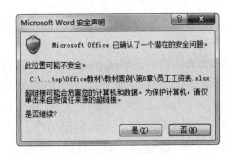

图 12-21 "Microsoft Word 安全声明"对话框

然后在下方的"地址"框中输入要打开的网页地址,如 www. baidu. com,可以看到输完 www 后会自动在前边添加 http://字符,如图 12-22 所示,最后单击"确定"按钮。

图 12-22 设置超链接到一个网页

(7) 在 Word 文档中选中形状,按住 Ctrl 键,光标变成"手"形状,此时单击即可打开对应的网页(如百度)。

(8) 在"插入超链接"对话框中,单击右上方的"屏幕提示"按钮,可以打开"设置超链接屏幕提示"对话框,在"屏幕提示文字"中输入文字后单击"确定"按钮。当在 Word 文档中光标指向超链接的对象时,就会显示输入的屏幕提示文字,如图 12-23 所示。

（9）选中设置超链接的文字、形状、图片等对象后右击，在弹出的快捷菜单中可以对超链接进行编辑、选定、打开、复制及取消等操作，如图 12-24 所示。

图 12-23　设置"屏幕提示"　　　　　图 12-24　在快捷菜单中对超链接的操作

12.1.5　邮件合并

在日常工作中，经常需要批量创建一组格式相同的文档，如成绩通知单、录取通知书、会议邀请函等，使用邮件合并功能，可以轻松完成此类文档的批量制作，大大节约时间，提高办公效率。

邮件合并功能也需要 Word 和 Excel 两个文档协同工作。

【任务 12-2】　制作成绩通知单，成绩通知单中包括：姓名、学号、各门课程成绩和名次。

（1）打开"第 12 章\任务 12-2\学生成绩表.xlsx"文档，选中 Sheet1 工作表的"学号""姓名""高等数学""大学英语""大学计算机"和"名次"6 列数据，复制到 Sheet2 工作表中（也可以复制到一个新 Excel 文档中并保存文档）。提示：名次中的数据要选择粘贴为数值。最后保存并关闭创建的 Excel 数据表文档。

（2）新建一个 Word 文档，设置纸张大小为"32 开"，纸张方向为"横向"，然后如图 12-25 所示输入文字并进行排版，保存该文档为"成绩通知单模板.docx"。

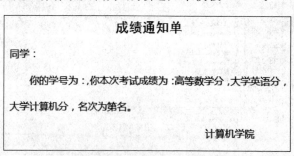

图 12-25　成绩通知单的模板文档

（3）单击"邮件"选项卡"开始邮件合并"组中的"开始邮件合并"命令，在打开的菜单中可以看到"普通 Word 文档"前的图标呈高亮显示，如图 12-26 所示，表示当前编辑的主文档类型为普通 Word 文档。在菜单中还可以根据需要选择创建其他邮件合并文档的类型。

（4）单击"邮件"选项卡"开始邮件合并"组中的"选择收件人"命令，在打开的菜单中选择"使用现有列表"命令，如图 12-27 所示。在打开的"选取数据源"对话框中找到要使用的

"学生成绩表"Excel 文档,单击"打开"按钮,如图 12-28 所示。接着在打开的"选择表格"对话框中选择 Sheet2 工作表,并勾选"数据首行包含列标题"复选框,最后单击"确定"按钮,如图 12-29 所示。

图 12-26 选择创建邮件合并文档的类型   图 12-27 选择收件人

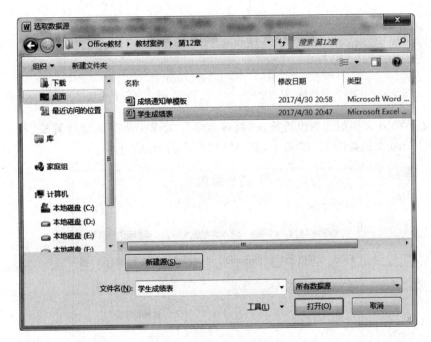

图 12-28 "选取数据源"对话框

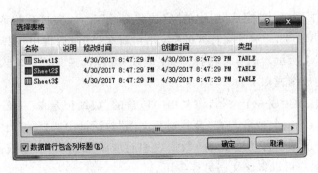

图 12-29 "选择表格"对话框

Office 2010 组件的协同操作

（5）将光标定位在"同学"两个字前，单击"邮件"选项卡"编写和插入域"组中的"插入合并域"命令；在打开的"插入合并域"对话框中，在"插入"组中选择"数据库域"，在"域"的列表中选择"姓名"；然后单击"插入"按钮，如图 12-30 所示，此时 Word 文档"同学"两个字前出现"《姓名》"。单击"关闭"按钮关闭对话框。

（6）插入合并域的第二种方法。将光标定位在"学号为："后，然后单击"邮件"选项卡"编写和插入域"组中的"插入合并域"命令后的小三角，在打开的列表中选择"学号"，如图 12-31 所示。

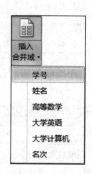

图 12-30 "插入合并域"对话框   图 12-31 在列表中选择插入的合并域

（7）在 Word 文档的适当位置插入"高等数学""大学英语""大学计算机"和"名次"域，完成后的 Word 文档如图 12-32 所示，其中"《》"括住的为域名称。

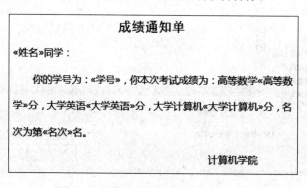

图 12-32 插入合并域后的 Word 文档

（8）单击"邮件"选项卡"完成"组中的"完成并合并"命令，在打开的菜单中选择"编辑单个文档"命令，如图 12-33 所示。在打开的"合并到新文档"对话框中选择"全部"后单击"确定"按钮，如图 12-34 所示。也可以选择"当前记录"或者选择"从"并输入记录的起止序号，只生成部分学生的成绩通知单。

（9）Word 会自动生成一个文档，该文档中包含的"成绩记录单"的份数与对应的 Excel 数据表中的记录条数相同，或者与在"合并到新文档"对话框中选择的"合并记录"条数相同，每张成绩记录单中的域名自动被 Excel 数据表中对应的数据取代，生成的 Word 文档效果如图 12-35 所示，用户可以将该文档另存备用。

图 12-33　"完成并合并"菜单

图 12-34　"合并到新文档"对话框

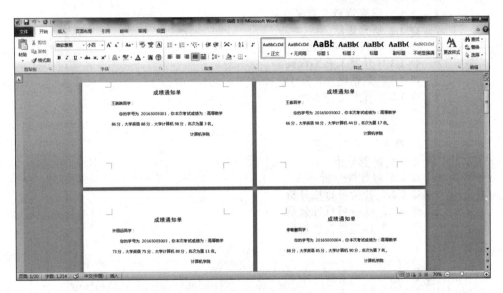

图 12-35　批量生成的成绩通知单文档

12.2　Word 2010 与 PowerPoint 2010 的协同

在日常工作中,经常需要根据一个 Word 文档制作出 PowerPoint 演示文稿,或者把一个 PowerPoint 演示文稿快速转成 Word 文档。如果重新建立文档并输入文字,费时费力,即使使用复制粘贴操作,也会十分烦琐。本节就来介绍 Word 2010 文档与 PowerPoint 2010 演示文稿的快速转换。

12.2.1　Word 2010 文档快速转换为 PowerPoint 演示文稿

通常有两种方法可以将 Word 2010 文档快速转换为 PowerPoint 演示文稿。

1. 使用大纲级别转换

【任务 12-3】　快速制作"毕业论文"演示文稿。

(1) 打开"第 12 章\任务 12-3\毕业论文节选"Word 2010 文档,并切换至"大纲视图"。

(2) 在"大纲"选项卡"大纲工具"组的"大纲级别"下拉列表中,将选中内容或者光标所在段落,根据需要设置大纲级别。设置为"1 级"大纲级别的会开始新的一页幻灯片,该页幻灯片中将包含该 1 级级别下的 2~9 低级别的内容,设置为"正文文本"的内容不会出现在幻灯片中。本例中为简单起见,将文档中的章和节的标题设置为"1 级",其余内容全部设置为

Office 2010 组件的协同操作

"2 级"。图 12-36 所示为设置为"1 级"的文档内容。

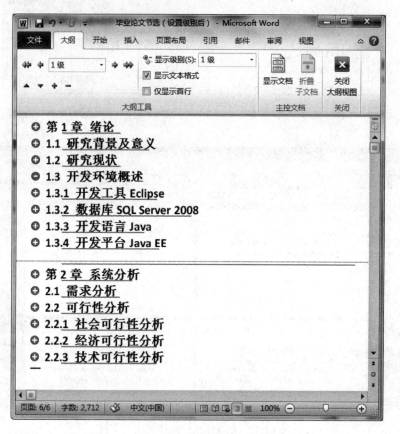

图 12-36　设置为"1 级"大纲级别的文档内容

（3）关闭大纲视图，并将设置了大纲级别的 Word 文档以"毕业论文节选（设置大纲级别后）"为文档名另存之后，关闭文档。

（4）新建一个空白的 PowerPoint 演示文稿，单击"开始"选项卡"幻灯片"组中的"新建幻灯片"命令的小三角，在打开的菜单中选择"幻灯片（从大纲）"命令，如图 12-37 所示。

（5）在打开的"插入大纲"对话框中，找到并选择"毕业论文节选（设置大纲级别后）"文档，然后单击"插入"按钮，如图 12-38 所示。

（6）一个 PowerPoint 演示文稿自动创建完成，每一个 1 级标题对应一页幻灯片，如图 12-39 所示，用户可以根据需要继续对其进行编辑美化，设置动画和切换效果等。

2. 使用"发送到 Microsoft PowerPoint"命令转换

使用"发送到 Microsoft PowerPoint"命令，可以不设置大纲级别，直接将 Word 2010 文档转换为 PowerPoint 2010 演示文稿文档，但需要将"发送到 Microsoft PowerPoint"命令添加到功能区。

打开要转换为 PowerPoint 2010 演示文稿的 Word 2010 文档，单击"文件"选项卡中的"选项"命令，打开"Word 选项"对话框，在左侧导航区选择"自定义功能区"命令，然后在"从下列位置选择命令"列表中选择"不在功能区中的命令"，在下面的列表中找到"发送到 Microsoft PowerPoint"并选中，接着在右侧选择要添加该命令的选项卡和组，也可以单击

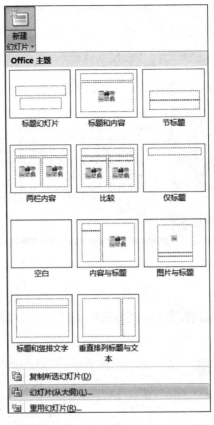

图 12-37　从大纲新建幻灯片

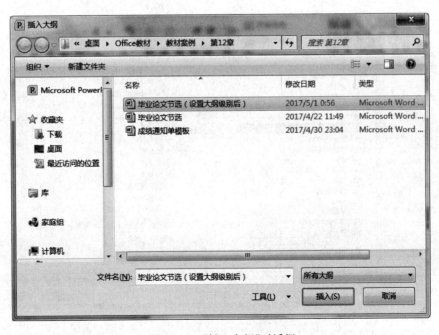

图 12-38　"插入大纲"对话框

Office 2010 组件的协同操作

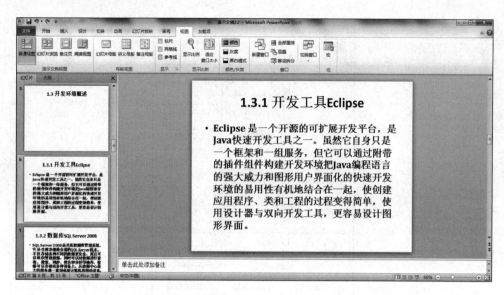

图 12-39　创建的 PowerPoint 演示文稿文档

"新建选项卡"或者"新建组"按钮后,单击中间的"添加"按钮,将命令添加到选定的选项卡和组中,如图 12-40 所示。

图 12-40　添加"发送到 Microsoft PowerPoint"命令到功能区

此时在 Word 文档中出现了一个"新建选项卡",该选项卡下的"新建组"中出现"发送到 Microsoft PowerPoint"命令。单击该命令,即可将打开的 Word 2010 文档按段落转换成 PowerPoint 2010 演示文稿文档,即 Word 2010 文档的每个段落对应 PowerPoint 2010 文档的一页幻灯片。用户根据需要继续对 PowerPoint 2010 文档进行编辑美化,设置动画和切换效果等操作。

12.2.2 PowerPoint 2010 文档快速转换为 Word 文档

PowerPoint 2010 文档转换为 Word 文档的操作非常简单。

打开要转换的 PowerPoint 2010 文档,单击"文件"选项卡中的"另存为"命令,选择要存放 Word 文档的文件夹,在"保存类型"列表中选择"大纲/RTF 文件",如图 12-41 所示,在"文件名"中输入保存的文件名,最后单击"保存"按钮。

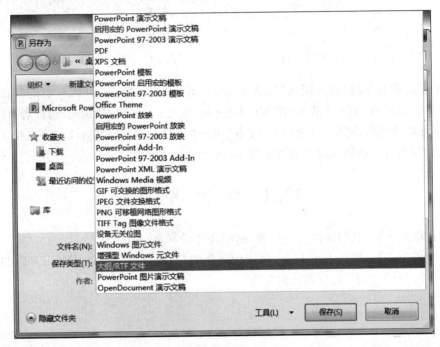

图 12-41　PPT 文档另存为"大纲/RTF 文件"

打开刚才另存大纲文件的文件夹,可以看到保存的文件类型为"RTF 格式"的 Word 文档,双击该文档,将会启动 Word 应用程序打开文档,该文档属于 Word 2003 文件格式,因此在标题栏中文件名后显示"[兼容模式]"。用户可对该文档进行编辑后,再另存为"Word 文档"。

需要注意的是:生成的 RTF 文件中,只显示 PowerPoint 2010 文档幻灯片中默认的占位符中的文本,不包括幻灯片中的图形、图片,也不包括用户自己添加的文本框中的文本内容。如果占位符中的文字颜色为"白色",在转换为 RTF 文件后因为与默认背景色(白纸)相同,将显示不出来,需要用户在转换前或者在 RTF 文件中重新设置文字颜色。

☝请读者打开"第 12 章\练习\转换为 Word 文档的 PPT 文档示例"PowerPoint 2010 文档,自己练习将其转换为 Word 大纲文档,并根据需要进行编辑后,另存为 Word 2010 格式的文档(即"docx 文档")。

Office 2010 组件的协同操作

12.3 在幻灯片中插入 Excel 2010 表格和图表

在幻灯片的某些版式例如"标题和内容""两栏内容"中,默认的占位符中除了可以添加文本,还可以单击相应的按钮添加表格、图表、图片和视频等内容,如图 12-42 所示。

☞单击占位符中的"插入表格"按钮▦,打开"插入表格"对话框,如图 12-43 所示,输入列数和行数后单击"确定"按钮,即可自动添加一个表格,同时出现"表格工具"选项卡,接下来对表格的操作读者应该已经很熟练了,请读者自己完成练习。

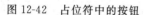

图 12-42　占位符中的按钮　　　　　图 12-43　"插入表格"对话框

☞单击占位符中的"插入图表"按钮▮,在打开的"插入图表"对话框中选择图表类型后,接下来的操作与 12.1.2 节中"在 Word 文档中插入 Excel 图表"相同,请读者自己完成。

☞也可以通过单击"插入"选项卡"文本"组中的"对象"命令,插入 Excel 表格文件或者图表,操作方法与前面插入对象的方法相同,请读者自己练习。

12.4 综 合 练 习

【综合练习一】　利用邮件合并功能,制作高考录取通知书。

【综合练习二】　将在 Word 综合练习中制作的"自我介绍"文档转换为 PPT,并在 PPT中添加成绩表格和图表,进行美化和完善。

参 考 文 献

[1] 张丽玮,周晓磊.Office 2010 高级应用教程[M].北京:清华大学出版社,2014.

[2] 导向工作室.Office 2010 办公自动化培训教程[M].北京:人民邮电出版社,2014.

[3] 李倩,邓堃.Office 2010 办公应用案例教程[M].北京:清华大学出版社,2016.

[4] 王爱赪,沈大林.全国计算机等级考试二级教程——MS Office 高级应用[M].北京:中国铁道出版社,2015.

图 书 资 源 支 持

感谢您一直以来对清华版图书的支持和爱护。为了配合本书的使用，本书提供配套的资源，有需求的读者请扫描下方的"书圈"微信公众号二维码，在图书专区下载，也可以拨打电话或发送电子邮件咨询。

如果您在使用本书的过程中遇到了什么问题，或者有相关图书出版计划，也请您发邮件告诉我们，以便我们更好地为您服务。

我们的联系方式：

地　　址：北京海淀区双清路学研大厦 A 座 707

邮　　编：100084

电　　话：010－62770175－4604

资源下载：http://www.tup.com.cn

电子邮件：weijj@tup.tsinghua.edu.cn

QQ：883604(请写明您的单位和姓名)

用微信扫一扫右边的二维码，即可关注清华大学出版社公众号"书圈"。

资源下载、样书申请

书圈